左：ピズリーベアはホッキョクグマとグリズリーの交雑種だ。写真はドイツのオスナブリュック動物園のティップス。地球温暖化が進行し、親にあたる2種の分布域の重複が広がるなか、こうした交雑種が野生下で数を増やしている。

下：オオシモフリエダシャクは、産業革命の最中に翅の色を変化させた。絶妙のタイミングで変異が生じたことが黒化型の出現につながった。わたしの大叔父のリックが採集した個体は、右端の列の下から4匹目。

上：わが家のふわふわのニワトリ、ポンポン（左）とサイモン・コーウェル（右）。選択交配の結果、彼女たちは羽毛に覆われた足、1本多い指、80年代のミュージックビデオ風の髪型を備えている。

左：赤いカナリアは世界初の形質転換動物だ。この陽気な小鳥は、家禽化されたカナリアと野生のショウジョウヒワという、2種の生物の遺伝子をもっている。

上：カカポは世界で最も珍しく、最も太っていて、まったく飛べない緑色のオウムだ。ロバのようにいななき、ぜんそく患者のようにゼイゼイあえぎ、ハウスミュージックのベースラインのように低音を響かせる。

下：人類はイタリアスズメの誕生の直接の原因だ。アジアのイエスズメが初期農耕民とともに約 8000 年前にヨーロッパに進出し、スペインスズメと出会って交配したことで、新たな交雑種が生まれた。

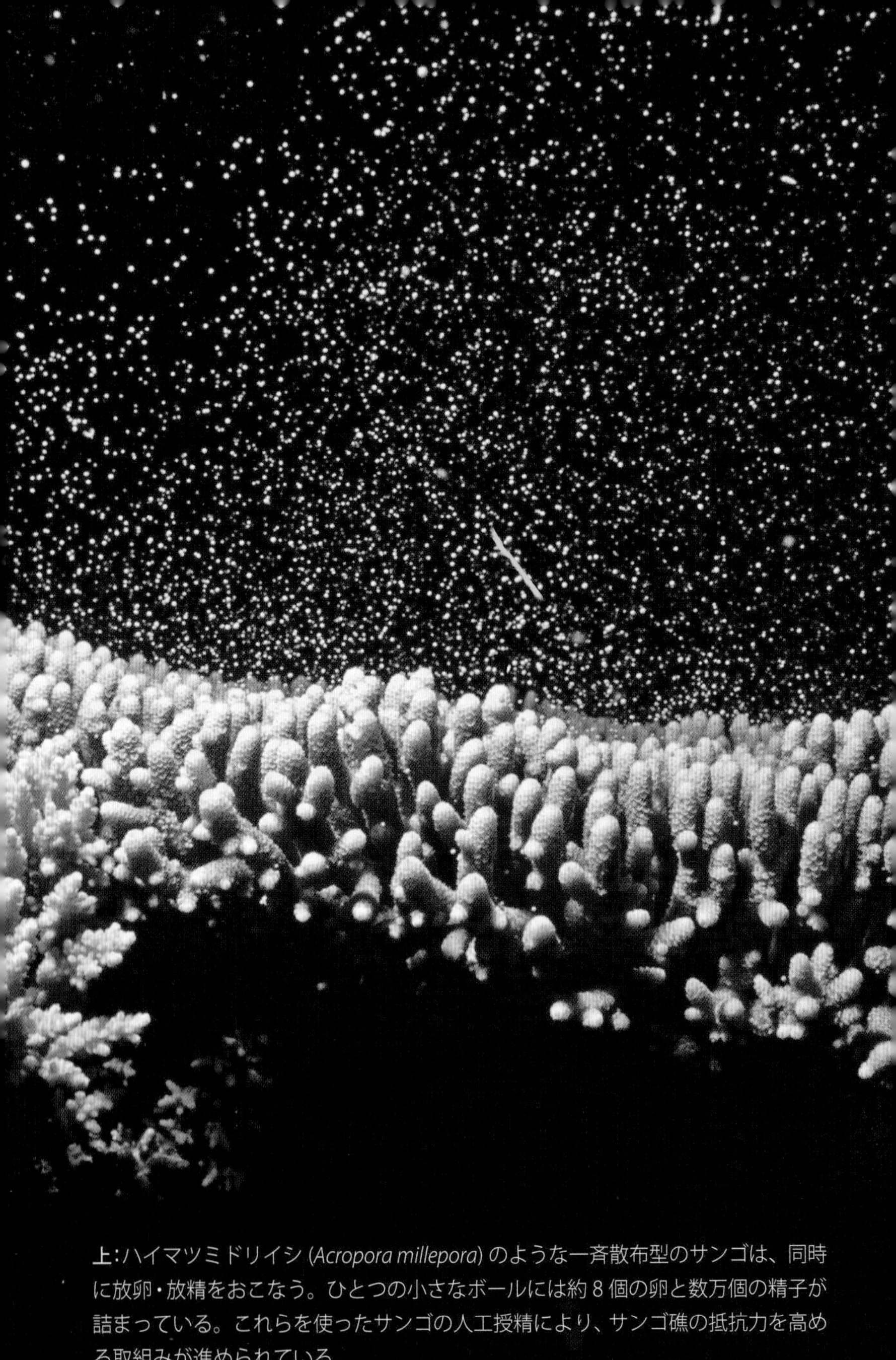

上：ハイマツミドリイシ (*Acropora millepora*) のような一斉散布型のサンゴは、同時に放卵・放精をおこなう。ひとつの小さなボールには約 8 個の卵と数万個の精子が詰まっている。これらを使ったサンゴの人工授精により、サンゴ礁の抵抗力を高める取組みが進められている。

上：シーモンキーはサルではないし、海に棲んでもいない。ブラインシュリンプとよばれる小さく地味な甲殻類は、アメリカの研究者が新たな交雑系統をつくりだした結果、世界を席巻した。

下：形質転換熱帯魚はいかが？　グローフィッシュにはサンゴとクラゲの遺伝子が導入されている。写真は「ギャラクティック・パープル・シャーク」。

上：ネップ・エステートでは、イングリッシュ・ロングホーン種のウシが絶滅したオーロックスの代理を務めている。

左：オスのイリスコムラサキは肝が座っている。成虫は発酵した樹液で景気づけし、オスは酒場での喧嘩にかなりの時間を費やす。イギリスでは希少種であるこのチョウが、いまや復活しつつある。

左：ネップ・エステートの窪地でくつろぐタムワースブタ。ブタは土壌を撹乱し、イリスコムラサキの餌になる植物の生育に適した条件をつくりだす。

上：写真の子馬、パリ・テキサスは北アメリカで最初のクローン馬だ。隣にいるグレタは彼を産んだ牝馬。10 年以上前、テキサス A&M 大学のカトリン・ヒンリックスらのチームが誕生させたパリ・テキサスは、現在、デンマークで暮らしている。

下：世界初の CRISPR 遺伝子編集済みヒツジの群れ。研究者たちは CRISPR を使ってスーパーファインウールで知られる品種を改良し、食肉にもセーターにも使えるようにした。

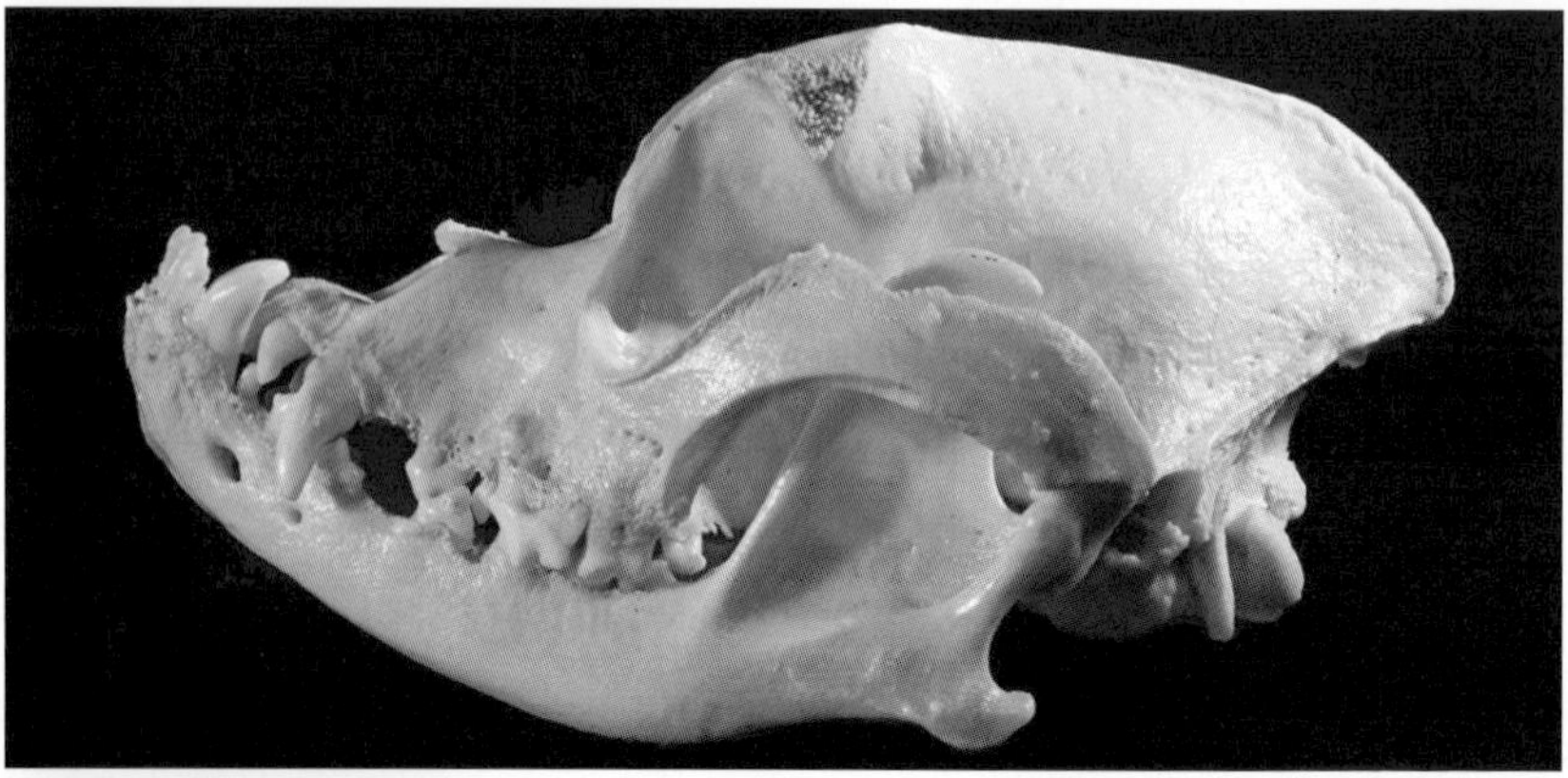

上：しかめっ面をしたブルドッグの頭骨。たくましく敏捷で、鎖につながれた雄牛の動きを封じられるように選択交配された。受け口と引っ込んだ鼻のおかげで、ウシの顔に食らいつき、そのまま呼吸できた。

左：わが家の遺伝子組換えオオカミのヒッグス。ベッドで眠り、チーズを食べ、ゴミ袋に向かって吠える。

下：ヘイスロップ動物園では正の強化を用いた動物の訓練がおこなわれている（左）。写真ではギンギツネのグレーシャー（右）が、羨望の眼差しを向けたときは鶏肉のかけらを渡すよう、わたしを訓練している。

LIFE CHANGING

ヒトが生命進化を加速する

ヘレン・ピルチャー 著

的場 知之 訳

化学同人

Life Changing
How Humans are Altering Life on Earth

Helen Pilcher

Photo credits
口絵 : P. 1: © Molly Merrow (上); © Helen Pilcher (下). P. 2: © Helen Pilcher (上); © Richard Pell, Centre of PostNatural History (下) . P. 3: © Andrew Digby (上); © Edwin Winkel (下). P. 4: © Auscape / Getty Images. P. 5: © De Agostini Picture Library / Getty Images (上); www.glofish.com (下). P. 6: © Charlie Burrell (上, 下); © Neil Hulme (中). P. 7: © Larry Wadsworth, College of Veterinary Medicine & Biomedical Sciences, Texas A&M University (上); © Alejo Menchacha, Instituto de Reproducción Animal Uruguay (下). P. 8: © Richard Pell, Centre for PostNatural History (上); © Helen Pilcher (中, 下).

心の底から大好きな、

エイミー、ジェス、サム、ジョー、ババ、そして遺伝子組換えオオカミのヒッグスへ

そしてワイルドなものへの愛を教えてくれた

父へ

目　次

本文挿絵：Amy Agoston

序章 Introduction

ペンシルベニア州ピッツバーグ、ペンアベニュー4913番地

グルテンフリーのベーカリーの4軒先、ベトナム料理屋台の2軒手前のこの場所に、世界で最も奇妙な博物館がある。外観はエレガントだが、人目を引く感じはない。凝った装飾が施された柱も、はっとするような階段もない。代わりに正面を飾るのは、地味で飾り気のないガラスと鋼鉄の格子。一見したところ、学習施設というよりおしゃれなセレクトショップのようだ。けれども、ピッツバーグの繁華街の片隅にあるこの博物館は、知られざる名所なのだ。あるオンラインレビューは「すばらしく奇妙」だといい、ほかのレビューは「こんな場所は世界に二つとない」と評する。どちらもまったくそのとおり。ようこそ、ポスト自然史センターへ。

来館者を真っ先に出迎える博物館の案内役は、乳白色のヤギの「フレックルズ」だ。「元」偶蹄目の彼女は、現在は剥製となって、快活でいたずらっぽい姿を見せている。小ぶりな耳はまっすぐ前を向き、オリーブ色の眼は長

い顔面から突出していて、上がった口角のおかげで笑みを浮かべているようだ。見た目はありふれたヤギだが、彼女の身体にはとてつもない秘密が隠れている。フレックルズのDNAは、一部がヤギ、一部がクモなのだ。8本脚ではないし、網をつくることもなかったが、生前の彼女は確かに超能力を備えていた。フレックルズはクモのタンパク質を乳として生産したのだ。遺体を博物館に寄贈したのは、彼女のDNAを意図的に改変した研究者たちだ。「彼女は会話のきっかけをつくる役目を担っています」と、センター長のリチャード・ペルはいう。「ドアを開けて最初に目に入るのは彼女ですから」。

この博物館でしばらく時を過ごせば、彼女と同じくらい奇妙で個性的で多彩な面々に出会える。遺伝子操作された植物の押し葉標本、苦悶の表情をしたパグの頭骨、三つの生物種のDNAをあわせもつサケの剥製。指が通常より多いモフモフのニワトリや、奇妙な雑種のブラインシュリンプ、それに「ジミー・キャット・カーター」と名づけられたネコの睾丸もある。ティム・バートンが自然史博物館をつくったら、まさにこんな感じだろう。

ここの展示品はどれをとっても、典型的な自然史博物館には並ばないものだ。「こういうものは盲点になっているんです」と、リチャードはいう。従来の自然史博物館には、恐竜、ガラスの眼をしたトラ、野鳥の剥製がずらりと並ぶ。こうした施設は自然界を垣間見られるショーケースを意図している。一方、リチャードが展示する珍品の数々は、ふつう「自然」とはみなされない。まるっきり「不自然」というわけではなく、生きとし生けるものすべてに共通の構成要素でできているのだが、だからといって「自然」ともよべない。他者の介入なしに現在の姿に進化したわけではないからだ。ここに収められているのは、すべてヒトが意図的につくりだした生物だ。「どれも恣意的に改変された生物です。変異は継承され、進化の道筋がねじ曲げられました」と、リチャードはいう。そこで彼は、ヒトが誕生し、ほかの生物と相互作用するようになったあとに生みだされたという意味を込め、「ポスト自然」という言葉を編みだした。

本書は、地球のポスト自然史についての本だ。ヒトとほかの生物種がどんな関係にあり、その関係が時とともにどう変化してきたかを取り上げる。アフリカでつつましく誕生したヒトは、やがて地球を支配する巨大勢力へとのし上がった。その途中で、わたしたちはテクノロジーを発明し、生物の生理や行動を変化させた。新たに手にした力を駆使して、わたしたちは動物や植物、その他の生物を再設計し、彼らを進化の旅路から脱線させて、ポスト自然の未踏の航路へと導いた。

家畜、すなわちイヌ、ウシ、ヒツジ、ブタなどは、どれもこの物語にかかわっている。わたしたちはいまや、クローン化されたウマがポロのトーナメントに出場し、ウシが遺伝子操作によって病気への抵抗力を獲得し、ブタがヒトの移植用臓器の生きた培養装置に変えられる世界に生きている。ＤＮＡを余分に備えたサケは成長の速い新品種としてもてはやされる。多指症のニワトリは、肉、卵、サイズ、羽色、あるいは単なる新奇性を目的に次つぎに生みだされる、途方もなく多様な家禽品種のひとつにすぎない。絶滅種を蘇らせる試みも進んでいる。フレックルズを見てのとおり、わたしたちは生きた動物を遺伝子操作し、新素材や新薬をつくらせている。畜産農家が珍しい毛色の野生動物を選択交配し、顧客は大枚をはたいてそれらを撃ち殺す。ペットのイヌやネコのクローンをつくるサービスが実用化され、アメリカではクラゲの遺伝子を導入した蛍光を放つ熱帯魚も販売されている。一方、ジミー・キャット・カーターの哀れな生殖腺からは、ひとつの教訓が得られる。わたしたちは、生命の未来をこれまでにないレベルでコントロールする能力を手に入れると同時に、死の未来をも左右する存在になったのだ。「ヒトは生物の繁殖を妨げるさまざまな方法を生みだしました」と、リチャードはいう。去勢はそのひとつであり、ジミー・キャット・カーターはその憂き目にあったわけだが、いまや研究者たちはひとつの種をまるごと絶滅に追いやる方法を開発している。

これらはみな意図的な設計の産物だ。けれどもヒトによる地球の支配は未曾有の段階に達し、その影響はわたしたちが直接操作する生物にとどまらず、はるかに広範囲に及んでいる。ヒトが森林を伐採し、海を汚染し、大気を加熱し、生物圏を劇的に改変するなか、いまや身近な種から遠く地の果てに棲む種まで、すべての生物の進化がその影響下にある。こうした生物に起こる変化は計算づくの意図的なものではないが、ヒトが舵取りをしているという意味で、やはりポスト自然といえる。わたしたちの活動は自然界を危機に曝していて、無数の野生生物が不確かな未来に直面している。もはや絶滅は日常茶飯事で、時には安泰だと思われていた普通種でさえ大打撃を受ける。

環境変化のペースが速まれば、進化も加速する。奇妙な雑種が出現し、新種の進化も起こりはじめている。ホッキョクグマとグリズリー（ヒグマ）が交雑して生まれた子は「ピズリー」とよばれる。イッカクはシロイルカと交尾する。ニューヨークのセントラルパークのネズミはピザを消化する能力を進化させ、プエルトリコのアノールトカゲは指の接着力を強化して、ビルの壁面に棲みつく。狩猟のせいでゾウの牙はますます小さくなり、水質汚染に対抗して毒物に耐性をもつ魚が誕生し、気候変動に応じて鳥たちは新たな羽色を進化させた。

こうした現象が起こるタイミングは偶然ではない。どれもみな、わたしたちの行為に対する反動なのだ。想定外の影響は、はるか先にまで波及する。いまやヒトは、地球上の進化を方向づける主要因となった。自然界がこれほど大規模な進化的変化を経験するのは、恐竜絶滅以来のことだ。生命は変わりつつある。人類のせいで。

本書で紹介する事例は、動物界のものが中心だが、ほかの生命形態も取りあげる。これは哺乳類であるわたしの単なる身内びいきなので、あまり登場しないほかの分類群の生物にはここでお詫びしておきたい。本書は3部構成で、それぞれのパートは少しずつ重なる。最初のパートは、わたしたちが意図的に改変した種が主役だ。家畜化のはじまりから、選択交配を経て、生物のＤＮＡを操作する現代の分子的手法に至るまでの変遷をたどる。ヒトが自然界と複雑な関係を結び、やがて自然の支配者としての自覚を増していく物語だ。次のパートでは、わたしたちが意図せず生物進化の道筋を変化させた事例の数かずを見ていく。ここでの問いは、家畜種が野生種に取って代わったら何が起こるのか、ヒトの影響が地球全体に及ぶに至った結果としてどんな進化的反動が生じたのか、だ。最後のパートでは、失われた生物多様性を回復させ、進化の土台を安定させるために用いられる、いくつかの手法を紹介する。こうしたエピソードからは、インスピレーションや希望がもたらされるはずだ。ヒトが立ち止まって自然界を気にかけさえすれば、すばらしい成果を生みだせる証拠なのだから。

第1章　おなかを見せたオオカミ

Chapter One

冷静に聞いてほしい。これから告白する事実は、人によってはショッキングなもので、そのせいでわたしに対して不快感を覚えるかもしれない。いままでに他人に話したときの反応も、両極端だった。興味をもってくれる人もいれば、嫌悪感をあらわにする人もいた。そんなのは自然に反する、どうして平気でそんなことができるんだと詰め寄られたこともある。あなたがどう思うかはわからない。だから、とにかく率直に話そうと思う。

わたしは遺伝子操作されたオオカミを飼っている。

嘘ではない。夫とわたしは、インターネット上で見つけたブリーダーから彼を入手した。何度かEメールのやりとりをして、かなりの大金を振り込んだあと、イングランド南部の指定された場所へ行って彼を受け取った。小さな獣は家に着くまでずっと遠吠えしていた。

5年後のいま、わたしたちは彼を全面的に信頼して、家のなかに住まわせ、同じベッドで眠り、子どもたちと遊ばせている。もし彼を野に放ったとしても、断言してもいいが、きっと生きてはいけない。彼には自力で獲物の肉を調達したり、カリブーを倒したりした経験はないからだ。たぶん勝手口のまわりをうろついて、ふてくされながら家に入れてもらえるのを待つだけだろう。

ヒッグス（口絵参照）という名のこのオオカミは、奇妙な見た目をしている。彼のＤＮＡは改変され、荒野を放浪していた祖先の半分以下の大きさしかない。頭骨は小さく、鼻面はあまり尖っておらず、耳はぴんと立たずにくたっと垂れている。体を覆うのは、本来のつややかな被毛ではなく、みじめとしかいいようのない、やわらかくてぐしゃぐしゃの巻き毛だ。全身ほとんど真っ黒だが、鼻面、おなか、尻尾、つま先は白い（庭を掘り返したあとは茶色だけど）。「チーズ」という言葉を耳にすれば、尻尾がリズミカルにゆれ動く。行動はといえば、オオカミらしい狡知は見る影もない。野生状態とはあまりにかけ離れた動物で、ゴミ袋に向かって吠え、雨の日は外にでようともしない。

あなたがこの珍妙なオオカミにできそこないの烙印を押す前に、ひとつお教えしよう。遺伝子操作されたオオカミを飼っているのは、わたしだけではない。全世界で何億という人びとが、同じような動物を飼っている。ただし、オオカミとよんではいない。人は彼らをイヌとよぶ。そう、イヌは遺伝子操作されたオオカミなのだ。

遺伝子組換え（ＧＭ）と聞くと、たいていの人は現代の遺伝学ツールによってＤＮＡに手を加えられた動植物を思い浮かべる。しかし、家畜もれっきとした遺伝子操作の産物だ。小柄なダックスフントからどっしりしたセントバーナードまで、すべてのイヌはハイイロオオカミの子孫なのだ。過去のいつかの時点でヒトとオオカミの歩みが交差し、どこかで何かが起こって、オオカミは変わりはじめた。変化は外見に現れた。体が小さくなり、毛色が変わり、顔の形も変化した。生理的な違いも生じ、たとえばデンプンを消化できるようになり、出産間隔が短くなった。行動も変わった。恐るべき頂点捕食者は、かつてヒトの気配を極力避けた。それがヒッグスを見てのとおり、絶えずヒトと一緒にいたがるようになったのだ。こうした違いはすべて、オオカミの遺伝暗号に起こった変化に由来する。オオカミとイヌはいまでもＤＮＡのおよそ99・５％を共有しているが、このほんのわずかな違いによって、両者はまったく異なる特徴を備えるようになったのだ。

イヌはいまやすっかりわたしたちの日常生活の一部なので、気にも留めなくなっているが、イヌの出現はこの世界の自然史において画期的なできごとだった。イヌは最初の家畜動物だ。ヒトがある生物種を選びだし、もっと好ましいものにつくり変えたのは、これがはじめてだった。以来、わたしたちは進化の力に抗い、生物の本来の特性を、それとは別のポスト自然の方向へと誘導するようになった。イヌの誕生は、ほかの家畜を生みだす基礎となり、無数の原因と結果の連鎖を引き起こして、世界に不可逆的な変化をもたらした。

最新の推定によれば、現生人類は35～26万年前のあいだにアフリカで誕生し、その後の年月の大半をその地にとどまって過ごした。この間、祖先たちは狩猟採集生活を営み、野生の動植物に依存して生きた。だが、家畜化がすべてを変えた。約1万年前、ヒトはイヌを家畜化したあと、ほかの野生生物とも同盟を結ぶようになった。野生穀物の収穫と播種を繰り返すうち、より収量が多く育てやすい栽培品種の穀物が生まれた。ヒツジ、ウシ、ヤギといったほかの動物種も家畜化し、これらを囲いに入れて飼い、作物の世話をするうちに、わたしたちはますます土地に縛られるようになった。狩猟採集民としての放浪生活は廃れ、定住がはじまり、村落ができた。家畜は繁殖させることができるため、肉や乳などの食料や、羊毛や皮革など衣服の材料の再生可能な供給源となった。食料が豊富になるにつれ、人口が増加した。やがて、所有や移動が可能な家畜や栽培作物は、資本と富をもたらした。家畜化が貿易の台頭をあと押ししたのだ。新技術の発展が促され、たとえば鋤《すき》などの発明は、さらなる農業の進歩や、やがては都市共同体の形成につながった。人類がなしとげた主要な技術革新というと、どうしてもインターネットや抗生物質といった最近の発明が真っ先に思い浮かぶ。しかし、家畜化は文明の勃興のきっかけであり、人類史の道筋を大きく変えたといっても、決して過言ではない。

あたりを見渡せば、世界は家畜化された生物で溢《あふ》れている。遺伝子操作されたオオカミのヒッグスは、わたしの足元で穏やかに眠っている。庭では、5羽のニワトリがトウモロコシをついばみ、2羽のウサギがニンジンをかじっている。隣の牧場にはポニーがいるし、フェンスの支柱の上には気まぐれなトラネコが座り、軽蔑まじりにわたしを見下ろす。机に向かってミルクティー[*1]をすするわたしには、家畜と栽培作物、そしてそれらから得られた商品がまったくない世界を想像するのは難しい。けれども、地球上に生命が誕生して以来の途方もなく長い時間のほぼすべてにおいて、家畜や栽培作物は一切存在しなかった。では、そんな画期的変化はいつ、どこで起こったのだろう？

オオカミさん、いつだったの？

つい最近まで、研究者たちは、イヌが家畜化されたのは約1万5000年前、最終氷期の終盤だったと考えていた。この頃、氷床は後退しつつあり、緑の大地が新たに出現し、ヒトやそのほかの動物たちがヨーロッパやアジアの北方の新天地へと進出しはじめていた。当時のイヌの化石は、ヨーロッパ、アジア、北アメリカの考古学遺跡から多数発見されており、それらを調べた研究者たちの見解は一致していた。これらの持ち主はイヌであり、オオカミではない。頭骨の大きさや歯の形にははっきりと違いが見られたのだ。そんなとき、あるひとつの化石が発見され、誰もが頭を抱えるはめになった。

その頭骨はベルギーのゴイエ洞窟で発見された。古代人類や氷河期の動物の骨など、魅力的な遺物が多数発見されている、驚異の考古学遺跡だ。化石を調べた、ブリュッセルにあるベルギー王立自然史博物館のミチェ・ジェルモンプレは「かなり小さい頭骨」だと話す。「現代のジャーマンシェパードの頭骨とほぼ同じ大きさです」。オオカミの鼻面はすらりとして長いが、この動物では太く短くなっていて、脳頭蓋はより幅広だ。一方、歯は大きく原始的な外見をしていた。すべての特徴をひっくるめて考えると、この動物はオオカミよりイヌに近いようだった。「そのため、わたしたちは原始的なイヌだと判断しました」と、彼女はいう。

続いて衝撃の事実が明らかになった。放射性炭素年代測定法により、この頭骨は従来考えられていたよりもはるかに古いとわかったのだ。この動物が生きていたのは3万6000年前で、家畜化の起源を2万1000年も早める可能性を秘めていた。「わかったときは本当に驚きました」と、ミチェはいう。頭骨は論争を巻き起こした。ミチェに同意する人もいれば、反論する人もいた。「年代が古すぎて、イヌとは認められないといわれました」と、彼女はいう。否定派の人びとは、この年代のオオカミの頭骨の形や大きさは非常にばらつきが大きいことを根拠に、ゴイエ洞窟の頭骨の持ち主は最初期のイヌではなく、奇妙な見た目のオオカミだったと主張した。また、別の研究グループが頭骨の3D復元像をコンピューターで作成して分析した結果、口吻が突出する角度など、複数のオオカミ的特徴が見つかった。これで論争には決着がつくかに思われたが、さらに別の化石が発見された。ミチェが調べた、チェコとロシアで見つかった2万5000年以上前の頭骨も、やはりイヌに似ていたのだ。加えて、別の研究グループは、シベリアのアルタイ山脈で、イヌのものらしき3万3000年前の頭骨を発見した。いったいどう考えればいいのだろう？

ややこしいのは仕方ない。もしこれらの動物が本当に最初期のイヌだとしたら、ぎりぎりイヌとよべる程度なわけだから、必然的にイヌとオオカミの特徴をあわせもっているはずだ。そこで、研究者たちは謎を解くため、別の歴史的証拠に目を向けた。古代ＤＮＡだ。

ＤＮＡは生物の死後に分解されるが、時として化石に保存された分子を、抽出し分析できることがある。これを活用すれば、オオカミからイヌへの移行を別の方法で調べられる。初期の研究では、数かずの遺伝子解析が混沌とした筋書きを示した。たとえば、ある研究は、現代のイヌとオオカミそれぞれのすべての遺伝情報（ゲノム）を比較し、イヌの家畜化は1万1000年～1万6000年前に起こったと結論づけた。別の研究は、古代のイヌ属の動物がもっていたＤＮＡの一部、つまり細胞内のエネルギー生成器官であるミトコンドリアのＤＮＡに注目して分析し、家畜化の時期は1万9000年～3万2000年前の範囲に収まるとした。二つの結果のずれはあまりに大きい。前者は、最終氷期の終わり頃、農業が誕生したのと同時期にイヌの家畜化が起こったとする。一方、後者が示す時期は、氷床が最も広範囲を覆っていた、最終氷期最盛期のど真ん中だ。

論争が続くなか、2015年にスウェーデンの研究チームが、シベリアの川岸から突きでている肋骨のかけらを発見した。彼らは最初、トナカイのものかと思ったが、のちにＤＮＡ解析によってオオカミの骨であることがわかった。放射性炭素年代測定により、この動物が死んだのは約3万5000年前で、イヌが家畜化されたと考えられる年代よりはるか昔だったとわかった。しかし、さらに遺伝子を調べるうちに不可解な事実が判明した。この古代のオオカミは、現代のイヌと現代のオオカミ、どちらにも等しく近縁だったのだ。イヌの誕生以前の年代に生きていたのなら、どうしてそんなことが可能なのか？　研究チームは、この古代のオオカミが、現代のイヌの祖先と現代のオオカミの祖先が分岐した直後の時代に生きていたと結論づけた。つまり、約3万5000年前という古いほうの家畜化の年代推定が、にわかに現実味を増したのだ。さらに2017年にも、別の研究チームが新石器時代のイヌの骨を調べ、同様の結論を下している。

研究が積み重なるにつれ、オオカミからイヌへの移行が早い段階で起きた可能性はより一層強まっている。遺伝子解析と化石証拠は、ヒトとイヌの深い絆がこれまで考えられていた以上に古くから続いてきたことを示している。農業のはじまりや定住社会よりも前なのは確かで、研究者たちはいまも、この移行がいつどこで起こったのかを巡って論争を繰り広げている。

現在、ハイイロオオカミはイヌ属で唯一、旧世界と新世界の両方に分布する。現在の分布域はヨーロッパ、アジア、北アメリカの大部分を占めるが、かつての分布域はさらに広大だった。どこから手をつけていいものか、途方に暮れてしまいそうだ。イヌのふるさとが北アメリカではないのは確実だ。ヒトがこの地に進出したのは最終氷期最盛期のずっとあとで、このときすでに他地域では家畜化が進んでいたのだから。それでも、候補となる地域は地球上の陸地のかなりの面積を占める。化石からはヨーロッパやその東のシベリアが有力で、原始的なイヌの頭骨のほとんどはこれらの地域で発見されてきた。一方、古代ＤＮＡからは別のシナリオが浮かびあがる。イヌは東アジアでヒトの親友になったという説もあれば、中央アジアや中東起源を示唆する証拠もある。しかも、現代と古代のイヌの遺伝情報を比較した最近の研究によると、東アジアと西ユーラシアのイヌの間には深い断絶が存在する。結果が示すものは明らかだと、この論文の著者であるオックスフォード大学のグレガー・ラーソンはいう。イヌの家畜化は少なくとも二つの異なる場所で起きたのだ。イヌの物語のはじまりは、ひとつではないのかもしれない。イヌは、複数の場所で、何度も家畜化された可能性があるのだ。

とはいえ、わたしが年代や場所以上に興味を惹かれるのは、ヒトとイヌの関係がどんなふうにはじまったかだ。ご先祖様がある朝目覚め、急に棒を取ってきてくれる相棒がほしくなったわけではないだろう。家畜化の過程には、なんらかの最初の段階があったはずだ。

愛を知った獣

長く寒い冬ももうすぐ終わりだ。日増しに陽が高くなり、木々は葉を広げはじめた。少年はあぐらをかいて、消えかけた残り火を見つめている。彼は不機嫌だった。もう子どもではないが未熟な彼は、おとなたちが食料探しにでかけるなか、留守番をいいつけられたのだ。ひとり残された彼は、いたずらの計画を練っていた。

何日か前、彼は父親と一緒に野営地をでて、森に足を踏み入れた。父親は彼を大きな倒木がある場所に連れて行った。深く張っていた根が錆色の土から引き抜かれ、丘の斜面にぽっかり穴があいていた。暗いトンネルの入口には、鋭い爪をもつ足跡が残されていた。母オオカミがここを巣穴にしている動かぬ証拠だ。「気をつけろ」、父親は彼に忠告した。「こいつらは危ない」。

狩りにでかけたみんなは、あと数時間は戻ってこないだろう。少年は槍をもち、野営地から抜けだした。例の巣穴に来てみると、周囲の地面にまだ新しいフンがあった。さっきまでその場にいた母オオカミは、たどたどしい足音を聞きつけ、瞬時に隠れた。彼女が背後で右往左往するなか、少年はひざまずき、巣穴の奥に腕を伸ばした。やがて立ち上がった彼の手は、1頭の小さなオオカミの子をつかんでいた。子オオカミはクンクン鳴いて身をよじり、少年は手に力を込めた。そして彼は宝物をトナカイの毛皮にくるみ、野営地にもち帰った。

＊　＊　＊

ヒトとオオカミは何万年も同じ土地に暮らしていたが、関係は希薄だった。互いに警戒し合い、距離をとっていた。しかし、あるとき何かが変わった。最初の相互作用がどんなものだったかについては諸説ある。ありうる筋書きのひとつが、ヒトが積極的にオオカミを自分たちの世界に招き入れた、というものだ。先の新石器時代の少年のように、誰かがどこかで子オオカミを拾ってきた。経験豊富な狩猟採集民で、土地の環境を熟知していた彼らなら、オオカミの巣穴の場所を知っていてもおかしくない。子をさらって野営地にもち帰るのは簡単だったはずだ。そして、一度実行したら、次からはもっと難なくできただろう。育てられた子は当然ながら、最も捕まえやすい個体だったはずだ。そのため時が経つにつれ、穏やかな気質に関連する遺伝子があとの世代に受け継がれ、こうして家畜化が進んだ。

野営地で飼育される動物には、実用的な目的があったはずだ。幼いうちはヒトの子どもの遊び相手になっただろう。おとなになれば見張りとして役に立ったかもしれないし、攻撃性を増して手に負えなくなったときは、野に放ったり、殺して肉や毛皮を得たりしたかもしれない。

新石器時代の人びとは、寒冷気候に特化した衣服を着ていたことがわかっている。さまざまな衣服が、よくなめしたしなやかな毛皮からつくられた。たとえば、シベリア南部で発見された2万4000年前の象牙の彫像は、丁寧に仕立てられた毛皮の一体型衣服を着た人物をかたどっている。オオカミの毛皮のつなぎを着ていた証拠だろうか？　可能性はある。特徴的な切り傷のある、同じ年代のオオカミの骨も見つかっていて、この個体はおそらく毛皮をはがされたと考えられる。オオカミには象徴的な意味合いもあったのかもしれない。ミチェが調べたある頭骨には興味深い特徴があった。マンモスの骨のかけらが、門歯の間にはめ込まれていたのだ。かけらはこの個体の死後に挿入されていて、ヒトが手を加えたことが示唆される。ほかにも、トチの実ほどの大きさの穴があいていし、脳が取り除かれたと思われる頭骨も発見されている。当時、脳よりも食べやすい食料はいくらでもあった。こうした奇妙な遺物はイヌが特別な存在だった証拠だと、ミチェは考えている。「わたしは新石器時代の人びとが積極的にかかわったと考えています」と、彼女はいう。「彼らは進んでオオカミを捕獲し、飼育しはじめたのでしょう。それも単なる毛皮目的ではなく、儀式のために」。

ヒトがオオカミを選んだのであって、オオカミはわたしたちの計画に従うしかなかった、と考えるのはたやすい。ヒトという種には、高等な存在を自称し、自らを動物界から切り離す傾向がある。だが、実際はわたしたちも動物の一種にすぎない。現代人は、イヌがほしければ、しかるべき場所へ行ってたやすく手に入れられる。だからといって、わたしたちの祖先も同じ思考回路をたどったと決めつけるのは早計だ。

もうひとつの仮説では、ヒトがオオカミを選んだのではなく、オオカミがヒトを選んだと考える。ヒトが捨てた残飯が、オオカミを闇からおびきだした。野営地に忍び込んだのはおそらく、ヒトへの恐怖心が最も薄い個体だった。その結果、こうした個体は警戒心の強いパック（群れ）の仲間よりもたくさん食べ、健康になり、旺盛に繁殖した。のんきな気質と関連する遺伝子は世代を超えて受け継がれ、やがてオオカミの人馴れは加速した。「自己家畜化」とよばれるこの筋書きでは、ヒトは受け身の役回りだ。ヒトがオオカミを招き入れたのではなく、ヒトがだらしなかったおかげで新たな生態学的ニッチができ、オオカミが嬉々としてそこに収まったのだ。

こちらも十分にありうる話だ。現代のオオカミは優れた順応性をもつ。カナダには、二つのタイプのオオカミがいる。「放浪性」オオカミはカリブーの大移動を追い、「定住性」オオカミはひとつの場所にとどまる。時には両者が遭遇することもあるが、彼らはまったく反りが合わない。『ゲーム・オブ・スローンズ』のスターク家とラニスター家のように、どちらも自分たちのものと思っているカリブーをかけて、激しく争う。もしかしたら、3万5000年前にいた放浪性オオカミの集団は、ヒトを彼らの所有物と考えていたのかもしれない。カリブーやトナカイを追う代わりに、わたしたちをつけまわし、獲物にするのではなく、近接を保つことで利益を得ていた可能性がある。

どちらが正しいのだろう？　ヒトがオオカミを選んだのか、それともその反対なのか？　答えがでることはなさそうだが、いずれにせよ結果は同じだ。接触が起こったあと、ヒトとオオカミは相互作用しはじめ、やがて関係は強化された。原始的なイヌはおそらく、ヒトの狩りに同行し、成功確率を高めた。相互協定が双方に利益をもたらしたのだ。どこかの時点で、わたしたちはイヌを手元に置いて飼うようになり、どの個体が繁殖するかに干渉しはじめた。はじめのうちは、おとなしく飼育環境を受け入れやすい個体が選ばれたのだろう。しかし、やがてわたしたちは、ほかの特徴も選別基準にするようになった。たとえば、よそ者に吠えかかる優秀な番犬、というように。これが長く美しい友情のはじまりであり、進化の物語の決定的な転機でもあった。いうまでもないが、イヌははじまりにすぎなかった。

ダーウィンが愛したハト

チャールズ・ダーウィンの著作をひとつだけあげるとしたら、当然ながらいまや古典的名著である『種の起源』（“On the Origin of Species By Means of Natural Selection”）になるだろう。１８５９年に出版されたこの大著は、思いのほか読みやすく、自然淘汰を通じた進化の理論という彼の偉業を要約している。この理論によれば、同じ種に属する生物個体は似てはいるが、それぞれわずかに違いがある。こうした多様性によって、各個体が周囲の環境にどのくらいふさわしいかが決まる。最もふさわしい、すなわち〝適応した〟個体は、繁殖する可能性が高く、したがって有利な特徴をのちの世代に継承する。一方、周囲の環境に不向きな個体はそうした継承をすることなく死に絶える。淘汰、すなわち、ある特徴がほかの特徴よりも優遇される過程は、自然の力が推し進める。たとえば、食料がどれだけ手に入りやすいかに応じて、種は変化し、時とともに進化する。ダーウィンは、ビーグル号での航海中に集めた数かずの証拠を提示した。最も有名なものは、ガラパゴス諸島のフィンチだ。しかし、『種の起源』はフィンチの話からはじまるわけではない。代わりにダーウィンは、自身が情熱を傾けた、別の鳥を例にだした。彼のお気に入りはハトだった。

当時、ヴィクトリア時代のイングランドではハトの愛玩飼育が大流行していて、ダーウィンも自宅の庭に小屋いっぱいのハトを飼っていた。ハトと一緒に過ごすのは「人類に許された最高の贅沢」だと、彼は書き残している。彼のハト愛は相当なもので、娘が飼っていたネコが（ありがちだが）何羽か殺してしまったとき、彼はこのろくでもないネコを撃ち殺した。まさに適者生存、ネコにはケブラー繊維〔訳注：防弾ベストに使用される素材〕の毛皮を進化させる暇がなかったというわけだ。娘のヘンリエッタはこの件でダーウィンを決して許さなかったようだが、彼はお構いなしに、さまざまな品種を手当たり次第に購入した。風船のように素嚢《そのう》が膨らんだポーターや、優雅な「羽毛の襟巻き」をしたジャコバン、顔が短くて飛翔能力に優れ、空中で宙返りするタンブラー、などなど。ダーウィンは、これほど驚異的な多様性をもっていながら、どのハトもみな同じひとつの共通祖先、カワラバトから派生したものだと見抜いた。そして、ハトの各品種がもつ特異性は、自然の力ではなく人為的手段、つまりハト愛好家の手による掛け合わせを通じて形成されたと考えた。

1868年、ダーウィンはあまり知られていない著書、『飼育栽培下における動植物の変異』（“Variation of Animals and Plants under Domestication”）を上梓し、家畜化についてさらに深く考察した。彼の発見のひとつは、家畜化された動物には野生の原種にはないひとまとまりの共通の特徴があることだ。家畜はふつう小型で、ぶち柄をもち、尾が巻き上がり、耳が垂れている。ちょっと考えてみてほしい。白黒のまだら模様の野生動物を、何かひとつでも思いつくだろうか？　シマウマ、パンダ、スカンク、シャチ、カササギ…　みんな確かに白黒だが、模様は規則的で、ホルスタインやボーダーコリーのように不規則なパッチ状にはなっていない。耳はどうだろう？　スパニエルのようにだらりと垂れた耳の野生動物はいるだろうか？　ゾウの耳はぱたぱた開閉するだけで、くたっと垂れてはいないので無効だ。わたしには思いつかない。ダーウィンはこう結論づけた。「家畜動物のなかに、どの国にも垂れ耳の品種がない動物はひとつして存在しない」[*2]。体のパーツの相対的な大きさが変化した例もある。たとえばブルドッグ（口絵参照）は、オオカミに比べて頭骨と鼻面が短く、極端な受け口だ。特徴的なしかめっ面は、下顎が上顎よりも前に突出しているせいなのだ。ブタは原種のイノシシよりも背骨が多く、胴が長い。加えて、家畜動物はしばしば繁殖周期も変化していて、たいてい季節を問わず繁殖できる。

ダーウィンはこうした特徴の寄せ集めを認識し、「家畜化症候群」と名づけたが、なぜそうなったのかは解き明かせなかった。この現象は最も古くからある遺伝学上の難問のひとつだ。こうした形質は、意図的に選択されたん（つまり、わたしたちの遠い祖先がわざと垂れ耳の個体を選んで繁殖させた）のか、それとも偶然現れただけなのか。ダーウィンは確信がもてなかった。そのうえ、すでに家畜化されている動物、たとえば彼の愛したハトを使って実験したとしても、家畜化の過程は非常にゆっくりと起こるはずなので、直接研究するのは不可能だろうと、彼は考えた。ああ、リアルタイムで家畜化を研究する方法さえあれば！

ギンギツネのグレーシャー

季節は秋。やわらかな風が黄金色の葉を揺らし、クロウタドリはキイチゴの茂みに残った最後の果実をついばむ。キツネはわたしに無視を決め込んでいた。絶え間なく動き回る、好奇心旺盛で優雅なその生きものは、生垣のなかを探索したあと、開けた草地に向かった。わたしは巻き取り式のリードの端にあるただの重しだ。キツネは適度な距離を保った。彼とわたしをつなぐリードを伸ばしきらない程度には近く、わたしが探検の邪魔にならない程度には遠い。彼は円を描くようにわたしのまわりを旋回しはじめた。

「あなたも一緒に回って。ぐるぐる巻きにされないように」。エマがアドバイスをくれた。「持ち手は替えないほうがいいわね。リードを落とすかもしれないから」。

「落としたらどうなりますか？」と尋ねた。

「たぶんどこにも行かないでしょうね。わたしがおやつをもってる間は」。彼女はそう答え、鶏肉のかけらの入った袋をもち上げてみせた。

ギンギツネを散歩させる機会はそうあるものではない。だから、ヘイスロップ動物園のオーナーから連絡をもらったとき、わたしは二つ返事で飛びついた。ギンギツネはアカギツネの黒化型だ。そのため、尖った鼻面や長くふさふさした尾など、アカギツネらしい特徴をたくさん備えてはいるものの、毛色は異なる。ギンギツネは名前のとおり、全身が濃淡さまざまな灰色で、赤色の部分はまったくない。

わたしのキツネ[*3]「グレーシャー」（口絵参照）は、ひときわ美しい個体だ。銀色にきらめく顔から、オリーブ色の両眼がいぶかしげな眼差しを送る。華奢な黒い脚が支える小ぶりな体は、緻密でゴージャスな被毛に包まれている。

毛の1本1本は、根元が暗色で、先端は銀色だ。太くふさふさした尾も銀色だが、先端は合成樹脂ペンキに浸したように白い。

「よければ触ってみてください」と、エマ。

野生のギンギツネにそんなことをしたら、大惨事は確実だ。キツネは俊敏で、鋭い歯をもつ。だが、グレーシャーは例外だ。ヨーロッパ最大級の私営動物園であるヘイスロップ動物園は、訓練した動物をメディアに貸しだし、映画、CM、ミュージックビデオなどに出演させている。グレーシャーもそのうちの一頭で、彼はもとの飼い主夫婦から引き取られた。夫婦は子ギツネの頃から彼を育て、そのあとは学校に連れていって出張授業をおこなっていた。万事うまくいっていたのだが、1歳になったあたりでホルモンのスイッチが入り、思春期に入ったグレーシャーはだんだん手に負えなくなっていった。生徒たちが怖がるようになり、予約のキャンセルが相次いで、大婦はとうとうグレーシャーを扱いきれないと悟った。こうして彼はヘイスロップにやって来た。

彼はいま、コッツウォルズにある広い屋外飼育場で、何頭かのふつうのアカギツネたちと一緒に暮らしている。動物園に勤める訓練士のひとりであるエマ・ヒルズは、彼と何百時間も一緒に過ごし、信頼関係を築いた。彼女の訓練方法は、アメリカの心理学者B・F・スキナーが考案した、好ましい行動に報酬を与え、不適切な行動は無視するという基本原理を応用したものだ。グレーシャーは、頭を首輪に通したり、命令どおりに座ったりすれば、鶏肉をもらえると知っている。これならみんなが幸せだ。

「やりとりするかどうかの決定権は常に彼にあります」と、彼女は説明する。「わたしが首輪とリードをだしたら、散歩に行くかどうかを彼が決めます。あとずさりするようならまた今度。彼が首輪に頭を通したら、ごほうびをあげて、一緒に散歩します。指を一本だしたら、彼は〝座れ〟の合図だと気づきます。そのとき〝触るよ〟といわれたら、彼は触らせるかどうかを判断します。その場で座ったら、撫でても大丈夫です。あとずさりするなら、そっとしておいてあげてください」。

リードの先でせわしなく跳ね回るグレーシャーを見るかぎり、彼はわたしにまるで関心がなさそうに思えたが、やってみることにした。

「グレーシャー」と、わたしは歌うような調子でよんだ。彼はすぐさま動くのをやめ、探るようにわたしを見つめた。わたしが人差し指をだすと、彼はお座りした。「触るよ」。そういってもグレーシャーが立ち去るそぶりを見せなかったので、わたしはしゃがみこみ、銀灰色の背中をひと撫でした。いままで触れたどんな毛皮のコートより、なめらかで、つややかで、ふかふかだった。鶏肉をひとかけら彼にあげて、わたしたちの親密な時間は終わった。彼は探検を再開し、わたしは取材に戻った。

グレーシャーは当然ながら家畜ではない。それでも、野生のままというわけでもない。彼は飼育下で生活していて、リードをつけて散歩をするが、わたしの庭に放したら躊躇なくニワトリをさらうだろう。訓練を受けてはいるが、いわゆる「馴れた」状態とは少し違う。彼はヒトと接触するが、見たところほかのキツネと一緒にいるほうが幸せそうだ。グレーシャーは世界一美しい毛皮に包まれた大いなる謎だ。けれども、ギンギツネはほかのどんな動物よりも、オオカミがどうやってイヌになったのか、あるいは家畜化の過程全般について、わたしたちに多くを教えてくれた。

おなかを見せたキツネ

遺伝学者にとっては危険な時代だった。ソビエト連邦の独裁者ヨシフ・スターリンが没したとはいえ、その遺産はいまだ大きな影を落としていた。1936〜1938年の大粛清で、スターリンはソビエト社会に蔓延する（と彼が思い込んでいた）腐敗の一掃に乗りだした。彼の命令により、130万人の「不満分子」や「反革命主義者」が逮捕され、その半数が処刑された。パラノイアと大量殺人が跋扈《ばっこ》する時代だった。第二次世界大戦が終わり、冷戦がはじまると、ソビエト連邦と「資本主義者の」西側諸国は反目し合うようになった。スターリンは西側の価値観を糾弾した。遺伝学は禁じられ、研究所は閉鎖された。現役の研究者や、ダーウィンの理論への支持を公言する人びとは、国家の敵であると宣言された。職を失うだけですめば幸運だ。命まで失ってもおかしくなかったのだから。

そんななか、蔓延する抑圧と暴力と恐怖をものともせず、ひとりのロシア人科学者が、歴史に残る偉大な遺伝学実験を開始した。彼の名はドミトリ・ベリャーエフ。[*4] ダーウィン同様、ベリャーエフも進化に魅せられ、とりわけ野生動物がさまざまな家畜品種につくりかえられた過程に興味をもった。しかしダーウィンと違って、彼は家畜化の過程がそこまで絶望的にのろのろしたものだとは考えなかった。ベリャーエフは、ミンクの交配実験をおこなった経験から、家畜化症候群のさまざまな特徴は比較的急速に現れるだろうと予想した。そして、動物をゼロから家畜化し、その過程がどのように進むかを研究しようと決意した。

ギンギツネは妥当な選択だった。イヌやオオカミと同じくイヌ科の一員で、賢く、社会性をもち、小さな家族性の群れで生活する。しかし、イヌと違って、キツネは一度も家畜化されたことがない。実験がはじまった1959

年当時、毛皮取引は一大産業だった。ギンギツネは大規模農場で飼育され、広く輸出されていた。そのため、実験対象は簡単に手に入り、しかも物議をかもすような遺伝学研究の口実も都合よく用意できた。ロシア当局に対して彼は、交配実験はあくまでキツネの毛皮の質を高めるためのものだ、と説明したのだった。

彼はシベリアの荒野にたたずむ街、ノボシビルスクに実験拠点を置いた。監視の目からできるかぎり物理的に遠く離れたのだ。彼が入手したキツネたちは、毛皮農場で50年ほど継代繁殖されていたが、家畜とはほど遠かった。最初の130頭のほとんどは、彼の姿を見たとたん、歯をむきだして飛びかかった。しかしごく一部、およそ1割の個体は、多少なりとも攻撃性が低く、これらが交配実験の創始個体に選ばれた。彼はキツネにかまったり、キツネをなでたりはしなかった。目的は、グレーシャーのように馴らしたり訓練したりすることではなく、最も恐怖心の薄い個体を選び、繁殖させることだ。そして、生まれた子ギツネたちが大きくなると、彼は同じ工程を繰り返した。最も攻撃性の低いキツネは親になり、攻撃的なキツネは毛皮のコートにされた。優秀な研究者の例に漏れず、ベリャーエフは対照群も設定した。こちらの群れ《スカルク》*5は自由に繁殖させた集団で、この対照群を基準に変化の度合いを測定した。わたしたちの先祖がイヌやほかの動物を家畜化しはじめたときも、まずは最もおとなしい個体を選んだはずだと、彼は考えた。もし馴れやすさに遺伝的要素があるなら（確実にあるとベリャーエフは考えていた）、時とともにキツネはますます従順になっていくはずだ。

変化ははっきりと、急速に現れた。４世代目までに、実験群のキツネは尾を振るようになった。６世代目にはもう、研究者の顔を舐めていた。友好的な個体の割合は世代を追うごとに増え続け、45世代目までに、ほぼすべてのキツネが人懐っこいイヌそっくりの行動を見せるようになった。身体的特徴にも変化が現れた。わずか10世代で、一部のキツネに垂れ耳、巻き尾、まだら模様が出現した。本来の銀色の毛皮に、白いぶちが混じるようになった。繁殖回数が増え、骨格にも変化が現れた。脚は短く、鼻面は小さく、頭骨の幅は広くなり、全体的にキツネらしさが薄れて、よりイヌ的な外見になった。

現在のキツネ農場を訪れれば、楽しい出会いが待っている。いまでは実験群のすべてのキツネが超フレンドリーなのだ。イリノイ大学の遺伝学者アンナ・クケコワは、研究の一環として、少なくとも年に一度はノボシビルスクの農場を訪れる。「キツネたちには本当に魅了されます」と、彼女はいう。「大きな倉庫に並んだケージで飼われているのですが、なかに入ったとたん、みんな大歓迎してくれます。よく馴れていると知っていても、彼らがどんなに人間が大好きかは、実際に会ってはじめてわかります。みんなすっかりおとななのに、行動は子イヌみたいなんです」。それどころか、キツネたちの思考までもがイヌに似てきている証拠もある。イヌがヒトのジェスチャーの理解力に優れているのはよく知られている。伏せた二つのカップのどちらか一方におやつを隠したあと、ヒトが隠したほうを指差したり、そちらに視線を向けたりすると、イヌはこうした行動から推測して、正解のカップを選ぶ。驚いたことに、人馴れした子ギツネもこれができるのだ。彼らはふつうの子イヌと同程度にヒトのジェスチャーを正しく理解し、対照群の子ギツネに圧勝する。

こうした結果がキツネに特有のものではないと示すため、ベリャーエフは同じ方法でほかの動物も人馴れさせることにした。1970年代以降、彼はドブネズミ、ミンク、カワウソでも実験を繰り返した。結果はどの種もおおむね同じだった。世代を重ね、従順な個体の割合が高くなるにつれ、毛色や解剖学的および生理的特徴に変化が生じた［訳注：カワウソについては繁殖が難しかったため、実験は早期に断念された］。

数かずの実験結果をまとめると、こんなふうにいえるだろう。家畜化に、ダーウィンが想像したような途方もなく長い時間は必要ない。実験環境で比較的短期間に再現可能で、その方法はシンプルそのもの。従順な個体を選択交配するだけだ。いちばん人懐っこい個体だけを、一貫して毎年、掛け合わせつづける。それだけで、一見したところ無関係に思えるさまざまな特徴の寄せ集め、つまり家畜化症候群をつくりだせるのだ。わたしたちの遠い祖先が、垂れ耳やボディーランゲージを読み取る能力を基準に、イヌを選別したとはかぎらない。こうした特徴は、人懐っこい気質の個体を選択交配した副産物として出現した可能性がある。家畜化症候群は、ヒトが意図的につくりあげたものではなかった。わたしもそうだが、垂れ耳のイヌが好きな人は、嬉しい誤算に感謝しよう。

ピーター・パンな動物たち

2004年、ある研究チームが、人懐っこい動物の選択交配がなぜ家畜化症候群の出現につながるのかを説明する理論を提唱した。ウィーン大学のテクムセ・フィッチらは、神経堤とよばれる細胞の一群が鍵を握っていると考えている。脊椎動物の胚発生の途中で、神経堤の細胞は体のあちこちの部位に移動し、そこでさまざまな種類の細胞や組織を形成する。耳、歯、色素産生細胞の形成に関与するほか、体の「闘争／逃走」反応を司る副腎とのつながりも知られている。さらにイヌでは、神経堤細胞が体の末端まで移動し、尾の大きさや構造の決定にかかわる。

理論の趣旨はこうだ。何世代にもわたって従順さを選択してきた結果、神経堤に何かが起きた。神経堤細胞は移動をはじめるものの、多くが最終目的地に到達しなくなった。耳がきちんと形成されないため、ぴんと立たずにくたっと垂れた。鼻面が完全に伸びきらず、短いイヌのような鼻口部ができた。尾にも変化が起こり、まっすぐにならずにくるりと巻いた。色素産生細胞が十分に成熟しなかった結果、まだら模様の被毛が生じた。何よりも、副腎の発達が不十分なせいで、恐怖反応が薄れた。こうして、肉体的にも精神的にも、いつまでも発達が不完全なままの動物が誕生した。

もっともらしい仮説だ。まるで家畜化によって発達が通常の経路から脱線し、動物たちの時間が思春期のまま止まったかのようだ。ベリャーエフの人馴れしたおとなのキツネたちが見せる行動は、まるで野生の子ギツネだ。イヌは、要するに、成長できなかったオオカミの子どもなのだ。家畜動物は動物界のピーター・パン、わたしにいわせれば「パニマル」だ［訳注：Panとanimalを組み合わせた著者の造語］。

ダーウィンは進化理論を提唱したとき、ある種の特徴は遺伝すると知っていたが、そのしくみは理解していなかった。いまでは、わたしたちはＤＮＡが世代を超えて受け継がれると知っている。分子に起こるランダムな変化（変異）を材料に、自然淘汰が作用する。有利な変異は保存され、不利な変異は取り除かれる。わたしたちの祖先がいちばん警戒心の薄い動物を選んで掛け合わせ、家畜化の過程を開始したとき、彼らは期せずして、おとなしい気質に関連する遺伝子変異に正の選択をかけていた。過程の途中のどこかで、神経堤に関連する遺伝子群に変異が生じ、それらもまた意図しないまま選びだされて、やがて家畜化症候群の特徴が現れた。

アンナ・クケコワは、ベリャーエフのキツネのＤＮＡを調べてこの関連遺伝子を探索し、これまでに１００以上の候補遺伝子を発見してきた。数の多さは驚くにはあたらない。家畜化はさまざまな身体的、行動的、および生理的要素にかかわるのだから、その遺伝的基盤は複雑に違いない。予想どおり、彼女が発見した遺伝子の一部は神経堤に関連するものだったが、ほかにも脳機能、ひいては行動に関連する遺伝子が見つかった。重要な発見だ。「農場を訪れて目につくのは、身体よりも行動の変化です」と、アンナはいう。遺伝子のひとつ（*SorCS1*）は、脳内のニューロンの相互コミュニケーションに影響することが知られている。こうしてようやく、野生から家畜への行動変化を説明する助けになるような、一連の遺伝的変化が見つかった。

ノボシビルスクのキツネ交配実験は現在も続いている。ベリャーエフが1985年に亡くなったあとは、長年、彼の助手を勤めてきたリュドミラ・トルートが研究を引き継いだ。ソビエト連邦の崩壊後は困難が続き、細胞学・遺伝学研究所は多くの実験の規模を縮小し、従順なキツネたちをペットとして売り払うことを余儀なくされた。トルートによれば、いまではたくさんのキツネたちがロシアだけでなく、西ヨーロッパや北アメリカの家庭で幸せに暮らしている。彼女のもとには、ときどき飼い主たちからキツネの様子を知らせる手紙が届く。それらを読むかぎり、ペットになったキツネたちはとても社交的で愛情深いが、決して飼いやすい動物ではないようだ。

予防接種に関する規制のため、生後6カ月未満のキツネをアメリカやヨーロッパに輸出することはできない。そのため、彼らは性格形成に重要な生涯の最初の時期を、ノボシビルスクのケージのなかで過ごすしかない。子ギツネたちはケージでの生活に順応してしまうため、屋外での暮らしに慣れるのに苦労する。また、わたしの元彼もたいていそうだったが、キツネは体臭がきつく、夜になるとうっとうしいほど活発になり、トイレのしつけが難しい。集合住宅での暮らしになじめず、ケージに入れられたり、飼い主が見守るなかリードにつながれて飼われたりしている個体も少なくない。「彼らは人に対してフレンドリーになるように人為淘汰されたのであって、わたしたちの生活様式に合うように選ばれたわけではないのです」と、アンナはいう。キツネと散歩にでかけることはできても、完全に野生を取り除くのは難しいようだ。ベリャーエフのキツネは、長い交配実験を通じて劇的な変化をとげてきた。それでも、彼らを完全な家畜とよぶかどうかは、依然として意見が分かれる。

旅の途中

従順な個体どうしを数十世代にわたって選択交配することで、ベリャーエフは家畜化の「早送りボタン」を押した。けれども、わたしたちの祖先がまったく同じことをしたと考えるのは非現実的だ。実験室では家畜化を比較的早く実現できるが、ふつうこの過程にはもっと時間がかかる。この意味では、ダーウィンの考えが正しかった。ひとつの種が別の種へと進化する様子を見届けられないのと同様に、野生動物が家畜になる瞬間を目撃するのも困難だ。オオカミは、決してある時点でいきなりオオカミであることをやめ、イヌになったわけではない。変化はきわめてゆっくりと積み重なった。わたしたちの祖先もきっと、何が起こっているのかわかっていなかったはずだ。

家畜化について調べはじめたとき、わたしはその定義は単純で、「ニワトリ、ウシ、ヒツジ」というように羅列すればいいだけだと思っていた。だが、いまとなっては、野生と家畜の境界線はあいまいで、はっきりしないと思い知った。ベリャーエフのキツネは、そんな実態をみごとに体現している。イエネコについても同じことがいえる。自立心に富むこの生きものは、およそ9500年前、農業がはじまったあとの中東で自己家畜化を開始したと考えられている。害獣が貯蔵穀物を荒らすようになり、ヤマネコは害獣駆除の役割を買ってでた。しかし、イヌと比べると、ネコは野生の原種からあまり変化しなかった。ネコの外見や行動は、いまでも野生の祖先とよく似ている。彼らは野生動物を狩り、奔放なセックスに興じる。スコットランドでは、イエネコが絶滅危惧種のスコットランドヤマネコと交雑し、ヤマネコの遺伝子プールを薄めて絶滅に追いやろうとしている。何事にも動じないイエネコの気質もまた、家畜化が未完の過程である、ひとつの証拠といえそうだ。

モンゴルでは、在来家畜のウマが自由に野を駆け、人びとは必要なときだけ捕獲する。英雄チンギス・ハンの軍馬の血を引くウマたちは、広大なユーラシアステップで草を食み、彼らを所有するモンゴルの遊牧民たちは、距離をおいてあとを追うだけだ。あるときは家畜のウマが野生種と交雑し、またあるときは野生種を捕獲して群れに加える。モンゴルの家畜品種は、世界のどの品種のウマよりも遺伝的多様性が高い。個体間に健全な遺伝情報のばらつきがあるのは、繁殖過程にヒトがほとんど干渉してこなかったからだ。世代を超えた彼らの旅路は、人為淘汰よりも、むしろ自然淘汰に導かれてきた。それでも、結果としていまある種は、やはり家畜とみなされている。モンゴルの遊牧民は、自分のウマを野生動物とは考えない。ウマたちは彼の所有財産であり、乳を絞り、乗りものにし、一緒にレースに出場する。時には煮込んでシチューにすることもある。でも、こんな野趣あふれるウマに鞍なしで乗りなさいと、イギリスの乗馬クラブのジュニア会員たちにいったら、きっと泣き叫んで逃げだすだろう。彼らが小さい頃から知っているのは、たてがみを三つ編みにされても気にしないような、はるかに家畜化の進んだウマだけなのだ。

教科書的な定義でいえば、ほかのいくつかの特徴に加え、遺伝性の従順さが家畜の必要条件だ。この基準に照らせば、ヘイスロップ動物園で出会ったギンギツネのグレーシャーは家畜ではない。彼は比較的扱いやすいが、その性質は両親から受け継いだものではないからだ。グレーシャーの出自ははっきりしないが、おそらくベリャーエフの大実験ではなく、毛皮農場の個体の子孫だろう。つまり、彼の友好的なふるまいは、DNAに由来するのではなく、訓練士のエマの努力のたまものだ。一方、うちのヒッグスは、生まれつき愛情過多だ。では、過酷な生活をしている無数の野良イヌたちはどうだろう？　遺伝子は確かにオオカミとは違うだろうし、巻き尾やぶち柄の個体もいるが、彼らはまちがいなくペットではない。ヒトと一緒に暮らしていないし、食料面でわたしたちに直接依存してもいない。それでも、やはり完全に野生ともいえない。

ユニークなDNA、奇妙な外見、祖先から受け継いだ愛嬌をもつベリャーエフのギンギツネは、どんなに控えめにいっても、家畜化への道の途中にいることは確かだ。ロシアでの実験で、家畜化が比較的短期間に起こりうることと、従順さにもとづく選択がほかの目に見える変化を伴うことが明らかになった。一方で、家畜化そのものが実にとらえどころのない現象だという教訓も得られた。考えてみれば当然かもしれない。野生動物が家畜になる「瞬間」は存在しない。動物たちはみな、終わりのない連続体のなかにいるのだ。家畜化はできごとというよりも過程だ。あるいは、使い古された自己啓発本のいい回しがお好みなら、目的地ではなく旅そのものといってもいい。どの世代も直前の世代とはわずかに違っているが、古生物学と遺伝学の後知恵があってはじめて、起こりつつある大きな変化を見いだせる。わたしたちはつい、現在、まわりにいるイヌやウシやニワトリが家畜化の最高到達点だと考えたくなるが、実際には彼らも変遷のさなかにいる。生物は決して環境への順応をやめないし、進化の膠着状態は続かない。家畜化は、ヒトの影響を受けた進化の一形態にすぎないのだ。

そのうえ、わたしたちの過去の印象は文化的先入観にゆがめられている。初期のイヌは多少なりとも「イヌ的」だったはずだと、わたしたちは想像するが、「イヌ的」な特徴の概念は、現在の文化的環境に規定されている。ひとつ例をあげよう。大英博物館の所蔵品のひとつに、イギリスの画家ウィリアム・ホガースの手によるエッチング画「グリエルムス・ホガース」がある。1749年に描かれた細密な自画像で、俳優ジョン・マルコビッチにそっくりなホガースが、トランプという名の愛犬と一緒にポーズをとっている。犬種はパグだが、21世紀のわたしたちが考える、でっぱった眼に陰嚢のような顔の小型犬ではない。筋肉質でやせた体をして、しわのない顔はコミカルというよりいかめしく、両眼がきちんと頭骨に収まった、まるっきり別のイヌなのだ。当時、この品種は家庭犬としてではなく、短気で「好戦的（pugnacious）」な気質で知られた。ホガースはパグに象徴的な意味をもたせ、生涯にわたって自分の代名詞とした。彼はトランプを、家畜化の最終到達点、「パグらしさ」の金字塔と考えていたに違いない。けれども、わたしたちからするとこのイヌは、どこか原始的で、パグとよぶにはしっくりこない。さて、描かれているのはパグなのだろうか？　わたしの考えでは確かにパグだが、それより覚えておくべきは、「パグ」という同じ恣意的なよび名を与えられた動物が、時代によってまったく違う特徴の組合せをもっていた事実のほうだ。「人はいつでも、現在について考えている内容を過去に投影します」と、オックスフォード大学で家畜化を研究するグレガー・ラーソンはいう。「そして毎回まちがうのです。ものごとは時とともに絶えず変化しますから」。

こうした事実が邪魔をして、家畜化を定義したり、その開始時点を特定したりする試みは難航する。実際のところ、歴史の大部分を通じて、家畜化はきわめてルーズな取り決めだった。「要するにわたしたちが見ているものは、ヒトと動植物が互いの存在に順応していく、長期的な過程なのです」と、グレガーはいう。動物はヒトに、ヒトは動物に馴れていき、気楽なつき合いがはじまった。やがてわたしたちは、彼らの生息環境に影響を及ぼすようになった。ヒトが餌を与え、飼育し、連れて移動するうちに、動物たちは変わりはじめた。こうして家畜化が進んだが、そこに意図はなかった。「ウシを家畜化しようと立ち上がった人はいませんでした」と、グレガーは説明する。「ヒツジやブタ、イヌやその他の動物についても同じです。家畜化は、ヒトと動物の関係が緊密になった副作用なのです」。

新たな特徴を備えた動植物が生まれ、わたしたちの世界を変えた。家畜と栽培作物は農業、貿易、都市での定住生活の礎を築いた。その過程は、動植物をひとつの進化の経路から、別の経路へと導いた。家畜化は人類の歴史の流れに途方もない影響を与えた。にもかかわらず、誰ひとり事前に計画も熟考もしなかったのだから、不思議なものだ。

〔脚注〕

＊1　イヌ、ニワトリ、ウサギ、ポニー、ネコ、トウモロコシ、ニンジン、茶はみな家畜または栽培植物だ。

＊2　もちろん例外はある。スパニエルのような耳をもつ金魚に、わたしはまだお目にかかったことがない。ただし、カラフルな金魚は、そのサイズが野生の原種であるフナとは大きく異なり、時にまだら模様をもつ。どちらも典型的な家畜化のしるしだ。

＊3　「わたしのキツネ」とはいったものの、残念ながらヘイスロップ動物園は彼をおもち帰りさせてはくれなかった。

＊4　ベリャーエフは並大抵の人物ではない。ただ大実験をはじめただけでなく、同じく遺伝学者だった兄ニコライが秘密警察に逮捕され獄中死したあと、それでもわが道を突き進んだのだ。

＊5　「スカルク（skulk）」はキツネの群れをさす集合名詞で、こうした単語は多数ある。わたしのお気に入りはカバの「ブロート（bloat）」とクラゲの「スマック（smack）」だ。

第2章 戦略的ウシと黄金のヌー

Chapter Two

２０１８年、ニッカーズという名前の巨大なウシのニュースが世界を駆け巡った。写真が撮影されたのは、オーストラリアのとある農場。その白と黒の巨獣は、ちょっと怯えた様子で取り囲むほかのウシたちよりも抜きんでて背が高く、まるで小学校の集合写真で後列に立つ大柄な子のようだった。ほかのウシたちがミニチュアのおもちゃに見えた、ともいえる。ニッカーズの体高は約2メートル、体重は驚きの１２７０キログラム。太った頃のエルヴィス・プレスリー８人分、マクドナルドのクォーターパウンダーなら1万１２００個分だ。メディアは彼の並外れた体格に驚嘆し、そのおかげで幸運を手にしたと報じた。7歳のホルスタインである彼は、大きすぎて地元の食肉加工場の機械に入らなかったため、屠殺を免れたのだ。現在、彼は仲間たちと一緒に、マイアラップにあるレイクプレストン肥育場でのんびり草を食んでいる。

サイズというのは重要だ。ニッカーズが話題をさらったのは、とてつもなく大きいからだった。ホルスタインは乳牛品種として飼育されるが、去勢オスの場合、数年育てたあと食肉用に販売されるのは珍しくない。この時点での体重はふつう７００キログラム前後だが、生き延びさえすればもっと大きく成長できる。だが、ニッカーズは食

肉処理場に送られるはずの年齢で、すでにほかのウシたちを見下ろすほど大きかった。興味をもった農場主のジェフ・ピアソンは、彼を手元に置いておくことにした。秘密は彼のDNAにあったのか、あるいは単にすくすく育つ機会に恵まれたおかげなのか。真相は不明ながら、写真映えする堂々たる体躯のおかげで、ニッカーズはつかの間の名声を勝ち取ったのだった。

2万年前まで時間を巻き戻すと、彼のような大柄なウシの仲間はあちこちにいた。オーロックスは、現在世界に14億頭いる家畜ウシすべての祖先だ。黒い被毛と、長さ1メートルを超える前を向いた威圧的な角を備えた、恐ろしげな野獣だった。『ガリア戦記』（"Gallic Wars"）の第6巻で、ユリウス・カエサルは南西ヨーロッパのオーロックス（ウリ）について、こう言及している。「ゾウよりやや小さく、外見、体色、形態は雄牛に似る。比類なき怪力とすばやさを備え、人も動物も発見するなり容赦なく攻撃する」。

最終氷期が終わる頃、オーロックスはブリテン諸島および中央ヨーロッパから東アジアや北アフリカまでを含む、広大な分布域をもっていた。槍以外に何の武器ももたなかった、新石器時代のわたしたちの祖先にとって、オーロックスは恐怖と渇望をかきたてる存在だっただろう。狩りは危険だが、莫大な量の肉、骨、血液、脂肪、皮という見返りを考えれば、リスクを冒す価値はあった。オランダのフリースラント州を流れるチョンゲル川の近くに、すばらしい考古学遺跡がある。15年前、ここで発掘していたアマチュア考古学者が、49個のオーロックスの骨といくつかのフリント石器を発見した。骨の保存状態は良好で、約7000年前に生きて死んだメスのオーロックスの脊椎、肋骨、脚の骨だった。その多くに、解体され、肉がそぎ落とされた痕跡が残されていた。石器の二つの破片を合わせるとほぼ完全な刃物になり、おそらく解体の際に使われたのだろう。しかも、すべての遺物に焼かれた形跡があった。流浪のハンターたちは、オーロックスを仕留めたあと、バーベキューの祝宴を開いたのだ。

一方、はるか東では、人びとがすでに将来の畜産動物の家畜化をはじめていた。ヤギ、ヒツジ、ブタは、いずれも1万年〜1万1000年前の中東で家畜化され、ウシの家畜化は2度おこなわれた。最初は約1万300年前の中東で、次に約8000年前の南アジアで。肥沃な三日月地帯のオーロックスはのちにヨーロッパのタウルスウシになり、ニッカーズを生みだした。一方、インダス川流域のオーロックスは、ゼブーとよばれるインドのコブウシへと進化した。

それは美しいパートナーシップのはじまりだった。有史以前のわたしたちの祖先にとって、最初の家畜ウシは動物界のスイス・アーミーナイフ（十徳ナイフ）だったはずだ。こんなにも多用途なのだから！　乳、血液、脂肪、内は食料になり、皮、角、ひづめ、骨は衣服や道具の材料として使える。糞は燃料になるし、ハーネスをかければ鋤や荷車を引かせることもできる。その後の2000年ほどで、わたしたちはウシの交配や去勢を開始し、ウシを連れて新天地を目指した。家畜ウシはアジア、アフリカ、ヨーロッパに広がり、のちには新大陸にも進出した。時にはタウルスウシとゼブーが出会い、交雑種が誕生した。サハラ以南のアフリカで飼育されるサンガウンは、紀元前1000〜2000年の間に、在来のこぶのないタウルスウシが、新たにもち込まれたこぶのあるゼブーと交雑してできた品種だ。

ウシの家畜化の初期段階は、わたしたちの祖先がオオカミと交流をはじめたときもそうだったように、おおらかで形式ばらない相互協定だったのだろう。ウシを身近においておけば何かと便利だったが、そこに確固たる戦略的および長期的目標があるわけではなかった。新石器時代の人びとは、白と黒のホルスタインがバケツいっぱいにミルクをだすさまを思い描いてはいなかった。そんなことは不可能だ。ウシの形態、行動、DNAは、わたしたちの祖先が運まかせにつくりだしたものだ。ヒトが行く先ざきに、ウシがついてまわった。途中で数かずの変化が起こったが、それもゴールを見据えた改変というより、単なる関係の副産物だった。

たとえば、考古学的記録をたどると、家畜ウシは進化史のほとんどを通じてサイズが縮小してきたとわかる。ヨーロッパのウシは新石器時代から中世まで一貫してどんどん小型化していった。紀元前5600〜1500年の間に、サイズが3分の2になったのだ。ヒトが計画的に繁殖をコントロールしていたなら、こんなことはありえない。小型化はむしろ、わたしたちの祖先が待ちきれずに若牛を屠殺して肉にしたせいだと考えられている。新石器時代のウシはおそらく、完全に成長しきる前の若い年齢で子を産んでいた。そのため、世代を追うごとに子はより小さく軽くなり、成体のサイズも小柄になったのだ。

古代エジプト人がピラミッドを建てる頃には、すでにいくつものウシの品種ができていた。脚と角が長い白色のウシは使役動物として利用され、丸々として角の短いウシは肉用に肥育され、細身できゃしゃなウシからはミルクが集められた。家畜化のあとの気楽な生活のなかでは、ウシに身を守るための長い角はもはや必要なかったため、角なしの品種も現れた。文化的価値を裏づけるように、角なしウシには独自のヒエログリフ（象形文字）があてられた。

戦略的品種の誕生

どこかの時点で、人びとはどのウシの子を残すかを真剣に考えるようになった。1700年代までに、ウシの家畜品種ははっきりと地理的多様性を示すようになった。たとえば、スコットランドのハイランド地方のウシは、ノーフォーク地方の低地のウシとは異なる見た目をしていた。ただしこの違いは、誰かが意図してつくりだしたものではないという意味で、偶然のたまものだった。この頃まで、家畜のオスとメスはまだ同じ放牧場で飼われ、自分たちで好き勝手に交尾相手を選んでいた。ところが18世紀、イギリスの農学者ロバート・ベイクウェルが、オスとメスを分けて飼育し、意図的に選んだ重要個体を掛け合わせるアイデアを思いついた。

いまのわたしたちから見れば当たり前だが、当時、それは画期的な発想だった。繁殖はもはやランダムではなく、ヒトの思いつきと願望が推し進めるものになった。わたしたちは、単に進化を別のルートに向かわせるだけでなく、計画的に型にはめ、自分たちにとって価値のある特徴を強化しはじめた。いわゆる選択交配だ。たとえば、ベイクウェルは、従来は荷を引く役目を担ってきたロングホーン種が、効率的な食肉生産にも向いていると気づいた。比較的少ない餌の量で、ほかの品種より容易に体重を増やせるからだ。そこで彼は、最も肉の量が多いロングホーン種の個体を選んで掛け合わせ、産まれた子にさらに同じ過程を繰り返し、さらに孫にも、と続けた。彼はこうした過程により、ウシの臀部の肉の多さや、ヒツジのラノリン〔訳注：羊毛から抽出される動物性油脂〕分泌量といった特徴がより顕著になると示した。その結果、家畜市場で取引きされる雄牛の平均体重は、80年のうちに2倍以上に増加した。まもなくほかの農場主たちも彼にならい、選択交配が農業の標準的な手法として定着した。

彼のアイデアにチャールズ・ダーウィンも目をつけた。ベイクウェルの名前は『種の起源』にも登場し、ダーウィンは彼が強化した品種について「人為淘汰の威力を端的に示す例」であると述べた。人為淘汰とは、要するに選択交配のいいかえで、自然ではなくわたしたちヒトの力が進化を導く過程を指す。

過去200～300年の間に選択交配はますます活発になり、フランスのリムーザンやイギリスのヘレフォードなど、数かずの高度に特殊化した品種が誕生した。時には、ある国の雄牛と別の国の雌牛とが掛け合わされた。ロシアのウシの牛乳生産量を増やすために中央ヨーロッパのウシが使われ、丈夫なスコットランドのエアシャー種との交配により、スカンジナビアの品種の健康状態が改善した。もともと角のない個体どうしを交配させ、角なし品種がつくられた。1824年、ウィリアム・マコンビーは、スコットランド北東部の角のない黒毛品種を交配しはじめた。地元で「ドディ」や「ハムリー」とよばれていたこれらのウシたちから誕生した、小柄で角のないアバデイーン・アンガスは、いまなおイギリスで最も人気の高い肉牛品種だ。やがて品種の登録制度が確立され、公的な血統書が発行、維持されるようになった。ウシたちの個人情報を記録したデータベースだ。こうした記録はいまでも畜産業界で非常に重視されていて、ある品種の個体どうしの縁戚関係が詳細に記載されているため、どのウシをとっても記録のあるかぎり古くまで系譜をさかのぼることができる。

やがて、こうした資料をもとに、人びとは特定の特徴がどのように遺伝するかを理解し、さらに精度の高い選択交配をおこなうようになった。たとえば、角のないウシどうしを掛け合わせた場合、角のあるウシが産まれることはほとんどない。これは、角のないの遺伝子が教科書にある典型的なメンデルの遺伝法則にあてはまるからだ。今日、わたしたちがよく知っているように、遺伝子はペアで存在し、独立の単位として、父親と母親からひとつずつ受け継がれる。1860年代、とてつもなく単調なエンドウマメの交配実験を繰り返したオーストリアの修道士グレゴール・メンデルは、一部の遺伝子は顕性（優性）、つまりひとつのコピーがあるだけで効果が現れるが、ほかの遺伝子は潜性（劣性）で、二つのコピーがないと効果をもたないことを明らかにした。20世紀初頭になって、ウシの遺伝子は角なしが顕性、角ありが潜性であるとわかった。角なしの遺伝子をひとつ受け継ぐだけで、子牛は角なしで産まれるのだ。[*1]

角なしの遺伝子は自然界でも生じる変異で、動物の遺伝的組成にときおり生じる自然発生的なエラーの産物だ。

ダーウィンはこの現象に気づいていた。1868年の『飼育栽培下における動植物の変異』で、彼は角なしウシを「自然発生的な変種」とした。考古学的証拠から、角なしの個体は遠く新石器時代からいたことが判明している。だが、遺伝子が広まったのは、その遺伝子が定める角なしという特徴を、ヒトが意図的に選抜するようになってからだ。

同じことが、筋肉の成長を制限することで知られるミオスタチン遺伝子にもいえる。この遺伝子は誕生時にもつ筋繊維数に上限を設け、これが動物の体格にもともと備わっている物理的制約になる。しかし時に、この遺伝子にも変異が生じる。1807年、イギリスの農学者ジョージ・カリーが、異様なほど筋骨隆々としたウシの記録を残した。現代風にいうなら、スーパーマッチョなウシだった。当時、カリーは知らなかったが、いまではこの並外れた体格は、ウシの遺伝暗号に紛れ込んだスペルミスによって生じたことがわかっている。この変異をもつウシは、通常の2倍の数の筋繊維をもつ。「筋肉倍加」とよばれる現象だ。ピエモンテやパルテネーズなどの筋肉倍化した品種は1800年代後半に登場し、のちに育種家たちはたくましい筋肉を収益につなげようと、ギリシャ彫刻のようなこれらの品種をほかの品種と掛け合わせるようになった。[*2]

そうして誕生した品種のひとつがベルジャンブルー（　）だ。第二次世界大戦直後の1950年代は、人為淘汰がひときわ活発化した時期だった。戦後のベビーブーム全盛期で、食料供給の大幅な増加が必要とされる一方、産業規模の家畜管理がはじまり、育種家たちは収益最大化のためにテクノロジーを取り入れた。最も優れた雄牛（種牛）から採取した精液を使って膨大な数の雌牛を授精させる手法の導入は、畜産業の歴史上、最も重要な進歩だったといっても過言ではない。有性生殖という、鳥やハチやオーロックスが太古から続けてきた営みに代わって、人工授精が台頭しはじめたのだ。

雄牛を興奮させるのにそれほど技術はいらない。育種家たちは、ほかのウシの背中を見せさえすれば、たいていの雄牛は猛然とのしかかり、射精すると気づいた。見せるのは雌牛でなくても、去勢した雄牛でもかまわない。この反応は生得的なのだ。精液を採取するには、決定的瞬間に「介入」して、勃起したペニスを適切な形状の容器に納める「だけ」でいい。これなら、種牛を雌牛のもとに輸送しなくても、任務を完了させられる。雄牛の代わりに精液だけを郵送すればいいのだ。

いまでは人工授精は標準的な農業技術のひとつだ。精液の冷凍保存により、1頭の種オスの精子で何十万頭ものパートナーを受精させることが可能になった。ロマンスは死に、偉大なるウシ用巨大スポイトが玉座を継いだ。ブタ、ウマ、ヒツジの品種改良も同様の方法でおこなわれ、結果として家畜の遺伝子プールは、しばしば少数の選ばれし者たちのＤＮＡに占められた。人工授精は、望ましい特徴に関連する望ましい遺伝子を広める選択交配のツールのひとつだ。いまやすべての育種家が、懐に余裕さえあれば、チャンピオン個体の遺伝子を手にできるのだ。

人工授精により、もとより筋骨隆々だったベルジャンブルーの体躯はさらにパワーアップした。がっしりしてたくましい姿は、もはや漫画から飛びだしてきたような格好に様変わりした。肉体が自然な成長の枠を外れ、ぎりぎりまで膨張したかのようだ。現代芸術家のジェフ・クーンズ（　）に依頼して、12個の風船と1枚のナイロンタイツだけを材料にウシの彫刻をつくらせたら、こんなふうになるかもしれない。

酪農業界では、人工授精が牛乳の生産量増加をもたらした。アメリカでは乳牛の60％が人工授精で誕生しており、イギリスではその割合はさらに高い。多くの育種家はもはや雄牛を飼うことすらせず、オンラインで精液の入った「ストロー」を買っている。驚くべき技術の進歩により、いまでは性別を選り分けた精子も販売されている。産まれる子牛が高確率でメスになるようにしたければ、お望みどおりというわけだ。[*3]

その結果、現代の平均的な乳牛は、１９６０年代の乳牛の4倍ものミルクを生産するようになった。ニッカーズのようなホルスタインは、イギリス、ヨーロッパ、アメリカで最も一般的な乳牛品種で、１日に20～30リットルの牛乳を産出する。しかし、それでも問題はある。酪農業において、どのメスを繁殖用に使うかを決めるのは簡単で、ミルクをいちばん多くつくる個体を選べばいい。しかし当然ながら、雄牛は母乳をださない。それなら、種牛となる雄牛の質をどんなふうに査定すれば、生産性の高い娘が生まれる確率を上げられるだろう？

証明せよ！

過去50年の間、答えは「後代検定」とよばれる方法にあった。英語で“proving”とよばれるとおり、そこでは雄牛が自身の価値を証明する。まず、若い雄牛を選びだし、性成熟するまで育てる。そして精液を採取し、それを使ってたとえば１００頭の無作為に選んだ雌牛を受精させ、子牛を産ませる。メスの子牛が2歳前後まで成長したら、繁殖させ、ここでようやく牛乳生産量を測定する。この間ずっと、もともとの評価対象である雄牛は、角をもてあそびながら待っている。雄牛はすでに4歳で、農場主の費用負担は5万ドルにものぼる。アメリカだけで毎年およそ1万２０００頭の雄牛がこうして結果待ちをしている。しかも、ようやく検定が終了して、高品質な種牛と認定されるのは、わずか10頭に１頭だ。高価で、時間がかかり、無駄の多いやり方だ。

ところが２００９年、ウシのゲノムが解読された。ゲノムとは、ある細胞や生物に含まれるすべての遺伝情報のまとまりをいう。ゲノムを構成する分子は二重らせん型をしたデオキシリボ核酸（ＤＮＡ）であり、ＤＮＡ分子はさらに、総じてヌクレオチドとよばれる通常4種類の化学的アルファベット、つまりアデニン（A）、シトシン（C）、グアニン（G）、チミン（T）が無数につながったものだ。ゲノムはたいてい数十億個の文字列からなり、染色体という扱いやすいまとまりに分割されている。DNAは細胞のなかの、膜で仕切られた核とよばれる構造のなかに納められていて、生物体をつくるのに必要な遺伝的指示を与える設計図の役割を果たす。ウシゲノムが解読されたとき、研究者たちはこの情報が畜産業におおいに役立つと予測した。商業面で有益な形質、たとえば乳の生産量、気質、長寿などを規定する遺伝子がいずれ特定されると考えたからだ。しかし、それから時が経っても、関連遺伝子は姿を現さなかった。考えてみれば当然だ。性格や寿命、あるいは乳生産量といった複雑な形質は、明確に定義され区分がはっきりした、メンデルの遺伝法則には従わない。この事実は、わたしたちが現代遺伝学から得た重要な教訓のひとつだ。先にあげた形質のどれひとつをとっても、その原因となるたったひとつの遺伝子は存在しない。複雑な形質にはたいてい複数の遺伝子がかかわっていて、それらの相互作用によって、累積的な効果がもたらされる。

それでも研究者たちは、ウシのゲノム全体のなかから、DNAのコードが多数の個体で1文字だけ変化している部分を何万カ所も発見した。このような1文字の変化は、一塩基多型（single nucleotide polymorphism）あるいは略してSNP（発音は「スニップ」）とよばれる。いまや、ビッグデータと複雑な数的処理を実行できるアルゴリズムの登場により、こうしたSNPの多くを身体的特徴と結びつけられるようになった。研究者たちは、たとえば「2番染色体の遠端でCがGに入れ替わっていることが乳生産量増加の原因だ」とはいわずに、「相関が見られる」と表現するが、これはこれで十分に役に立つ情報なのだ。

サンディエゴにあるバイオテクノロジー企業イルミナは、ウシがさまざまな特徴のなかからどれを発達させるかを予測する遺伝子検査をいち早く実用化した。同社の検査で使うＳＮＰチップは、爪に乗るくらいの小さな銀色のプラスチック片で、表面に5万個以上のナノレベルの凹みが刻まれている。ウシから採取したＤＮＡの溶液をチップの表面に流すと、特別にデザインされたプローブ（標識）とＤＮＡが結合して（これをハイブリダイゼーションとよぶ）、特定のＳＮＰが存在する場合は蛍光を発する。このようなＳＮＰチップ検査で、将来現れる可能性のある、ありとあらゆる特徴の微妙な違いを予測できるのだ。対象は牛乳の質と量、生産可能な期間の長さ、気質の穏やかさ、初産年齢など多岐にわたる。

遺伝子検査はアメリカの酪農業に広く取り入れられ、昔ながらの後代検定に急速に取って代わりつつある。資質のわからない雄牛の子が成長し、ミルクをだしはじめるまで待つ必要はもうないのだ。現代の酪農家は、種牛候補がどれくらい優秀か知りたければ、生まれたての子牛の尻尾の毛を1本抜いて、イルミナに送るだけでいい。検査費用は雄牛1頭あたり40ドルで、結果は数日で判明する。このようなＳＮＰ検査の普及により、すでにアメリカでは、ウシの人工授精の半数以上で遺伝子検査済みの雄牛の精液が使われている。オーロックスが家畜化されてから1万年、選択交配がはじまってから３００年が経ったいま、人為淘汰の過程は新たな段階に突入した。ゲノム時代の到来だ。

コロラド州立大学名誉教授のジョージ・サイデルは、ウシとウマの品種改良に利用できる先端繁殖技術の開発に研究者人生を捧げてきた。雄牛の精子の雌雄判定はその一例だ。人工授精が世界に普及するさまを見てきた彼だが、ウシの育種に最も影響を与えたテクノロジーは何か、とわたしが尋ねると、答えに窮した。「人工授精は非常に効果的です。一方でＳＮＰチップは、業界を変えつつあります。つい5年前と比べても、いまはまったく違う方法がとられています。古いパラダイムは消滅したのです」。

ふわふわのニワトリ

ここでいったんウシの世界を離れて、選択交配のさまざまな側面や成果を広く見渡してみよう。イヌ、ネコ、ハト、ニワトリ、ウシ、ヒツジ、ブタの品種のほとんどが生まれたのはつい最近で、ここ2、3世紀の間におこなわれた集中的な選択交配の結果だ。ウシの品種は８００以上、犬種は３００を超え、イエネコの認定品種も40あまりを数える。もちろん、交雑品種も含めればきりがない。

アニーはうちでいちばん古株のニワトリだ。子どもにニワトリの絵を描かせたら、彼女にそこそこ似たものになるだろう。中くらいのサイズ、栗色の羽、うろこに覆われた脚、赤いとさか。彼女はレンジャー種で、この品種は成長の速さ、卵の多産さ、おいしい手羽元を目当てに交配されてきた。けれどもアニーは食用ではない。わが家ではニワトリはペットなので、そんなことは万にひとつもありえない。うちのニワトリファミリーにいちばん最近加わったのはサイモン・コーウェルだ[*4]（口絵参照）。ほっそりした彼女はふわふわしたベージュの羽毛に包まれ、同じく羽毛の生えた脚には指が1本多く、頭にはとさかの代わりに80年代風のチリチリの髪が乗っている。サイモン・コーウェルの頭はまるで、卵の殻からカイワレが発芽したようだ。雨が降ると、この不便な飾り羽は彼女の顔に貼りつき、視界をふさぐ。彼女の出自はよくわからないのだが、烏骨鶏が交じっているのは確実だろう。烏骨鶏に似たニワトリは古くから知られていた。マルコ・ポーロは13世紀の時点ですでに「ふわふわのニワトリ」に言及しているが、この品種が正式に認定されたのは１８７４年だ。人気が高まるなか、ブリーダーは買い手に、この奇妙な鳥はニワトリとウサギの交雑種だとでたらめを吹き込んだ。「この毛はどうみても哺乳類のものでしょう」といったぐあいに。わたしたちはどこかで脇道にそれ、肉や産卵能力といった実用的な性質ではなく、美を基準に動物を選択交配するようになった。サイモンは小柄で骨ばっている。彼女の余分な指に実用性はまるでなく、ただ足元で所在なげにぶらぶらしているだけだ。独特の綿毛のような羽も、生存上、有利なものではない。それでも彼女は美しい。ふわふわのニワトリがあなた好みならの話だが。

うちには2羽のウサギもいる。エラとブラウニーだ。ニワトリたちと同じで、彼女たちも選択交配の産物だ。白い毛に黒い耳をしたエラの血筋はよくわからない。一方、ぼさぼさの茶色いたてがみがあるブラウニーは、多少なりともライオンヘッドの血を引いている。ライオンヘッドはベルギーの品種とされる。さまざまな品種のウサギの雑多な掛け合わせがおこなわれるなか、ある時たまたま、首まわりにふさふさの襟巻き状の毛が発達する変異が生じた。人びとはその見た目を気に入り、同じ特徴をもつ個体どうしを掛け合わせるようになった。

時にわたしたちは、見た目ではなく、突飛な行動をとる動物を選びだす。バーミンガムローラーは、一見どこにでもいるただのハトだ。ロンドンのトラファルガー広場をクークー鳴きながら歩いていても、誰の目にも止まらないだろう。しかし、空を飛ぶ姿は必見だ。おとなのバーミンガムローラーは、ごくふつうに飛び立ったあと、唐突に空中で宙返りをはじめるのだ。

猛スピードで連続後方宙返りを決める様子は、まるでバレエを見ているようだ。くるくる回転しながら自由落下したかと思えば、体勢をたて直し、墜落を回避する。

それに気絶ヤギも忘れてはいけない。ある系統のヤギは、驚くと硬直して、その場で倒れこむ。カチカチになって一瞬よろめき、仰向けにひっくり返って、脚を真上に突きだすのだ。「発作」の持続時間は20秒ほどで、その間は木材のようにもち上げてもピクリともしない。この品種の起源は１８００年代にさかのぼる。はじまりは、農場労働者のジョン・ティンズリーがテネシー州に移り住むときに連れてきたヤギだった。地元の人びとは、ほかの品種と違ってあちこちに登ったり飛び跳ねたりしない、このヤギたちを気に入った。囲いにまとめやすいし、万一脱走しても、びくびくして発作を起こし、倒れるだけだ。奇妙な習性のおかげで、さまざまなあだ名がついた。気絶ヤギ、ビビリヤギ、脚つりヤギ、木の脚のヤギ。ただし実際の反応は、気絶というよりけいれんだ。この品種のヤギは、通常なら筋肉の弛緩作用の制御にかかわる遺伝子に一塩基置換が生じている。硬直は通常の闘争／逃走反応の一部だが、変異型遺伝子をもつために、ふつうより筋弛緩が遅れるのだ。１９８０年代、農家の間で気絶ヤギが流行し、いちばん小柄で硬直がわかりやすい個体を集めて繁殖させる試みがはじまった。その目的は、純粋に新しいものをつくることだった。こうして突拍子もない行動を見せる品種が誕生し、やがてYouTubeに何万本もの動画がアップされることになった。さあ、いますぐ「気絶ヤギ（fainting goat）」と検索してみよう。

時には流行や新奇性を追い求め、浅薄で空虚な育種計画が実行されたこともあった。たくさんの品種の選択交配が、単なる個人の思いつきだけでおこなわれた。セキセイインコとカナリアは虹のすべての色を網羅できるほどの品種がつくられ、イヌはハンドバッグに収まるほど小さくなった。毛のないネコ、長毛のハムスター、エルヴィスのリーゼントのように頭の膨らんだ金魚。わたしたちは勝手気ままに進化的できそこないを作出し、野生動物さえもその対象とした。

黄金のヌー

南アフリカでは、商業的な猟獣保護区（ゲームリザーブ）のオーナーが、ヌーやインパラ、クーズーやスプリングボックといった、野生動物の選択交配をはじめた。こうしたなかに、時に毛色の異なる変異個体が出現した。ヌーやクーズーはふつう暗い灰褐色、インパラとスプリングボックはサンドベージュ色なのだが、いまや黄金のヌー、黒色のスプリングボック、白色のクーズーは珍しくない。インパラには、白黒の品種や、体の背中側と腹側で色が違う「スプリット」とよばれる品種がいる。自然の状態では、こうした個体は長生きできず、将来世代に一風変わった遺伝子を受け継ぐ可能性は低い。集団のなかで悪目立ちするのは、すぐれた生存戦略とはいえないからだ。食物連鎖の頂点に立っているなら、周りの目など気にならないかもしれないが、そうでないなら溶け込んでおくのが得策だ。しかし、南アフリカでは、こうした自然に生じる体色変異個体が増加している。猟獣保護区で意図的に選抜され、トロフィーハンティング市場に供給されているからだ。こうした変わり種の野生動物を撃ち殺すために、大枚をはたく人びとがいるのだ。

２０１５年、セシルと名づけられた13歳のライオンが、ジンバブエのワンゲ国立公園で殺害された。ひと目で彼とわかる黒いたてがみのおかげで、セシルは観光客に愛され、またオックスフォード大学のチームによる研究の対象でもあった。彼はあるアメリカ人歯科医に弓矢で射られ、負傷したまま40時間にわたって追いたてられた末、２本目の矢で命を奪われた。のちに亡骸から毛皮がはぎ取られ、頭部が切断された。

このできごとは世界に論争を巻き起こし、いわゆるトロフィーハンティングの倫理性をめぐって激論が交わされた。しかし結局、明らかになったのは、ほとんどの人が現代アフリカにおける狩猟の現状をまるでわかっていないという事実だった。アフリカでは、大型動物狩猟《ビッグゲーム》は一大産業《ビッグビジネス》だ。業界はアフリカ経済に毎年、推定2億ドルをもたらしていて、過去40年間に、粗放的な家畜放牧から大型野生動物の猟獣保護区へという、基幹産業の転換が起きている。いまやフェンスに囲まれた猟獣保護区は約１万２０００カ所に達し、こうした場所を訪れる観光客たちは、進化が生みだしたアフリカ固有の財産である動物たちを、ある人は写真に収め、またある人は殺して食べている。南アフリカでは、野生動物の所有、販売、交配、屠殺は合法だ。猟獣保護区は、ライオン、ゾウ、サイ、バッファロー、ヌーなど、さまざまな動物を「提供」している。

こうした情報に生理的嫌悪感を覚える人も、いったん気持ちを脇に置いて考えてみてほしい。わたし自身、娯楽のための野生動物狩猟は唾棄すべきものと思う。変わった色の野生動物を選択交配して、好きに殺せるようにするなんて、常軌を逸している。それでも、複雑な状況であることは認めざるを得ない。確かに、トップダウンの規制に頼らないこうした脱中心化した自然保護の手法は、野生動物の管理方法が農場主個人の一存で決まるため、野生動物にとって有害かもしれない。猟獣保護区のオーナーは、高価なインパラやスプリングボックが群れる広大な敷地を、捕食者の侵入防止用フェンスで囲う。しかし、フェンスは完璧ではない。時には飼育下で繁殖された農場生まれの動物たちが、ライオン、チーター、ジャッカル、ハイエナといった、自由に暮らす野生の肉食獣と鉢合わせすることもある。そうなれば、流血の事態は避けられない。最初に捕食者が農場主の所有物を殺し、次に捕食者が撃ち殺される。研究によれば、農場主たちは「有害動物」とされる種に対しますます不寛容になっている。彼らがおこなう駆除は、生態系のなかで重要な役割を担う種の減少要因のひとつだという批判もある。一方で、南アフリカは自然保護のサクセスストーリーとして世界的に評価されている。国が家畜放牧から猟獣保護区へと舵を切ったことで、全体として野生動物は増加し、多くの種の個体数や分布状況が大幅な改善を示している。エコツーリズムとトロフィーハンティングで得た収益を、猟獣保護区に再投資すれば、生物多様性保全に役立つかもしれない。直感に反するかもしれないが、ハンティングは時に、野生動物のためになることもあるのだ。

しかし、黄金のヌーやその他の変わり者たちの場合、こうした理屈はおそらく成り立たない。選択交配がはじまったのは10年以上前で、農場主たちは自然に生じた色彩変異個体を捕獲し、フェンスで囲われた猟獣保護区に連れてきた。こうした個体どうしで繁殖させれば、トロフィーハンターはその子孫たちを撃つために、気前よく金を払うだろうと考えたのだ。滑りだしは好調だった。２０１２年、色彩変異個体はブリーダーの間で活発に取引きされ、誰もが独自品種の確立をめざした。ふつうのインパラの販売価格は１頭１４００ランド（１００ドル）程度だが、黒インパラにはその４００倍の60万ランド（４万ドル）の値がついた。２年後、変種の種類が増えるなか、白インパラのオスの平均価格は驚きの８２０万ランド（55万ドル）まで高騰した。この時点では、まだ誰ひとりこうした動物を撃つのにお金を払っていないことをお忘れなく。これらは単に、新品種の作出のために、猟獣保護区の間で取引きされたにすぎないのだ。色彩変異個体が法外な値段になったのは、きわめてまれであるだけでなく、市場にだせば高い需要が見込めるはずだと、育種家たちが考えたからだった。しかし、それは間違いであった。

２０１６年、色違いの動物たちが狩猟用に出回りはじめたが、反応は鈍かった。期待されたようなお祭り騒ぎにはならなかったのだ。以来、変異個体の価格は暴落した。黒インパラの価格は１万ランド（７００ドル）まで下がり、白インパラは４万８０００ランド（３０００ドル）で販売された。これらは少数の創始個体から集中的に交配されたため、近親交配による問題が生じるリスクが指摘された。ほかにも、飼育下繁殖された「非倫理的な」動物だとか、不自然で望ましくないバケモノだという声が相次いだ。

こうしてバブルははじけた。ハンターたちは単純に、こんなデザイナーアニマルを殺すのに法外な値段を払うのを嫌がった。育種家の目論見は外れた。期待していた需要は存在しなかったのだ。現在、南アフリカの猟獣保護区の推定５％がこうした色違いの動物を所有している。彼らがこの先どうなるかは誰も知らない。農場主たちは気まぐれな美的センスで選択交配をおこなった。彼らが得たものは、猟獣保護区で無為に過ごす、誰も撃とうとしない黄金のヌーだけだった。

それでも、農場主たちは「次なる大物」を狙った選択交配をいまなお続けている。ここ数年、ブリーダーは飼育下繁殖されたバッファロー、セーブルアンテロープ、ローンアンテロープを宣伝している。これらは被毛の色こそふつうだが、巨大な角をもつため、トロフィーとしての価値が高い。２０１６年、１頭の大きな角をもつオスのバッファローが１億６８００万ランド（１１００万ドル）で売れた。ひとつの形質を強化するための選択交配をするのは結構だが、その影響は予測できない。わたしたちが家畜化の歴史から得た教訓だ。ベリャーエフのキツネを思いだそう。従順さだけに注目して選択交配されたが、変化したのは行動だけではなかった。キツネは身体的にも生理的にも変わっていった。角のサイズだけを基準に選択交配することで、長期的にどんな結果が生じるかは、まだ誰も知らない。

よりぬきのトラブル

選択交配は、一部の野生動物を不確かな未来に向かわせているだけでなく、家畜動物にも問題を引き起こしている。それが最も顕著なのはイヌの世界だ。ブリーダーたちは、かつてはさほど害のなかった特徴を、病的なレベルにまで誇張した。イギリスには、１８３５年の動物虐待禁止法によって違法化されるまで、ブルドッグを使った「ブルベイティング」とよばれる娯楽があった。鎖につないだ雄牛にイヌをけしかけ戦わせるもので、アン女王時代（18世紀初頭）に流行した。優秀なブルドッグの条件は、すばやい身のこなしと、がっしりして筋肉質な体型だった。

幅広の頭はやや受け口気味で、鼻が口先より引っ込んでいるため、雄牛の顔に咬みついたまま呼吸ができた。ブルベイティングが禁止されたあと、１８００年代後半にイングリッシュ・ブルドッグの犬種保存協会が発足し、犬種の身体的特徴は徐々にだが着実に強調されていった。現代のブルドッグとブルベイティングに使われていたイヌの頭骨を比較すると、もはや別の種のようだ。現代のブルドッグは鼻面が短く、平らな顔と突きでた下あごをもつ。頭はがっしりして、輪郭は垂れ下がった肉のひだに覆われている。こうした特徴をすべて備えているせいで、ブルドッグはオーバーヒートや呼吸障害を起こしやすく、手術が必要になるケースもあるほどだ。しかも、ブルドッグの子犬の頭はいまや幅が広すぎて、産道を通過するのも困難であり、出産の約80％で帝王切開がおこなわれる。同じように、ダックスフントは背骨を損傷しやすく、バセットハウンドは耳の感染症を頻発する。パグのギョロ眼は、時に本当に眼窩から飛びでてしまう。眼球に対して頭骨が小さくなりすぎたのだ。

農業に目を移すと、事態はさらに深刻だ。90年以上前、孵《かえ》ったばかりのブロイラーのヒナがローストチキン用のサイズまで育つには16週間かかったが、いまでは選択交配により、たった4週間で食肉処理の規定重量に達する。同じ90年の間に、販売重量は1・2キログラムから2・5キログラムへと倍増した。成長の加速によって心臓や肺に負担がかかり、脚はもはや巨大化した体を支えられない。見た目はまるでステロイド漬けのウェイトリフティング選手だ。「ほとんどのニワトリは工場的な養鶏場のなかで生きていて、歩くこともできず、耐えがたい痛みを抱えています」と、畜産動物福祉団体コンパッション・イン・ワールド・ファーミング（ＣＩＷＦ）の事務局長を務めるフィリップ・リンベリーはいう。「餌や水のある場所までたどり着けずに死ぬ個体さえいるほどです」。心臓発作や、心肥大によって巨大化した体に酸素を供給できなくなることによる死亡例も多い。採卵鶏も状況は似たり寄ったりだ。年に数百個の卵を産むように選択交配されてきたおかげで、カルシウムの貯蓄が底をつき、骨粗鬆症や骨折が高頻度で発生する。

こうした例は、数世紀にわたる近視眼的な意思決定がもたらした結果の氷山の一角にすぎない。わたしたちは、あるときは美的な、あるときは商業的な理想を追い求め、動物福祉の盲点をつくりだした。選択交配によって、自力では生きられない動物や、強調されてきた特徴自体が原因で苦痛を強いられる動物が誕生したのだ。これが野生動物なら、こうした個体は、とうの昔に自然淘汰が消し去っていただろう。ヒトは危険を冒して選択交配を続けてきた。最も強烈なしっぺ返しは、たいてい目には見えない。

1970年代、「インプレッシブ」と名づけられた1頭のアメリカンクォーターホースがいた。クォーターホースは4分の1マイル（約402メートル）以下の短距離レース用の競走馬なので、ずば抜けた加速とスピードをもつ個体が優秀とされる。力強いスプリントを実現するのは下半身の筋肉で、クォーターホースのブリーダーは長年にわたり、この特徴を基準に掛け合わせを続けた。インプレッシブは無駄のない筋肉質な体をしていて、名馬とのよび声が高かった。1974年にワールドチャンピオンの座を勝ち取ると、クォーターホースのブリーダーはもれなく彼の遺伝的遺産をほしがった。こうしてインプレッシブは種馬や人工授精の精子提供者として、2000頭以上の子馬を残し、それらは成長してさらに子孫を増やした。

ここまではよかった。ところが1980年代になって問題が浮上した。インプレッシブはその名に恥じない傑物だったが、子孫もみなそうとはいえなかった。一部の個体が奇妙な筋肉のけいれんを発症し、倒れたり、動けなくなったりしはじめたのだ。なかには死亡する個体もいた。発症したのはインプレッシブの子孫だけで、ほかの系統のウマにはまったく見られなかったので、遺伝的要因が疑われた。

原因は *hypp* とよばれる遺伝子にあった。誰ひとり知らなかったのだが、インプレッシブはこの遺伝子の変異型をもっていて、子孫の一部がこれを受け継いだ。一見したところ、この変異は有益に思える。筋細胞の電気的活動を変化させ、優美で筋肉質な体つきをつくるからだ。しかし、コピーを一つではなく二つ受け継ぐと、細胞に過剰な変化が生じ、場合によっては命取りになりかねない。何十頭ものインプレッシブの子孫たちをワールドチャンピオンにした遺伝子は、それ以上に多くの子孫たちを苦しめ、死に至らしめた犯人でもあったのだ。現在、インプレッシブの存命中の子孫の数は推定30万頭にのぼり、すべてのクォーターホースのうち、少なくとも４％が変異型*hypp*遺伝子を保有している。

話をウシに戻すと、こちらにも同じような怖い話がある。１９６２年、アメリカのある牧場で1頭のオスのホルスタインが産まれ、「ポーニー・ファーム・アーリンダ・チーフ」、略して「チーフ」と名づけられた。彼の乳生産にかかわる遺伝子は申し分なく、やがてホルスタイン品種で最も重要な種牛のうちの1頭となった。人工授精により、彼は1万６０００頭の娘、50万頭の孫娘、２００万頭以上のひ孫娘に恵まれた。彼の息子たちも種牛として盛んに利用され、チーフの遺伝子はホルスタイン品種全体に広まった。

インプレッシブの子孫は障害を抱えたが、チーフの家系はみな健康だった。だが、ＳＮＰチップのデータを分析した研究者たちが、奇妙な現象に気づき、ついに問題が明らかになった。先述のとおり、ＳＮＰチップは相関にもとづく分析手法だ。研究者は大量のデータをかき集め、ＤＮＡコードの1文字ずつの変異と、乳生産などの顕在的な特徴を関連づけていった。こうしてホルスタインにおいて、あるＳＮＰ群と死産率の増加に関連が見られることがわかった。分析により、問題のＳＮＰ群は5番染色体のどこかにあり、この特異な遺伝的特徴はもとをたどればチーフのものだったことが判明した。

チーフのゲノムの全配列決定がおこなわれ、原因のありかがわかった。問題のＳＮＰ群は*Apaf1*という遺伝子のなかにあった。この遺伝子はマウスでよく調べられていて、ミスコピーを二つ受け継いだマウスは胎児のうちに死に至る。同様の事態が、ホルスタインでも起こっていたのだ。チーフの存命中の子孫たちは元気だったので、死産に終わった名もなき子牛たちには、それまで誰も関心を示さなかった。チーフの*Apaf1*遺伝子に生じたひとつの変異は、二つのコピーが揃うと死を招くものだったにもかかわらず、意図せず家系のなかに広まった。不運が重なった個体は、みな生まれる前に死亡していたのだ。

SNP変異により、ホルスタイン品種では過去35年間で50万回の自然流産が発生したと推定され、その経済損失は4億2000万ドルにのぼる。これもみな、育種家が乳生産量の増加を目指すなかで、たったひとつの遺伝子の欠陥を、意図せず集団中に拡散してしまったせいなのだ。

やっかいなことに、こうした危険な変異の多くはいまなお存在する。だが、原因を突き止めたわたしたちは、これらを検出する遺伝子検査を開発した。テキサスA&M大学獣医学部のカトリン・ヒンリックスらのチームは、受精卵の段階で変異型*hypp*遺伝子を検出できる検査手法を開発した。これにより疾患をもつ子馬の誕生を阻止できるようになった。同様のスクリーニングはホルスタインにも存在する。こうした検査はヒトでいう着床前診断にあたり、体外受精した胚に特定の遺伝子異常がないかを調べ、遺伝性疾患が子に受け継がれるのを防ぐ役割を担っている。

遺伝子検査があれば、有害な変異の拡散を阻止できる。「こうした変異を1世代で消し去れるのです」と、カトリンはいう。ところが、彼女が育種業界に検査を提案したところ、反応は驚くほど冷ややかだった。変異型*hypp*遺伝子を一つだけもつウマはそれほどまでに優秀で、諦めきれなかったのだ。彼らは優秀な勝者の遺伝子を受け継ぐ、インプレッシブの子孫を使った交配を続けようとした。一方、ホルスタインのブリーダーたちは遺伝子検査を受け入れ、チーフの遺伝的欠陥を見つけだすようになったが、時には結果に目をつぶり、経済的な見地から判断した。遺伝子異常による酪農業への損失は数百万ドルにのぼるが、一方でチーフの精子を使った人工授精によって牛乳生産量は増加し、酪農業界に過去35年間で３００億ドルもの増収をもたらした。

数十年にわたり、技術の進歩を背景に続いてきた選択交配だが、ここへきて問題点が露呈しはじめている。ウシに関しても、ほかの動物に関しても、品種が確立されだすと、集団どうしは物理的に隔離され、集団間の繁殖は減少する。俯瞰的なゲノムの多様性の観点からいえば、健康で血縁関係のない個体どうしの交配による遺伝的な活性は、すでに衰えはじめている。生産性の高い品種が、少数の特徴を基準に集中的に選択交配されるなか、遺伝的多様性の維持はたいてい軽視されてきた。人工授精は繁殖に欠かせないツールとなったが、必然的に次世代に継承される遺伝的変異の数は減った。１頭のオスが数万頭の子を残せるため、世代内でも世代間でも、遺伝的「同一性」が蔓延している。よくない状況だ。多くの品種に近親交配の悪影響が及んでいる。高い遺伝病リスクや不妊に加え、集団レベルでは、未知の新興感染症と闘う能力も低下するかもしれない。わたしたちに恩恵をもたらしてきた畜産業は、短期的な生産性を優先し、品種の長期的な健康と持続可能性をないがしろにしてきたのだ。

これが野生動物なら、わたしたちは状況をありのままに見て、問題を指摘するだろう。個体群が断片化し、遺伝的多様性が著しく低下していると。絶滅危惧種に指定するかもしれない。ホルスタインやアバディーン・アンガスといった産業的品種の誕生により、競争にさらされた農家は伝統品種の多くを放棄し、こうした利益を生むウシに手をだした。その結果、すでに１００を超える家畜の在来種が絶滅し、さらに１５００品種が同じ運命をたどると見られている。これにより、わたしたちの食料供給が危険にさらされるかもしれないと、遺伝学者たちは真剣にウシの未来を憂いている。

原種の復活？

家畜ウシが増えるにつれ、オーロックスは減っていった。ヒトによる狩猟は、オーロックスをますます絶滅へと続く道に追いやった。分布域は狭まり、いまから800年前にはすでに、東ヨーロッパの一部でしか見られなくなっていた。希少性が増すにつれ、王侯貴族がオーロックスの狩猟権を独占するようになったが、もはや手遅れだった。1627年、最後のオーロックスである1頭のメスが、ポーランドのヤクトロフの森で死んだ。

2015年、研究者たちはオーロックスのゲノムを解読した。ダービーシャーの洞窟で発見された骨から抽出されたDNAは、それまでにも予想されてはいたが、実証されたことのなかった事実を明らかにした。過去のどこかの時点で、野生のオーロックスと初期の家畜ウシの間で交雑が起きていたのだ。ある意味で、オーロックスは死に絶えてはいない。そのDNAの大部分が、現代のウシの品種のなかに残っているからだ。

この遺伝的遺産が最も顕著なのは、イギリスの家畜品種、たとえばハイランド、デクスター、ウェルシュブラックだ。これらの品種はまた、わたしたちが強く依存している大量生産された遺伝的に均質な品種にはない、ユニークな遺伝的変異をもっている。伝統品種との掛け合わせは、きわめて重要な遺伝的多様性の回帰につながるかもしれない。さらに、それ以上の何かを実現できると期待する向きもある。

オーロックスの遺伝子が現生の子孫たちのなかに生き続けているなら、選択交配によってオーロックスを、あるいはそれに近いものを、蘇らせることもできるはずだ。19世紀、動物学者のフェリクス・パヴェル・ヤロツキは、人為交配によってこれを実現する方法を書き残した。オーロックスに似た特徴をもつウシを選びだし、それらを強化するように選択交配するのだ。

１９２０年代、ドイツで動物園を経営するルッツ・ヘックとハインツ・ヘックの兄弟は、いくつかのヨーロッパの品種を掛け合わせ、実際の復活計画に着手した。その結果、１９３０年代には外見上、オーロックスに似た品種が誕生し、ヘック・キャトルとよばれた。台頭するナチ党とヒトラーの右腕ヘルマン・ゲーリングの支援を受け、このウシは民族浄化と優生学の食えない物語を背負わされた。選択交配によって個体群を「改善」できる証拠とされたのだ。筋肉質な体格と堂々とした角から、ヘック・キャトルはナチ党の強さの象徴とされ、ゲーリングは自身の個人狩猟場にこれらを放った。第二次世界大戦末期、連合軍がナチス支配地に迫ると、ヘック・キャトルの多くは殺されたが、一部はどうにか生き延びた。これらの子孫はいまでも、動物園や自然保護区、一部の農場で見ることができる。

ヘック・キャトルは見栄えこそよかったが、引き締まった脚や長い頭骨といった、オーロックスの特徴の多くは依然として欠けていた。その後も象徴的な巨獣を蘇らせる試みは続いたが、幸いその目的は以前とは別のものだ。現代のオーロックス復活の挑戦は、イデオロギーではなく生態学にもとづいている。

その昔、オーロックスなどの草食獣は、自然界の庭師としてサービスを提供していた。草を刈り取って開けた空間を創出し、大地に肥料を与えて、ほかの生物のにぎわいを育んでいたのだ。現在、ヨーロッパに、大型で捕食者に狙われる恐れのない草食獣はいない。一部の研究者は、もしもオーロックスに似た動物が野生に戻ってくれれば、彼らが魔法のように生物多様性を回復させてくれると考えている。

ロナルド・ゴデリーが創設した「タウロス・プログラム」は、外見だけでなく、何より重要なはたらきまでオーロックスに似た動物をつくりだし、その助けを借りて中央ヨーロッパの広大な地域を「再野生化」することを目標に掲げる。身体的特徴、行動、遺伝子構成に注目して、このプログラムに所属する研究者たちは、10年以上にわたり、原始的で丈夫なウシのさまざまな品種を交配してきた。スペインのパフナや、イタリアのマレンマーナなどだ。4世代が経過したいま、ウシたちの外見はかなりそれらしくなっている。オスは大柄で黒く、長い頭と堂々たる太い角をもつ。体の筋肉は後肢よりも前肢のまわりに集中していて、尾は野生ウシらしく自在に揺れ動く。一方、メスは小柄でほっそりして、大地を思わせる暗い黄褐色の被毛をもつ。初期には交配を迅速化するため人工授精がおこなわれたが、現在ではウシたちは野外の実験場に移され、ヒトの介入なしに繁殖している。2013年、ロナルドはヨーロッパの100万ヘクタールの土地の再野生化を目指して活動する自然保護NPO、リワイルディング・ヨーロッパと提携を結んだ。現在、ロナルドが作出したタウロス・キャトルの群れは、スペイン、ポルトガル、クロアチア、ルーマニア、ベルギー、チェコで見ることができる。

心強いことに、彼らはすでにオーロックス本来の野生的な行動を示している。「わたしも驚きました」と、ロナルドはいう。「第1世代の個体にさえこうした特徴が見られたのです。子牛は小さく、わたしたちがまったく介入しなくても、すんなり産まれます。ときどき、子牛が見つからなくて死んでしまったかと思うのですが、実は母親が隠しているんです」。母親は1日に2、3回、授乳のために子牛のもとに戻ってくるが、あとはずっと隠しておき、これを数週間続ける。まさに野生ウシが見せる、子を捕食者から守るための行動だ。もうひとつの野生種らしい特徴が「子牛の保育園」づくりだ。「群れのなかの子をすべて1カ所に集めて、1頭か2頭のメスが見張りにつき、ときどき交代します」と、ロナルドは説明する。何よりも、クロアチアのヴェレビト山脈の緑豊かな峡谷に放たれたタウロス・キャトルは、すでに自らの資質を証明した。この地の在来草食獣はしばしばオオカミに捕食されるが、タウロス・キャトルは対処できているようだ。原種のオーロックスがそうだったように、タウロス・キャトルもオオカミから身を守ることができ、捕食被害はほとんど生じていない。

これと平行して、選択交配も続けられている。技術が進歩すれば、遺伝学者がオーロックス的な特徴を備えたゲノムをSNPチップいっぱいに合成し、掛け合わせの指針にできるようになるだろう。ロナルドたちの理想は、2025年までに、ヨーロッパ全土の再野生化候補地で、少なくとも150個体が自力で生きていることだ。彼らはオーロックスそのものではないが、見た目も行動もオーロックスに似た動物になるだろう。彼らは草を食むことで、土地にプラスの影響を与える。しかもその存在は、ますます窮地に陥る親戚たちにとって、遺伝的な命綱になるかもしれないのだ。

〔脚注〕

＊1　両親のどちらも角なしの遺伝子を二つもっている場合、子はすべて二つの角なし遺伝子を受け継ぐので、角なしになる。両親がどちらも角なしの遺伝子を一つだけもっている場合、子の75％が角なしになる。

＊2　ありえないほど筋骨隆々とした筋肉倍化の例は、ヒツジ、ウィペット〔訳注：グレイハウンドに似た中型の犬種〕、ヒトにも見られる。2004年のある研究では、わずか4歳にして3キログラムのダンベルを両手にもち、腕を広げられる男の子の事例が述べられている。

＊3　オスをつくる精子は小さく矮化したY染色体を、メスをつくる精子はそれよりはるかに大きなX染色体をもつ。そのため精子を重さで分別することで産み分けができるのだが、この方法は完璧ではない。最先端の技術を駆使しても、選別を経た精液パッケージの中身は、メス精子が90％、オス精子が10％といったところだ。

＊4　サイモン・コーウェルはメスで、名づけ親は娘の友達のロージーだ。わたしたちは女性名のシモーン・ファウルに改名したらどうかと提案したのだが、子どもたちに却下された。〔訳注：サイモン・コーウェルはイギリスの音楽プロデューサー。『アメリカン・アイドル』などのオーディション番組で審査員を務め、しばしば出演者を酷評することで知られる〕

第3章　スーパーサーモンとスパイダー・ゴート

Chapter three

２０１７年６月、カナダの消費者たちはおいしい高級刺身を箸でつまみあげ、舌鼓を打っていた。繊細なピンク色の切り身は、千切り大根のベッドの上に美しく盛りつけられ、わさびと醤油と一緒に提供された。ぺろりと平らげたあと、彼らは食事のことなどすっかり忘れていた。ところが少し経って、うさん臭い話が降って湧いた。

同じ年の８月、アメリカのある企業が、遺伝子組換えタイセイヨウサケ４・５トンをカナダの業者に販売したと発表した。それらは見た目も味もふつうのサケと変わらず、またカナダでは、スーパーマーケットに遺伝子組換え食品かどうかをラベルで表示する義務がないため、魚は一般大衆に気づかれることなく食卓に紛れ込んだ。「アクアドバンテージ・サーモン」と名づけられたそのサケは、遺伝子組換え動物として初めて、わたしたちの食料の一部となったのだ。

発覚した事実に対し、世間の反応は賛否両論だった。気にせずもう一切れに手を伸ばす人もいれば、出自の怪しい製品を買わされたと憤慨する人もいた。国が遺伝子組換え食品の表示義務を課さず、透明性の欠如のせいで魚が流通したと、彼らは嘆いた。「フランケンフィッシュ」が養殖場から脱走し、自然界に混乱を引き起こすのではと懸念した環境活動家たちは、政府当局に対して、方針を転換し、厄介者を実験室に戻せと訴えた。遺伝子組換え生物を巡っては、いつも意見が二極化し、退屈する暇もない。

家畜化と選択交配に続き、遺伝子組換えもまた、ヒトが進化過程の支配を固めるなかでの重要な到達点だ。遺伝子組換えは生物の遺伝的組成に変更を加えることを指し、現在、わたしたちが食べる食料のかなりの部分に、なんらかの形で遺伝子組換えが施されている。遺伝子組換え魚に食欲がわかないというあなたも、これまで生きてきたなかで、多少なりとも遺伝子組換え食品を口にしてきた可能性が高い。遺伝子組換え作物は、スーパーマーケットにも食卓にも溢れ返っているからだ。2017年、遺伝子組換え作物の作付けがおこなわれた農地は、24カ国の合計で190万平方キロメートルにのぼった。メキシコの国土に匹敵する広さだ［訳注：日本の面積の約5倍］。この分野のトップランナーであるアメリカは、トルコの国土に相当する栽培面積を誇り、トウモロコシ、大豆、なたねの国内生産量の90％以上を遺伝子組換え品種が占める。世界を見渡せば、農家は遺伝子組換えされたてんさい、アルファルファ、パパイヤ、カボチャ、リンゴを栽培している。遺伝子組換え技術は、傷みにくいジャガイモ、何カ月も旬を保つトマト、栄養豊富で収量が多く耐病性の高いコメを生みだした。何億という人びとがこうした作物を問題なく食べ続けていて、アクアドバンテージ・サーモンの登場により、遺伝子組換え動物が市場を席巻する準備は整った。数十種の魚のDNAが、いままさに意図的に改変されている。同じことが、ウシ、ニワトリ、ブタ、ヤギといった農場の動物たちにもいえる。

視野を広げてみると、これらは遺伝子組換えの世界のほんの一端でしかない。DNAをいじくる方法が洗練の度合いを増すなか、研究者たちは食料生産の範疇《はんちゅう》をはるかに超えた効果を視野に入れて、生物のゲノムを再設計している。新薬や新素材の生産のために改変を加えられた動物たちはその一例だ。クモのタンパク質を含む乳をだすヤギや、薬の入った卵を産むニワトリ。ヒトに移植可能な臓器をもつブタもいる。遺伝子組換えといっても多種多様だ。暗闇で光る熱帯魚のようなデザイナーペットの作出にも、病気を理解し克服するためにも利用される。極端な例では、ヒトが望ましくないとみなす生物を殲滅《せんめつ》するためにも、絶滅種を復活させる試み（第4章参照）にも、この技術が応用される。軽薄なおふざけから、地球を救う遠大な挑戦まで。遺伝子組換えは、ヒトが生みだした最も強力な技術のひとつだ。

ヒトは数千年にわたり、動植物を選択交配することで、間接的に遺伝子を組み換えてきた。イヌの本質は遺伝子組換えされたオオカミだ。わずか0・5％の違いがオオカミとウィペットを分け、イヌは亜種[*1]として扱われる。オオカミの学名は*Canis lupus*、イヌの学名は*Canis lupus familiaris*だ。しかし近年、わたしたちはもっと計画的に変化を制御する手段を手に入れた。わたしたちがオオカミからイヌを、セキショクヤケイからニワトリをつくりだしたとき、誰ひとり動物のＤＮＡを意識的に変えてはいなかった。ヒトはただ好みに合った特徴を選びだし、それに関連するＤＮＡのパターンが便乗してきただけだ。状況が変わりはじめたのは1世紀ほど前。わたしたちは慎重に、ＤＮＡに狙いを定めるようになった。

赤いカナリア

１９２０年代、ドイツの高校教師ハンス・デュンカーが、一部の鳥に見られる鮮やかな赤色の羽の遺伝子を突き止める試みに乗りだした。熱心な鳥のブリーダーだった彼は、色とりどりのカナリアの品種に心酔していた。愛好家たちは数世紀にわたる選択交配により、野生では緑色のカナリアを、白、黄、オレンジのありとあらゆる色調へと生まれ変わらせてきたが、誰ひとりとして赤色の羽をもつカナリアの作出には成功していなかった。デュンカーは意を決した。彼の理屈では、成功につながる唯一の方法は、「赤色の遺伝子」をもつ別種の鳥ショウジョウヒワと掛け合わせ、カナリアにこの遺伝子を導入することだった。

赤いカナリアをつくるのは、いまならそう難しくないだろう。現代の技術があれば、比較的スムーズに新しい遺伝子を古いゲノムに組み込んだり、別種の生物のDNAを組み合わせたりできる。けれども90年前、これらは前人未到の領域だった。彼が使えたツールといえば、メンデルとダーウィンの理論、そして愛鳥家たちが苦心の末に積み重ねた、かごの鳥を繁殖させるためのありとあらゆる知識やノウハウだけだった。

ショウジョウヒワは小さいが目の覚めるような配色をした、南アメリカ原産のフィンチの一種だ。デュンカーが実験計画を練っていた頃、すでに野生のショウジョウヒワは趣味飼育用にヨーロッパに輸出されていた。彼が考案した綿密な繁殖実験の手法では、まずはカナリアとショウジョウヒワのゲノムが混ざり合い、そのあと「精製」を経て、ショウジョウヒワのDNAはわずかな痕跡、つまり赤色の羽をコードする遺伝子だけが残るはずだった。

この計画は3段階からなる。

第1段階では、オスのショウジョウヒワと黄色のメスのカナリアを掛け合わせ、両者の交雑種を得る。過去にこの組合せで交配させた記録によれば、2種の交雑種はカナリアよりもショウジョウヒワに似た羽色になる傾向があった。そこでデュンカーは、赤色の羽をもつ雑種（ミュール[*2]ともよばれる）が生まれることに期待した。

第2段階では雑種どうしを掛け合わせ、「二元雑種」をつくりだす。メンデルの法則によれば、第2世代の鳥は濃淡さまざまな赤色の羽をもつだろうと、彼は考えた。なかには赤色の遺伝子を二つ備え、両親以上に鮮やかな個体も現れるはずだ。

最後の第3段階は、まばゆい赤色の雑種個体を再びカナリアと掛け合わせ、あとは幸運を祈るのみ。このステップの目的は、赤色の遺伝子を濃縮させ、それ以外の不要なショウジョウヒワの遺伝子を削ぎ落としていくことだった。

4、5年もすれば、ほぼカナリアだがショウジョウヒワの遺伝子がわずかに散りばめられた、世界初の形質転換動物をつくりだせる。デュンカーはそう見込んでいた。

形質転換生物とは、別種の生物に由来する少量のよりぬきのDNAを植えつけられた生物のことだ。たとえばサツマイモは、自然界に存在する形質転換植物であり、単細胞生物アグロバクテリウムの遺伝子を含む。といっても、実験室で組み込まれたわけでも、巧妙な品種改良によって生まれたわけでもない。8000年前にサツマイモがこの細菌に感染し、なんらかの理由で細菌の遺伝子の一部を保持し続けたのだ。この章の冒頭で紹介したアクアドバンテージ・サーモンは、遺伝子組換えの産物であるだけでなく、2種の異なる魚のDNA配列が導入された形質転換動物でもある。一方、交雑種は異なる生物種どうしの交雑によって生まれた子であり、両親からほぼ等しい量のDNAを受け継いで、両方の特徴を半分ずつ備える。そのため、真の形質転換生物がもつ、精緻かつ巧妙に設計された遺伝的組成は見られない。

デュンカーは、1926年の春、形質転換による赤いカナリアの探求を開始した。第1段階は順調だったが、第2段階で壁に突き当たった。ショウジョウヒワと黄色いカナリアを掛け合わせ、赤銅色の一代雑種（ミュール）ができたものの、ミュールどうしがつがいになるのを嫌がったのだ。ダンスパーティーになじめないティーンエイジャーのように、互いの様子を遠巻きにうかがうばかりで、わずか数個の無精卵しか取れなかった。雑種個体を解剖したデュンカーは、根本的な問題を突き止めた。交尾を拒むメスたちの体内には、生殖器官がなかったのだ。これではオスに興味がないのも当然だ。異種間交配は事実上、子宮摘出と同じ効果をもたらした。幸い、オスのミュールの生殖腺は正常に発達していたので、デュンカーは第2段階を飛ばし、そのまま第3段階へと進んだ。赤銅色のオスのミュールを、黄色いメスのカナリアと掛け合わせたのだ。デュンカーは自身の初期の実験から、カナリアの羽色は典型的なメンデル遺伝に従い、黄色は潜性形質であると知っていた。そのため、ミュールとカナリアの交配では、子の4分の3が赤色系、4分の1が黄色系になるだろうと予測した。

だが、ことはそう単純ではなかった。ヒナが誕生したのはよかったが、彼らの成長後の羽色の比率は、デュンカーの予測に合致しなかった。それどころか、どの個体も例外なく、父親と同じ錆色の羽に包まれていたのだ。彼らの見た目は明らかに一般的なカナリアとは違っていたが、ショウジョウヒワの鮮烈な赤色を示してもいなかった。デュンカーは、カナリア本来の黄色がなんらかの形でショウジョウヒワの色を覆い隠したのだろうと結論づけ、赤銅色のミュールを今度は白いカナリアと交配させた。だが、やはり結果は芳しくなく、錆色か灰色の子しか生まれなかった。

デュンカーは赤いカナリアの探求を諦めた。その後、世界各地のブリーダーたちが試行錯誤を重ね、ついに未完の仕事をなしとげた。プロイセンでは、ブルーノ・マテルンという人物がデュンカーの実験の一部を追試し、錆色のミュールのオスと黄色のカナリアのメスを交配させた。奇妙なことに、今度は違った結果になった。生まれたヒナたちはデュンカーのときのような赤銅色ではなく、オレンジ色に育ったのだ。イングランドでは、アンソニー・ギルという愛鳥家が、オレンジ色の雑種個体を別の赤銅色のミュールのオスと掛け合わせ、さらに深いオレンジ色の鳥を得た。

パズルの最後のピースを埋めたのは、カリフォルニア大学バークレー校の生理学者チャールズ・ベネットだった。彼は、遺伝学だけでは赤いカナリアはつくれないと見抜いた。輸入されたショウジョウヒワの一部は、飼育されるうちに鮮やかだった羽色が褪せていく。それを知った彼は、食事に何かが欠けているせいではないかと考えた。ベネットは、カロテン血症とよばれる症状のことも知っていた。４人の女性たちが、７カ月にわたってなぜか生のニンジンを毎週2キログラムも食べ続けた結果、肌がチーズ味のコーンスナックのような色になった症例報告を読んだのだ。さらに、１８９３年の本『北アメリカ陸生鳥類における羽色の進化』（"The Evolution of Colors in North American Land Birds"）には、赤色と黄色は、デュンカーが想定したような独立の特徴ではない、との記述があった。二つの色は発現を競い合っているわけではなく、時には黄色やオレンジ色の羽をもつ鳥が、赤い羽を発達させる可能性を秘めているのだ。ベネットはこうした情報と、カロテン血症の知識をつなぎ合わせ、オレンジ色のカナリアにニンジンを食べさせた。結局、こんな単純な方法でよかったのだ。鳥たちが換羽を終えると、深みがあり、鮮やかで、燃えるような赤の羽が現れた。ついに赤いカナリアが誕生した（口絵参照）。

ベネットは、カナリアの遺伝的組成と食事の両方が重要であることを明らかにした。黄色いカナリアにニンジンを与えても、成分に反応するための遺伝的基盤をもち合わせていないので、何の効果もない。一方、ショウジョウヒワのＤＮＡをもつ形質転換カナリアは、ただニンジンを食べるだけで、赤い羽色を発現する。

２０１６年、遺伝学者たちがショウジョウヒワのゲノムと赤、緑、黄色のカナリアのゲノムを比較し、具体的にどの遺伝子が作用しているかを突き止めた。*CYP2J19*とよばれるその遺伝子は、カロテノイド化合物（ニンジンなどに含まれる）をケトカロテノイドとよばれる赤色の物質に変換する酵素、ケトラーゼをコードすると考えられている。ショウジョウヒワがもつ変異型*CYP2J19*遺伝子はより活性が高く、羽嚢細胞でのケトカロテノイド生産量を激増させる。この遺伝子が取り込まれた結果、赤いカナリアが生まれたのだ。

赤いカナリア、あるいは正確を期すなら「赤色の因子をもつカナリア」は、愛鳥家による育種とニンジンという驚異のローテク手法から生まれた、遺伝子組換え動物であり形質転換動物だ。とはいえその誕生には、すでに自然界に存在する、鮮烈な赤い羽色を生みだす変異型遺伝子が不可欠だった。ウシの筋肉倍化や角なしといった、遺伝的に決定されるほかのさまざまな形質に関しても、同じことがいえる。なんらかの変異が出現し、それがコードする形質をわたしたちが気に入って、知らず知らずのうちに変異を広めるかたちで選択交配をおこなう。だが、対象の生物に意図的に変異を導入する方法が発見され、遺伝子組換えの物語は急展開を見せた。

原子力ガーデニング

第二次世界大戦後のベビーブームを受けて、研究者たちは主要作物の品種改良に取り組んだが、既知の役に立つ変異があまりに少ないことに不満を覚えた。そこで彼らは、利用できる遺伝的多様性のレパートリーを爆発的に増やす方法を編みだした。原子力ガーデニングだ。

この動きは、核分裂エネルギーの平和的利用法を模索する「アトムズ・フォー・ピース（原子力の平和的利用）」プログラムの副産物だった。研究者たちは、放射線はＤＮＡを損傷しうるが、一方で新たに有用かもしれない遺伝的変異の創出にも使えると知っていた。こうして「ガンマガーデン」が設立された。この農場は、たくさんの巨大な円形プロットからなり、通常、ひとつの面積が野球場二つ分に相当した。さまざまな植物がカットされたピザのように植えつけられ、回収可能なガンマ線源（コバルト60など）が中心に置かれた。24時間の曝露のあと、放射線源は遠隔操作で鉛を内張りした容器に格納され、そのあと防護服を着た研究者たちが農場に入り、結果の測定をおこなった。

中心付近の苗はたいてい枯死し、もう少し離れた苗は成長に遅れや異常をきたした。けれども、それより遠くの「ゴルディロックス・ゾーン」に位置する植物には、変異は生じたが通常どおり成長した〔訳注：ゴルディロックスは童話『3びきのくま』の主人公の少女の名前。スープの熱さやベッドの硬さにうるさいことから転じて、英語で〝過不足なくちょうどいい状態〟を指す慣用表現になっている〕。研究者たちはこれらの苗を成長させ、最も優れたものを選択交配した。

ガンマガーデンはアメリカ、ヨーロッパ、旧ソ連の一部、インド、日本の研究機関に設置された。1960年代には一般大衆もこの運動の一翼を担った。イギリスではミュリエル・ハワースという女性が原子力ガーデニング協会を設立し、放射線照射済みの種子をメンバーに配った。最初期の市民参加型実験ともいえるこの試みでは、約1000人の参加者が種を蒔き、成長の様子をフィードバックした。放射線の危険性が明らかになったいまとなっては、まったく常軌を逸している。けれども当時、これらの実験は称賛され、原子力の洗礼を受けた種子は、小売店や雑誌やガーデニングフェアでおおいに宣伝された。学校の科学クラブが、活動資金集めのために販売することさえあった。

やがて各国が核武装を強化し、人びとが原子力に疑いの目を向けるようになって、原子力ガーデニングは廃れた。それでも、変異導入とよばれるこの手法のおかげで、2000以上の新たな作物品種が誕生したのは事実だ。除草剤耐性をもつ品種や干ばつに強い品種が生まれ、収量と栄養価がアップした。たとえばミントの栽培品種「トッズ・ミッチャム」は、バーティシリウムという菌類の病害を寄せつけない。いまではミントオイルの原料として広く利用され、チューインガムや歯みがきペーストに含まれている。また、「ゴールデンプロミス」と名づけられたオオムギは耐塩性が強く、ビールやウイスキーづくりに使われる。ゴマ、ダイズ、モロコシ、ヒマワリ、サツマイモにも、変異導入によって作出された商用品種がある。頭文字Sの作物だけでこんなにあるのだ〔訳注：5種の英名はそれぞれsesame, soybean, sorghum, sunflower, sweet potato〕。

科学者たちは放射線を使って新たな変異をつくりだす方法を開発した。大きな前進だったが、放射線を扱うのは一筋縄ではいかず、また生じる遺伝子変異は依然としてランダムで予測不能だった。変異導入は遺伝子組換えの方法としてはがさつで、「巻き添え被害」が多すぎるため動物には適用できなかった。研究者たちは特定の遺伝子に変更を加えることを夢想したが、１９５３年にＤＮＡの構造が解明されたあとも、先見性と方向性をもって生物の遺伝子を組み換える手段はないままだった。

風向きが変わりはじめたのは10年ほど経ってからで、この頃にはＤＮＡの断片をカット・アンド・ペーストして遺伝子に変化を加える、より正確な手法が登場した。現在、マサチューセッツ工科大学（ＭＩＴ）に所属するルドルフ・イエーニッシュは、外来ＤＮＡをマウスに組み込む方法を開発した。ウイルス由来のＤＮＡをマウス胚に注射したところ、マウスの遺伝暗号のなかにウイルス由来の配列が統合されたのだ。胚が発達すると、外来ＤＮＡはマウスの体のすべての細胞に見られるようになった。

まもなく、ハワード・ヒューズ医学研究所のリチャード・パルミターがラットの機能的遺伝子をマウスに組み込むことに成功し、技術はさらに発展をとげた。パルミターは、ラットの成長ホルモン遺伝子をマウスのプロモーター（遺伝子のスイッチを入れる役割を担うＤＮＡの短い配列）とつなぎ合わせ、このハイブリッドＤＮＡを発達中のマウス胚に注入した。*Nature*の表紙を飾ったこの研究の結果は衝撃的だった。遺伝子組換えマウスは、見たところふつうの実験用マウスそのものだった。ぴくぴく動くひげも、白い被毛も、長い尾も。しかし、サイズが通常の2倍もあった。ラットの遺伝子の作用により、彼らはすくすくと成長し続け、ほかの実験用マウスとは比べものにならないほど大きくなった。この研究はおおいに注目を浴び、今度は大きなネコかネズミ捕りをつくるべきだ、とネタにされた。小鳥のブリーダーたちが選択交配（に加えてニンジン）を使って、世界初の人為的形質転換動物である赤いカナリアをつくりだしてから30年以上が過ぎ、ようやくパルミターたちが、現代遺伝学のツールを使った精緻な手法を確立した。彼らはラットの特定の遺伝子をマウスに導入し、世界初の形質転換哺乳類を生みだしたのだ。

パルミターの目的は、単なる好奇心や、ネズミ恐怖症の人びとに眠れぬ夜を過ごさせることではなかった。彼は、遺伝子の異種間移植をおこなうことで、その遺伝子の機能を解き明かし、特定の疾患の動物モデルをつくりだせると考えたのだ。それから40年が経過したいま、形質転換動物をつくる方法は多種多様になり、信頼のおける研究材料として医学研究を支え、疾患の原因究明や新たな治療法開発に役立っているが、それだけではなく、まったく毛色の違う分野でも活用されている。

解き放たれた魚

パルミターのマウスと同じで、アクアドバンテージ・サーモンも、在来種のゲノムに他種の成長ホルモン遺伝子が組み込まれている。1980年代、研究者たちは成長ホルモンを制御するマスノスケ（チヌークサーモン）の遺伝子を、ウナギに似た底性魚オーシャンパウトのプロモーターと融合させた。このハイブリッドDNAをタイセイヨウサケの受精卵に注入したところ、タイセイヨウサケのゲノムに定着し、急速な成長を引き起こした。この魚がおとなになると、ハイブリッド遺伝子は子に受け継がれ、第2世代もすぐに大きくなった。

現在のアクアドバンテージ・サーモンはみな、この最初の魚たちの子孫だ。見た目はふつうのタイセイヨウサケとまったく変わらないが、2倍のスピードで成長する。18カ月で市場にだせるまでになり、このときの全長は約60センチメートルで、体重は3キログラムを超える。ふつうのタイセイヨウサケがこのサイズに成長するには、もう1年必要だ。さらに重要なのは、アクアドバンテージ・サーモンの食べる餌の量が通常より25％少なく、餌を肉に変換する効率が20％ほど優れていることだ。つまり、短期間でより多くのサケを供給できる。この品種をつくりだし販売している、マサチューセッツ州メイナードに本社をおく企業アクアバウンティ・テクノロジーズは、この魚が健康によい動物性タンパク質の世界的需要を満たすと謳う。けれども、誰もがこの魚を熱烈に歓迎しているわけではない。

アクアバウンティ社が設立された1990年代なかば、遺伝子組換え食品はメディアの注目の的だった。アメリカの食品医薬品局（FDA）が旬の長い遺伝子組換えトマト「フレーバーセーバー（Flavr Savr）」を食用として認可したばかりで、反対派は実験農場に侵入して栽培中の遺伝子組換え作物をせっせと引っこ抜いていた。一方、遺伝子組換え動物はというと、どの国の政府もまだ食用に認可していない未踏の領域だった。アクアバウンティ社はFDAに接触し、FDAはバージニア工科大学天然資源・環境学部のエリック・ヘラーマン教授に助言を求めた。

エリックに話を聞いたところ、彼は当時もち上がっていた懸念について教えてくれた。反対派は形質転換魚が強いアレルギー反応を引き起こす可能性を心配したが、このサケには食用魚の遺伝子しか含まれていないので、リスクは遺伝子組換えでない魚を食べるのと変わらないと、エリックは反論した。「魚アレルギーなら、そもそも製品を買わないでしょう」。

魚自身について不安視する声もあった。特殊な遺伝的組成のせいで、魚たちが健康問題を抱えるのではないかと気をもむ人もいたのだ。「これは深刻な問題です」と、エリックはいう。「誰も動物を苦しませたくはないですから」。そして実際、急成長する魚には時に疾患が生じることがわかった。「まれにですが頭やヒレに奇形が現れることがありました」。こうした異常はふつうの魚の集団でもときおり見られるが、エリックによると、形質転換サケでは頻度がより高かった。「解決策は、こうした個体を種親にしないことです」。奇形の魚は繁殖の機会を与えられなかったので、異常が蔓延する事態は避けられた。

最大の争点は、形質転換サケがもし逃げだした場合、自然環境にどれだけのリスクがもたらされるか、だった。1990年代前半、海中のいけすで飼育された養殖サケが網をすり抜けて脱走し、大海原に消えることもあった。環境保護活動家は、万一、形質転換サケに同じことが起こった場合、餌をめぐる競争や交雑を通じて、野生の近縁種が危機にさらされると懸念した。「飼われているのは、すべてのエネルギーを成長に振り分け、繁殖や疾病抵抗性を度外視してつくられた魚です。もし交雑すれば、野生集団の弱体化が起こる恐れがあります」と、エリックも同調する。

アクアバウンティは最初から、この魚を海中のいけすで養殖できる可能性は低いと考え、内地に養殖施設を建設していた。受精卵はカナダのプリンスエドワード島にある鉄筋造の大きなビルのなかで生産され、パナマ東部にある別の内陸施設に空輸されて、そこで性成熟するまで水槽内で育てられた。これなら脱走は不可能だ。魚はすべてメスだったので、互いに勝手に繁殖することはなく、しかもすべて不妊化されていたため、異種と交雑する可能性もなかった。こうした備えはすべて、驚異の科学技術を駆使して実現されたものなので、ぜひ詳しく知っておいてほしい。いつかパーティーで魚のゲノムが話題にのぼったら（ありうる話だ）、あなたも完璧に説明できるように。

魚の世界では常識なのだが、受精したばかりのメスの卵をオスの性ホルモンに曝すと、稚魚は遺伝的にはメスのまま、成長すると精子をつくる。ややこしい話だし、魚自身もきっとそう思っているだろうが、もう少しおつきあい願いたい。メスは2本のX染色体をもち、オスはXとYを1本ずつもつ。そのためオス化したメスの魚がつくる精子には、自身がX染色体を2本もっているため、どれをとってもX染色体しか含まれていない。この精子を使って、ふつうのタイセイヨウサケの卵を受精させる。卵のほうも通常のメスに由来するので、当然ながらX染色体だけをもつ。こうしてできる子はすべてメスになるが、この時点ではまだ不妊ではない。受精から30分後、卵を容器に入れて、非常に高い水圧をかける。こうすることで、通常は排出される余分な染色体のセットが内部にとどまり、生まれてくる魚はメスであるだけでなく、三倍体になる。ふつうは2セットだけもっている染色体を3セット備えた個体のことだ。これにより、魚は不妊になる。つまり、網をかけられ、入念に水を濾過された、内陸の施設にある水槽からよしんば魚が逃げだしたとしても、彼女がどんなに望んだところで、特異な遺伝子を次世代に受け渡すことはできないのだ。

最終的に、8000万ドルとたくさんの政治的駆け引き、そして25年にわたる研究により、FDAはアクアドバンテージ・サーモンの環境リスクは無視できるくらい小さく、食用にしても安全だと結論づけた。次なる問題は、人びとが食べたいと思うかどうかだ。2013年に『ニューヨーク・タイムズ』がおこなった調査では、回答者の75％が遺伝子組換え食品を食べることに不安を覚えると答えた。例の形質転換サケはすでにカナダで販売されているが、2019年3月の時点で、アメリカではまだ売られていない。FDAは形質転換サケが安全な食品であるとお墨つきを与えたが、ラベルの表記方法が決まるまで、輸入は禁止されたままだ［訳注：2021年5月、アクアバウンティはアメリカ国内で養殖されたアクアドバンテージ・サーモンの初の水揚げを発表した。遺伝子組換え食品の表示が義務づけられていない、飲食店用の食材として流通する見込み］。

蛍光熱帯魚とポパイピッグ

アクアドバンテージ・サーモンは、2種どころか3種の異なる生物種のＤＮＡをもつ驚異の生物だ。こんな奇跡を可能にしたのは、地球上のすべての生物がたったひとつの共通祖先から進化し、その結果として、生きものすべてが共通の遺伝暗号を利用しているからにほかならない。ヒトもハチドリも、ベゴニアも細菌も、形をつくりだし維持するための細胞内の指示書は、生物種を問わず利用可能な形式で書かれている。ＤＮＡはわたしたちの共通言語であり、地球上のすべての生命体がもっている。そのため、理論上、ある生物の細胞内の翻訳装置は、ほかのどの生物の指示書であっても、内容を問わず読み込み、解釈できる。だからこそ、タイセイヨウサケの細胞内の翻訳装置は、マスノスケやオーシャンパウトの遺伝的指示書を難なく処理できたのだ。

自然界では、近縁な2種の生物が交雑し、雑種をつくることで、異なる種のＤＮＡが混ざり合う。たとえば、ピズリーベアやウォルフィン[*3]は、野生でもまれに出現するが、これらの両親は近い過去に共通の進化的起源をもつ種どうしなので、遺伝的によく似ている。一方、研究者たちは現代の分子生物学ツールを駆使して、似ても似つかない生物どうしのＤＮＡを混合することに成功した。いまでは、遠く離れた異なる種にも遺伝情報を交換させることが可能になった。足かせとなるのはもう、研究者の想像力だけだ。

2000年代前半、シンガポール国立大学のゴン・ジーユアンは、「炭鉱のカナリア」の魚版をつくろうと考えた。彼が思い描いたのは、環境中の毒物を検出し、体色を変えて人びとに危険を知らせる熱帯魚だった。まずはクラゲの蛍光遺伝子を、プロモーターとつなぎ合わせ、ヒ素や水銀といった金属に反応して発現するようにした。そして、このお手製のDNA配列を、小さなゼブラフィッシュに導入した。

実験は成功した。あえていうなら、うまくいきすぎた。汚染物質を水に加えた場合に緑色に光るはずが、魚たちは常時ネオンカラーの装いを見せびらかすようになったのだ。カナリアとしては失格だが、観賞用にはぴったりだ。シンガポールは世界有数の観賞魚輸出国であり、水産養殖分野でも研究実績のあったジーユアンは、商機を嗅ぎつけた。彼は光る魚のつくり方で特許を取得し、アメリカの企業ヨークタウン・テクノロジーズと契約を結んだ。そして、形質転換熱帯魚のペット用販売を開始した。

あなたがもしアメリカに住んでいれば、きらびやかに輝くこの形質転換熱帯魚を買ってきて、水槽で飼うことができる。「グローフィッシュ」と名づけられた魚たちは、6種類の蛍光色で商品展開されている。ギャラクティック・パープル（口絵参照）、コズミック・ブルー、サンバースト・オレンジ…これらの色を授けたのは、クラゲとサンゴの遺伝子だ。

ジーユアンが魚をカスタマイズしていたのとほぼ同時期に、日本とカナダの研究チームは、ブタを使って同様の取組みを進めていた。2000年代前半、日本の遺伝学者である入谷《いりたに》明がつくりだした「ポパイピッグ」は、ホウレンソウの遺伝子のひとつをブタに導入したものだ。この遺伝子は飽和脂肪酸を不飽和脂肪酸に変換するため、脂肪の成分構成をより好ましいものにする。健康によいソーセージが期待できそうだったが、消費者の反応は好意的とはいえず、プロジェクトは頓挫した。形質転換ブタでつくったベーコンは、健康にいいか悪いかはさておき、誰の口にも入らなかった。

一方、８０００キロメートル離れたカナダでは、細菌の遺伝子を組み込んだ、世界一自然環境に優しいと謳われる「エンバイロピッグ」が開発された。この遺伝子の導入により、ブタが通常なら消化できない、飼料用穀物に含まれるリン化合物の一種（フィチン酸）を分解できるようになった結果、排泄物中の有害物質の量が75％減少した。自然環境には朗報のはずだった。というのも、高濃度のリンが河川に流れ込むと、有毒藻類の大発生が起こり、多くの水生動物が窒息死することがあるからだ。安全性を示すデータは有望なものだったが、やはり一般大衆にはそっぽを向かれた。資金提供者たちが融資を取り止めたことで、プロジェクトは暗礁に乗り上げた。結局、生みだされたブタは、２０１２年にすべて安楽死処分された。

それにしても、わたしたちはなぜ遺伝子組換え魚類は受け入れるのに、ブタには拒否反応を示すのだろう？　まるで筋が通らない。遺伝子組換え作物はもはやありふれていて、それを支える技術はますます浸透してきている。あるいは時が経ち、規制当局の認可を得た遺伝子組換え動物がだんだん増えていけば、このような恣意的に引かれた境界線も消えていくのかもしれない。だが、もし異種のＤＮＡを混ぜ込まずに、望みどおりの動物をつくれるならどうだろう？　外来遺伝子を加えるのではなく、対象の動物がもとから備えている遺伝暗号を直接操作して、成果が得られるとしたら？

CRISPR《クリスパー》動物

現代の遺伝子組換え技術も、黎明期にはまだかなり予測が困難だった。外来ＤＮＡを導入した胚ができるまでに、たくさんの失敗を積み重ねるのがふつうで、また完成しても導入した遺伝子が計画どおりにはたらくかどうかは五分五分だった。研究者たちは織り込む遺伝子の正体を知ってはいたが、それが受容者のゲノムのどこに定着するかまでは指定できないことは悩みの種だった。新しい遺伝子が、たとえば細胞分裂を制御する領域に入り込んだとしたら、通常の指令パターンが撹乱され、細胞の成長が制御不能に陥り、がんを発症するかもしれない。遺伝子を丸ごと追加したり、削除したりできるようにはなったものの、精密に改変できる技術が手に入ったわけではなかった。足りなかったのは正確さだ。

「この分野で研究をはじめて以来、遺伝子を正確に改変して、思いどおりの仕事をさせることは、誰もが追い求める聖杯のようなものでした」と、スコットランドのロスリン研究所に所属する遺伝学者のブルース・ホワイトローはいう。そんななか、圧倒的な正確性をもってゲノムを改変できる、一連の新技術が登場した。

ゲノム編集は、遺伝子の指示を意図的に正確に書き換える技術の総称だ。この強力な新技術では、ＤＮＡの特定の配列を追加あるいは削除するだけでなく、ＤＮＡのひとつの文字（ヌクレオチド）を、研究者が選んだ別の文字に入れ替えることまでできる。こうしたツールのなかで最も効果的なのが、昨今メディアで話題沸騰の、CRISPR-Cas9（「クリスパー・キャス・ナイン」と読む）だ。

このシステムは２０１２年、スウェーデンのウメオ大学のエマニュエル・シャルパンティエと、カリフォルニア大学バークレー校のジェニファー・ダウドナによって発見された。２人は細菌がウイルスに感染した際、Cas9とよばれる酵素をつくり、侵入したウイルスＤＮＡを切り刻んで身を守るしくみを研究していた。そして、CRISPRとよばれる短い配列を使えば、この酵素による切断の位置を、自由に選んで指定できることを示した。つまり、Cas9は分子のハサミで、CRISPRはハサミを誘導する衛星ナビゲーションシステムなのだ〔訳注：２０２０年、シャルパンティエとダウドナはCRISPR遺伝子編集技術の開発によりノーベル化学賞を受賞した〕。

初期の研究は試験管内でおこなわれたが、まもなく研究者たちが生きた細胞にCRISPR-Cas9を適用しはじめると、この技術はTikTok並みのスピードで科学界に拡散した。「まぎれもない革命です」と、ブルースはいう。「CRISPRが革命といえるのは、とても使いやすく、世界中の分子生物学研究室の大半で導入され、技術革新を推し進めたからです。技術の応用はどんどん容易になってきています」。[*4]

２０１６年、研究者たちはCRISPRを使い、遺伝性疾患により失明したラットの視力を回復させた。２０１８年にはイヌを対象に、デュシェンヌ型筋ジストロフィーにより欠損したタンパク質を補うことに成功した。２０１９年には、この技術を使ってサルのうつ病モデルが生みだされた。現在、世界からマラリアを撲滅する方法が開発中で、ここでもCRISPRが応用されている（第５章参照）。しかし、最も物議をかもした応用例は、ヒトの子々孫々のＤＮＡを永久的に改変しかねないものだった。

CRISPRには、遺伝性疾患を治療するだけでなく、それが次世代に伝わるのを防ぐことも可能だ。裏返せば、たとえばヒトをより賢く、たくましく、病気にかかりにくくする遺伝子を導入して、将来世代を「強化」するのに利用される可能性もある。高い倫理的ハードルを課されるべき未到の領域であり、こうした研究は適切な規制のもと、慎重に進めるべきだという点で、広く合意がなされている。どんな種類の変化であれば認められるかを判断するのは社会であり、研究者にはCRISPRのヒトへの応用の安全性を実証する義務がある。

だからこそ、２０１８年11月の発表は青天の霹靂《へきれき》だった。ある中国人研究者が、世界初の遺伝子編集ベビーを誕生させたと公表したのだ。深圳《シンセン》にある南方科技大学の賀建奎《フージェンクイ》が率いる研究チームは、CRISPRを利用してある遺伝子を無効化し、ＨＩＶに免疫をもたせた双子の女児を世に送りだした。ＨＩＶの感染拡大は、薄っぺらいコンドームで容易に回避できるのだから、このテーマで遺伝子編集をおこなうのは妙な話だ。この治療は長期的影響を及ぼす恐れがあり、結果は予測困難だと批判があがった。さらに半年後、別の研究チームは、同様の変異が自然発生した場合、ヒトの寿命を約2年縮める可能性があると報告した。これは危険な火遊びだ。ＨＩＶに対する遺伝的防御機構をもたせるのと引き換えに、建奎らは女児たちの寿命を縮めたのかもしれない。ヒトは実験動物ではない。彼らが危険な領域に踏み込んだのは明らかだ。

一方、CRISPRを利用した家畜動物や作物の遺伝子編集は現在進行形でおこなわれている。すでに種なしトマトやグルテンフリーコムギ、切っても茶色くならないマッシュルームなどが、この方法で生みだされた。筋肉倍化を引き起こす遺伝子変異が１９９７年に特定されて以来、研究者たちはこの遺伝子をほかの家畜に導入することをめざしてきた。そこへCRISPRが登場し、ここ数年でブタ、ヤギ、ウサギ、果てはナマズまでもがマッチョになった。ウルグアイのある農場では、CRISPR遺伝子編集により筋肉が倍化したヒツジが群れをなしている。首都モンテビデオの動物繁殖研究所に所属するアレホ・メンチャカが作出したこのヒツジたちは、すべてを兼ね備えている。アレホは改変の対象に、オーストラリアのスーパーファイン・メリノ（口絵参照）を選んだ。高品質の羊毛で知られる品種だ。「でも、食肉生産にはまったく向いていません」と、彼はいう。「人びとは長年、肉と羊毛という二つの用途を兼ねる品種をつくりだそうと努力してきました。それがようやく、CRISPRによって可能になったのです」。遺伝子編集を施されたヒツジは、通常よりも速く成長し、たっぷりと筋肉をつけたおとなになるため、ウールにもマトンにも利用できる。

このヒツジは「原理証明」のために作出されたもので、販売されてはいないが、歓迎する人はきっといるだろう。アレホがいうように、畜産農家は長年にわたり、選択交配を通じて家畜の質を高めようと取り組んできた。いまや同じ目標が一夜にして実現可能になり、１世代のうちに新品種をつくることができる。筋肉倍化した家畜に、別種の生物に由来する外来遺伝子は一切含まれていない。既存のＤＮＡにほんの少し手を加えただけだからだ。これらの遺伝子変異は、テセル種のヒツジやベルジャンブルーがもつ、自然に生じた変異とまったく同じだ。そのため、規制当局も厳しい姿勢はとらないだろうと、アレホは楽観視している。アクアドバンテージ・サーモンが認可されるまでには数十年を要したが、CRISPR動物に関しては、もっと順調にことが進むかもしれない。

一方、遺伝子編集によって動物福祉の問題に取り組む研究者もいる。カメルーン育ちのアポリネール・ジケンの父は自給農家だった。少数のブタを飼い、１年の決まった時期にそれらのブタを売って、子どもたちの教育費にあてていた。ところが１９８０年代なかばのある年、アフリカ豚熱の流行が発生した。アフリカ豚熱はウイルス性疾患の一種で、感染したブタは出血し、１週間で死に至る。ワクチンは存在しない。父の飼っていたブタは全滅した。病気はいとも簡単に家族の家畜や未来を奪う。ジケンの脳裏には、このできごとが焼きついて離れなかった。

幸い、ジケンの母が飼っていたニワトリを売って教育費を捻出し、彼は勉強を続けることができた。30年後のいま、ジケンは熱帯家畜遺伝学・保健センターの所長を務める。ロスリン研究所と協力し、熱帯での畜産業の改善に取り組むこの研究機関では、遺伝子編集が方法のひとつとして用いられている。

ロスリン研究所には、遺伝子編集済みのブタでいっぱいの飼育施設がある。一部は豚繁殖・呼吸障害症候群ウイルス（ＰＲＲＳＶ）に耐性をもつよう改変されている。ＰＲＲＳＶは、世界の養豚業界に毎年数十億ドルの損害をもたらす恐ろしい病気だ。アフリカ豚熱への耐性を組み込まれたブタもいる。研究者たちは、アフリカの野生ブタのなかに、イボイノシシやアカカワイノシシなど、この病気に生まれつき免疫をもつ種がいることに気づいた。これらの野生種では、重要な免疫系の遺伝子のひとつに変異があった。そこでブルース・ホワイトローの研究チームは、家畜ブタの遺伝子を野生型変異と同じになるように編集した。といっても、27億塩基対もあるブタの遺伝暗号のうち、わずか5文字を変えただけだ。現在、彼らはアフリカ豚熱への耐性を導入できたかどうか検証している。「わたしたちは家畜を大きくしようとは考えていません」と、ブルースはいう。「家畜を健康にしたいのです。わたしたちの目標は、世界中で飼育されるブタの福祉の向上です」。

同じように、ジケンらの研究チームも、遺伝子編集を利用して、暑さに強かったり角がなかったりするウシをつくっている。毎年およそ1300万頭の子牛が、ほかの個体やヒトにけがを負わせないようにと、角を切り落とされたり、焼き切られたりしている。一部の品種には生まれつき角のない個体がいるが、すべてがそうとはかぎらないため、育種家にとって、乳牛や肉牛の品種を遺伝的に完全な角なしにする意義は大きい。アメリカのバイオテクノロジー企業リコンビネティクスは、スポティジーとブーリーという2頭の子牛を誕生させ、角なしになるように遺伝子編集したウシを最上級の乳牛品種に押し上げた。これらの個体の子孫は、角を強制的に切除されるストレスとは無縁だ。

しかし、家畜動物の福祉を推進する団体であるCIWFは、変異個体の作出方法そのものが苦痛の原因になるとして、家畜の遺伝子編集に反対している。「疾患の問題を解決するのにいちばんいい方法は、動物たちを適切な飼育環境におくことです」と、同団体の事務局長フィリップ・リンベリーはいう。家畜動物がすし詰めの施設で飼われていると、病気は広まりやすくなる。そのため同団体は、遺伝子編集は技術一辺倒の解決策であり、不適切飼育の蔓延を助長するとみなす。「（CRISPRは）さらなる集約化を推し進める手段でしかありません。その事実があまり認識されていないことに、危機感を覚えます」と、彼は述べる。

現在の食糧生産システムに問題があるという指摘には、わたしも同感だ（第６章参照）。こうした技術で生まれた動物によって、すでに壊れているシステムにテコ入れするとしたら、その価値には疑問符がつく。けれども、遺伝子編集した家畜を異なる状況で利用することについては、わたしは柔軟に考えるつもりだ。こうした動物を大企業が独占しないようどうにか手を打って、小規模農家にも手に入るようにすれば、彼らの生活は大幅に改善するかもしれない。ジケン家のような家族は世界にごまんといるのだ。免疫を司る分子的メカニズムが明らかになれば、アフリカ睡眠病、鳥インフルエンザ、狂牛病といった、さまざまな脅威に耐性をもった家畜をつくりだせる可能性が拓かれる。すべてを自然の作用に任せ、ランダムに生成される変異のなかから有益なものが出現するのを待って、それを備えた個体を選択交配するとしたら、とてつもなく長い時間がかかってしまうだろう。遺伝子編集は家畜の健康増進に役立つ可能性を秘めている。では、ヒトの福祉への応用についてはどうだろう？

Pharm《ファーム》へようこそ

あなたが心臓病にかかり、移植待機リストの最後尾に載ったとしよう。もし医師たちに、遺伝子組換えブタの心臓を移植すれば命が助かるといわれたら、手術を受けることに同意するだろうか？　この筋書きは、いまは妄想でしかないが、そう遠くない将来、現実になるかもしれない。研究者たちはCRISPRを利用して、ブタのゲノムを操作し、ヒトに移植するためのオーダーメイドの臓器をつくらせている。

移植用臓器は世界的に不足している。アメリカだけでも11万人以上が移植待ちの状態で、推定によると10分に1人のペースで新規患者が待機リストに加わっている。研究者たちは長年、ブタの臓器をヒトに移植する可能性を模索してきた。突拍子もないアイデアに聞こえるかもしれないが、ブタは妥当な選択だ。おとなしく、飼育下で容易に繁殖し、ヒトと似たサイズの臓器をもつ。とはいえ、もしブタの臓器をそのままヒトの患者に移植すれば、すぐさま拒絶反応がでるのはいうまでもない。

問題のひとつは、ブタのＤＮＡにはウイルスが潜んでいて、精子と卵を介して将来世代に受け継がれることだ。ブタ内在性レトロウイルス（ＰＥＲＶ）とよばれるこれらのウイルスは、ブタ自身には害はないが、その臓器をヒトに移植した場合、ＰＥＲＶが周囲のヒト細胞に感染し、がんなどの疾患を引き起こす恐れがある。ＰＥＲＶは非常に数が多く、すべてを除去するとなると並大抵のことではない。しかし２０１７年、ハーバード大学の遺伝学者ジョージ・チャーチの研究チームが、CRISPRを使ってウイルスを取り除いたクリーンな子ブタ15頭をつくりだした。ブタからヒトへの臓器移植に向けた大きな一歩だ。

幸先のいいスタートを切ったとはいえ、必要とされる精密な改変はまだまだある。１９８０年代に外科医がブタの臓器をヒヒに移植した際、彼らはヒヒがものの数分のうちに死亡したことに衝撃を受けた。原因は、ブタの臓器の表面を覆う炭化水素分子にヒヒの抗体が反応し、一斉攻撃を仕掛けたことだった。そこでチャーチは現在、CRISPRを使って臓器にこの炭化水素の層をもたないブタの作出をめざしている。こうした複数の手法を組み合わせることで、臓器移植の条件をすべて満たすブタをつくるのが、彼らの長期的展望だ。

ロスリン研究所のブルース・ホワイトローは、チャーチの２０１７年の研究を「まさに偉業」だと形容する。「わたしたちがこの技術をどのように進歩させるべきかの指針を示しています」と、彼はいう。ブタの臓器を人体に入れるという発想を、反射的に拒絶したくなる気持ちはわかる。だが、これを自然に反すると思うなら、通常の臓器移植も同じだ。この不自然な治療は、それでも数十万人の命を救ってきたのだ。安全で有益な技術であることが証明されれば、短命に終わりかねなかった多くの人びとに希望を与えるだろう。もちろん、ブタの臓器がヒトに移植される前に、まだやるべきことは山ほどある。一方、動物を使った創薬はもうはじまっている。

史上初の遺伝子組換え生物は、１９７０年代につくられた、ヒトのインスリンを生産する細菌だった。このヒトインスリン製剤はすぐさまＦＤＡの認可を受け、大量生産がはじまった。細菌は巨大な発酵槽を使って安価に大量に培養でき、やがてこの薬は世界中の糖尿病患者の命を救った。

その後、ほかの細菌による創薬があとを追った。細菌は、大きく複雑で、ほかの方法ではつくるのが難しいタンパク質を効率よく生成する。たとえば、遺伝子組換え細菌が登場する以前、ヒトの成長ホルモンは遺体の脳から抽出されていた。このホルモンは一部の低身長症の患者の治療に使われるのだが、研究者たちは治療を受けた患者が、時に致死的な神経変性疾患であるクロイツフェルト・ヤコブ病を発症することに気づいた。治療そのものによってプリオンとよばれる病原因子が、感染した遺体から患者へと移転していたのだ。こうして、同じタンパク質を別の方法でつくりだす必要が生じた。細菌を使えば、清潔で衛生的なやり方でホルモンを大量生産できる。現在ではさまざまな治療に使う分子が、驚くほど多才な単細胞生物によってつくられている。がん治療のためのインターフェロン、血友病患者に投与する凝固因子、貧血症患者用のエリスロポエチンなどだ。

もっと大きな動物を使えば、大量の薬剤をつくれるかもしれない。そんなわけで、細菌の扱い方をマスターした研究者たちは、畜産製薬《ファーミング》［訳注：原語はpharmingで、製薬（pharmaceutical）と農場（farm）を合わせた造語］の可能性に気づいた。遺伝子を組み換えた家畜に、薬をつくらせるのだ。このような方法でつくられた薬剤はすでに市場に出回っている。２００９年にＦＤＡが認可を与えた、アトリン（ATryn）とよばれる抗凝血剤は、遺伝子組換えヤギがだすミルクから抽出される。これに続き、まれな浮腫症の治療に使われる薬剤が、遺伝子組換えウサギの乳からつくられるようになった。また、ある種の遺伝性疾患の治療には、遺伝子組換えニワトリの卵に含まれる酵素が使われる。

ロスリン研究所の研究成果から、このような手法がもたらす数かずの利点が明らかになる。ここのチームもニワトリの「ファーミング」をおこなっていて、遺伝子組換えニワトリはさまざまな薬剤成分を白身に含んだ卵を産む。どれもまだ臨床利用されてはいないが、そのうちのひとつ「IFN-アルファ2a」は抗ウイルス作用と抗がん作用をもち、別の成分「マクロファージ-CSF」は損傷した組織の自己回復を促す薬として開発されている。

もちろんニワトリは、自分たちが特別な存在だとは知らない。広い飼育場のなかでごくふつうに暮らしていて、訓練を受けた実験助手たちがきめ細かな世話をしつつ、卵を回収する。ロスリン・テクノロジーズのリッサ・ヘロンはＢＢＣの取材に、「ニワトリたちはふつうに卵を産んでいるとしか思っていないでしょう」と述べた。たった三つの卵があれば、臨床用量に足りる薬ができる。多産な個体では年に３００個も産卵することを考えれば、ファーミングはほかの生産方法よりも費用効率が高いかもしれない。

最大のメリットは、ニワトリの飼育が比較的簡単である点だ。養鶏場の建設と運営は、大規模生産のもうひとつの方法である無菌の実験室に比べ、はるかに安くつく。遺伝子編集ニワトリは、CRISPRを使えば安く簡単に短期間でつくりだせるし、そのあと必要なコストは維持費だけだ。複雑な分子をつくる手段として、動物の利用にはこれだけの利点があるのだから、研究者たちが製薬分野以外にも目を向けはじめていると聞いても不思議はない。

ヤギの乳からクモの糸

クモは驚異の生物だ。彼らが紡ぐ糸は、ヒトが発明したどんな素材をもしのぐ強度と弾性をもつ。鋼鉄よりもケブラー繊維よりも強靭で、また、高い伸縮性を利用して、インド洋や太平洋地域の漁師たちは釣り糸として利用してきた。さらに水に溶けないうえ、ヒトの組織に接触しても強い免疫反応を引き起こさない。こうした数かずのすばらしい特性から、古代ギリシャでは負傷した兵士の傷のつぎ当てとしてクモの巣が重宝された。現代の医師たちもこれにならい、靭帯修復などの手術に同じ物質を利用できないか検討している。

ただし、ひとつだけ問題がある。どうやって大量のクモの糸を手に入れよう？　クモは比較的小さいので、それなりの量の糸をつくらせようと思うと、ひどく時間がかかってしまう。２００９年、豪華絢爛な黄金色のクモの糸でつくられたケープが、ロンドンのヴィクトリア＆アルバート博物館で展示された。クモと野の花の繊細な刺繍が施されたこの贅沢な逸品は、１２０万匹のジョロウグモの仲間の力を借りてつくられた。すべて野生のクモで、マダガスカルの野生生息地で採集され、プロジェクトへの「協力」を終えたあと野生に返された。こんなやり方は、クモの安定供給が不可欠な医学分野ではどう考えても実現不可能だ。クモを養殖できたら、かなり事態は改善されるはずだが、これにも問題はある。「ジョロウグモは性格に二つの難点があります」と、ユタ州立大学の生物学者、ランディ・ルイスはいう。「なわばり意識が強く、しかも共食いを好むのです」。

そこで、ランディは別のアイデアを考案した。クモの糸の遺伝子を取りだして、それを導入した形質転換ヤギの系統をつくり、クモの糸のタンパク質を乳として生産させるのだ。クモはさまざまな種類の糸をつくるが、ランディが目を向けたのは最大の強度を誇る牽引糸だ。バンジーコードのようなより糸で、クモが網の外枠をつくる際、落下に備えた命綱として使う。牽引糸はたくさんの短い繊維状タンパク質から構成されていて、これらはクモの出糸突起からでてきたとたんに整列し自己組織化する。遺伝子を導入したメスのヤギがつくるこの短い繊維状タンパク質は、ミルクのなかに浮遊する。繊維を回収するのはそう難しくない。ヤギの乳ははじめからホモジナイズ［訳注：脂肪球分子を小さく砕き均一にする工程］されているので、まずは機械を使ってクリームを分離させて除去し、ミルクをフィルターにかける。そのあと細いガラス棒を白濁液に浸し、撹拌してからもち上げれば、1本の絹糸が巻き取られる。液体から物理的に紡ぎだせるくらい、とてつもなく頑丈な糸なのだ。

ランディがこの方法で糸の製造をはじめたのは20年以上前だ。当時から頑丈で伸縮性にすぐれていたが、ほんもののクモの糸には及ばなかった。ヤギのつくる糸の質にはばらつきがある。そこでランディは、高品質な糸をつくるヤギを選択交配し、何年もかけてクモの糸づくりのエリートの系統を確立した。ピッツバーグのポスト自然史センターで剥製となって来館者を迎えるフレックルズは、そのうちの1頭だ。「スパイダー・ゴート」の系統はいまや9世代目を数える。「わたしたちはヤギの生産能力を劇的に向上させました。乳に関しても、そこに含まれるタンパク質に関しても」と、ランディはいう。ヤギがつくる糸はもとの長さの20倍まで伸ばすことができ、同重量での比較では鋼鉄の10倍の強度を誇る。

こうした特性は、靭帯修復の方法を模索する外科医にとって魅力的だ。現状では、断裂した靭帯を修復する際、患者自身から切除した筋肉の一部や、ドナーの遺体の組織が使われているが、どちらの方法も永続的な効果は望めない。だが、クモの糸なら、強靭かつ柔軟で、耐久性が期待できる。応用の展望はそれだけではない。ランディはクモの糸に、壮大な可能性をみいだしている。

クモの糸からは、パラシュートや吊り橋のケーブルもつくれるかもしれない。接着剤やジェル、コーティングやフィルムの材料にもなるはずだ。ランディは、糸をより合わせると、１８００℃に熱しても燃えず、溶けず、構造が崩れないことを発見した。「要するに、カーボンファイバーに加工できるのです」と、彼はいう。「強度はカーボンファイバーに匹敵し、しかも柔軟性があります」。つまり、クモの糸を使って車のボディパネルやドローンの翼がつくれるのだ。生地に織りこめば防護服の素材にもなるかもしれない。伸縮性があるため銃弾は止められないが、手製の起爆装置が撒き散らす小さな粒子なら防げるだろう。「ボトムの裏地や下着といった用途が考えられます」と、ランディはいう。

スパイダー・ゴートに飽き足らず、ランディは同じ遺伝子をカイコ、細菌、アルファルファにも組み込んだ。ヤギの魅力はタンパク質繊維を大量に生産できることだが、ミルクに手を加え、糸を紡ぎだす工程が必要だ。カイコ（こちらも家畜）なら、中間過程は必要ない。小さな繭をつくるとき、直接、クモの糸の繊維を吐きだすからだ。「世代を経るごとにカイコの糸は丈夫になっていきます」と、ランディはいう。「いまある最高品質のものは、すでにほんもののクモの糸と肩を並べています」。一方、細菌は大規模生産が容易であり、アルファルファは栽培しやすく、もともとタンパク質を豊富に含む。「いまは分散投資をしています」と、ランディは説明する。「どの手法がベストか知っていたら、４種の生物でプロジェクトを同時進行させたりしませんよ」。

これまで突拍子もないアイデアだったものが、またたく間に確固たる科学に裏打ちされた革新に見えてきた。新素材を必要とするわたしたちの世界にとって、自然界は涸れることのない創造性の源泉だ。赤いカナリアから、薬を生むニワトリや蛍光熱帯魚を経て、スパイダー・ゴートまで。わたしたちは長い道のりを歩んできた。そして、CRISPRの登場により、ついに遺伝暗号を自在に書き換える能力を手にした。選択交配が進化の舵取りの手段だったとすれば、CRISPRは進化を完全に逸脱させられる。クモとヤギの直近の共通祖先が存在したのは5億年以上前で、それ以来、この二つのグループの動物たちは、一度として遺伝子のやりとりをしてこなかった。ランディ・ルイスがフレックルズを生みだすまでは。でも、形質転換動物が新素材や新薬を創出し、病気の治療法をもたらすのなら、そんなに悪しざまにいうべきものだろうか？　数万年前に最初の家畜を飼いはじめて以来、ヒトはずっと彼らのゲノムを改変してきた。CRISPR遺伝子編集が確立されたいま、従来の人為淘汰と自然淘汰の垣根を超えて考えるべきときがやってきた。わたしたちは、30億年を超える地球生命史のなかに、一度たりとも似たものさえいなかったような、まったく新しい生物を創造する力を手にしている。

〔脚注〕

＊1　生物はさまざまな階級に分類される。最も大きなくくりであるドメインや界から、だんだん細かくなっていき、おなじみの科や種へと続く。亜種は種のひとつ下の階級。

＊2　鳥類学の世界では、「ミュール」には特別な意味がある〔訳注：本来の意味はラバで、オスのロバとメスのウマを掛け合わせたもの〕。デュンカーの時代にはカナリアとショウジョウヒワの交雑種がミュールとよばれ、それ以外のカナリアと他種の鳥の交雑種から区別されていた。

＊3　ピズリーはホッキョクグマとグリズリー（ヒグマ）の交雑種で、ウォルフィンはオキゴンドウとハンドウイルカの交雑種だ。第7章には、こうした奇妙な名前の動物たちがさらにたくさん登場する。

＊4　CRISPRは「クラスター化され規則的に間隔が空いた短い回文構造の繰り返し（Clustered Regularly InterspacedShort Palindromic Repeats）」の略称で、発音は「クリスパー」。

第4章　ゲーム・オブ・クローンズ

Chapter Four

２００６年12月10日。パレルモで開催されていた史上最大のポロトーナメント、アルゼンチン・オープン・チャンピオンシップは終盤を迎え、観客はみな身を乗りだして試合に釘づけだった。エクストラ・チャッカー[*1]に入って3分が経過し、いまだスコアは同点。会場のすべての視線は、世界一のポロ選手、アドルフォ・カンビアソに注がれた。彼が打つボールがゴールポストの間を通過すれば、勝利は確実だ。

彼は試合の大部分を、お気に入りの1頭である栗毛の牡馬、アイケン・クラに乗ってプレーした。だが、ハイペースな試合により、次第にウマに疲れが見えてきた。カンビアソはウマを換えることに決め、ギャロップでフィールドをでると、ウマを待機場へと誘導した。事故が起きたのはそのときだった。なんの前触れもなく、アイケン・クラの左前肢からがくんと力が抜け、ウマは地面に崩れ落ちた。カンビアソは鞍から飛び降り、悲嘆のあまり青と白のヘルメットを叩きつけた。「助けてやってくれ」。駆けつけた獣医師たちに、彼は懇願した。「何としてもこいつを救ってくれ」。

彼の言葉が響きわたるなか、アイケン・クラは救急車に乗せられ、近くの動物病院に搬送された。のちに彼の左前肢はひざ下で切断された。義足を装着されたエリートの彼は、種馬として使われる見込みもあったが、結局はそうならなかった。アルゼンチン・オープンで八面六臂の活躍を見せた数カ月後、彼の安楽死処分の決定が下った。

処分がなされる前に、カンビアソは最後の望みを伝えた。このような場面では、多くの飼い主たちが相棒と静かなひとときを過ごしたがるが、彼の希望は違った。ヒツジのドリーの話を知っていた彼は、いずれは研究により、愛馬のクローンもつくりだせるようになると考えた。そこで獣医師たちに、アイケン・クラの細胞の一部を凍結保存してほしいと頼んだのだ。

10年前…

すべてがはじまったそのとき、カレン・ウォーカーはスコットランドのハイランド地方で開かれた友人の結婚式に出席していた。ホテルの部屋に戻った彼女は、ドアの下の隙間から差し込まれた、１９９６年７月５日の日付のファックスを見つけた。そこにはこう書かれていた。

> 彼女が誕生しました。白い顔にモフモフの脚をしています。

生まれながらに毛深いなんて、メッセージを伝えたホテルのスタッフはぎょっとしたはずだが、カレンには完全に想定内だった。なにしろ、この新しい命がはじまった瞬間に、彼女も立ち会っていたのだ。

ファックスで言及されていたのはヒツジの新生児で、胎内に「宿った」（といっていいのか微妙だが）のはその5カ月前、エジンバラにほど近いロスリン研究所の動物研究センターでのことだった。カレンにとって、1996年2月8日は厄日だった。実験で使うつもりだったヒツジの受精卵は状態がイマイチだったため、同僚がおとなのヒツジの乳房細胞が入ったスペアのフラスコを提供してくれた。戸棚ほどの広さの実験室のなかで顕微鏡を覗き込みながら、カレンは細いガラスピペットを乳房細胞のひとつに挿入し、DNAを含む細胞核を慎重に摘出した。そして、信じられないほど器用な手つきで、その核を二つめの細胞に移植した。こちらは除核された（核を取り除かれた）ヒツジの未受精卵だ。続いて彼女がつくり変えた卵細胞に微弱電流を通すと、刺激に反応して卵割がはじまった。ひとつの細胞が二つになり、二つが四つに、四つが八つに…。しばらく時間をおいてから、小さな胚は代理母ヒツジの子宮に移植された。新しい命は彼女の胎内で成長を続けた。

4カ月半後、元気な代理母の出産準備が整った。1996年7月5日の午後4時30分、ついにメスの子羊が誕生し、研究チームは健康に異常がないことを確認した。30分としないうちに彼女は立ち上がり、おぼつかない足取りで歩きはじめた。ベタで申し訳ないが、やはりこういわずにはいられない。「1頭の子羊にとっては小さな一歩だが、ヒツジ類にとっては偉大な飛躍だった」。彼女はただの子羊ではなかった。彼女の顔色が、その事実を物語っていた。

合成胚をつくる際に用いられた乳房細胞は、顔の白いフィン・ドーセット種のヒツジから採取された。一方、卵細胞はスコットランドの顔の黒い品種のもので、代理母もこちらの品種のメスだった。子羊の雪のように白い顔は、代理母でも卵子提供者でもなく、核ドナーにそっくりだった。つまりファックスの一文はカレンに、この子羊がクローンであることを告げていたのだ。

誕生に立ち会った研究員のジョン・ブラッケンは、ある冴えたアイデアをチームに提案した。子羊の名前は、巨乳のカントリー・ウエスタン歌手、ドリー・パートンからとろう。彼女を生みだすのに使われたＤＮＡは、乳腺組織に由来するからだ。ご存知のとおり、この名前はすっかり定着した。完璧なネーミングだし、もとの名前の６ＬＬ３よりずっとキャッチーなのだから当然だ。それ以来、まことしやかに囁かれる都市伝説によると、子羊の名前を小耳に挟んだドリー・パートンのＰＲチームは、「知メェー度が上がるなら、内容なんて関係ない」とコメントしたとか、しなかったとか。

ヒツジのドリーは、哺乳類として初めておとなの体細胞からつくられたクローンだ。彼女を生みだした、イアン・ウィルムットとキース・キャンベルが率いる研究チームは、遺伝的に同一なヒツジでいっぱいの農場をつくりたかったわけではない。彼らはまだCRISPRのない時代に、薬をミルクとして産出する形質転換動物を生みだす方法を模索していたのだ。培養したひとつの細胞のＤＮＡを改変し、その細胞核をクローン作成に使うという発想だ。そこで彼らは、まず通常の細胞からヒツジのクローンをつくりだし、それから次のステップ、つまり遺伝子組換え細胞を使ったクローン作成に進もうと考えた。ゲノムに手を加えられていないドリーは、いわば試作品だったのだ。

振り返ってみると、1頭の子羊があれほどの大騒動を引き起こしたのは驚きだ。カレンが受け取ったファックスの内容は、わざと曖昧にされていた。チームには追加実験をおこない、論文を書き上げる時間が必要だったからだ。論文は１９９７年2月27日に刊行予定だったが、公式発表の数日前に『オブザーバー』新聞の記者がすっぱ抜いた。ドリーの誕生を報じたこの記事には、「今後ヒトのクローンはつくられるのか？　それが独裁者の分身だったら？　こうした懸念がおおいに話題にのぼるだろう」と、コメントが添えられた。確かに間違ってはいない。その後の顛末は、見境のないメディアのヒステリーとしかいいようのないものだった。

記者たちは大挙してスコットランドに押し寄せた。ロスリン研究所の駐車場はテレビ局のトラックやキャンピングカーでいっぱいになり、所内では電話が鳴りっぱなしだった。報道後の１週間で、研究者たちは数千本の電話に応対した。新聞は、ドリーをヒトのクローン作成と結びつけ、「危険な領域に足を踏み入れているのでは？」と尋ねた。次は何、あるいは誰なのか？　ヒトラーやアインシュタインのクローンはつくられるのか？　亡くなったペットや子どものクローンは許される？　キャンベルとウィルムットは「神を演じている」と非難され、彼らがドリーの誕生を秘密にしたのはヒトクローン化計画があるからだ、という者さえいた（もちろんそんなはずはない）。一方、クローン技術はヒトの疾患を理解し、新たな治療法を開発するのにつながるといった主張も展開された。あるコメンテーターは、ドリーの誕生は重要性において、ＤＮＡの発見や原爆の完成に匹敵する、と述べた。

ドリーが生まれてから20年以上経ったいまも、ヒトのクローン作成は幸いＳＦの世界にとどまっていて、50カ国以上で実施が禁じられている。一方、ウィルムットとキャンベルの当初の展望は実現した。クローンは、薬剤をつくる形質転換動物を作出する方法として確立され、それ以外の医学研究用の実験動物もこの方法で生みだされている。だが、わたしが知りたいのは、クローン作成がどれくらい広く世界に浸透したかだ。ウィルムットとキャンベルによる画期的な成果のおかげで、ヒトの手によるクローン作成は、もはや研究室のなかだけのものではなくなった。探すべき場所さえ知っていれば、農場や畜舎や競馬場はもちろん、家のなかでさえ見つかるのだ。

アイケン・クラ02

ポロはアルゼンチンで最も人気のあるスポーツのひとつだ。4人構成のチームどうしが馬に乗って競う。広大なフィールドを駆け回り、片手でウマをコントロールしながら、もう片方の手でマレットとよばれるスティックを操る。とてつもなく高度な馬術スキルと鋼のメンタルが必要だ。アドルフォ・カンビアソはアルゼンチンの農場育ちで、少年時代からポロに興じてきた。彼は弱冠16歳にして史上最年少の10ゴールハンディキャップ選手となった［訳注：ポロではチームの実力を拮抗させるため、選手のレベルに応じてゴール数のハンディキャップが付与される。マイナス2が最低、10が最高］。25歳のとき、彼は自身のポロチーム「ラ・ドルフィナ」を結成し、ウマの繁殖事業をゼロから立ち上げた。カンビアソは現在も10ゴールハンディキャップを維持していて、ポロ競技におけるありとあらゆるトロフィーを獲得した。彼は誰もが認める世界最高のポロ選手だ。

2007年にアイケン・クラが死んだとき、クローン動物はすでに何種類も誕生していた。世界初のクローンネコ「CC」に、マウス、ラット、ヤギ、ブタ、ウシ。イタリアでは、チェーザレ・ガリという名の研究者が、世界で初めてウマのクローンをおとなの細胞から生みだした。彼はこのウマを、粘土からヒトを創造したギリシャの神プロメテウスにちなんで「プロメテア」と名づけた。カンビアソは、クローン作成のしくみを詳しく理解していたわけではないが、可能性はあると思った。いつかきっと、アイケン・クラの凍結細胞を解凍して、遺伝的複製品をつくりだせるようになるはずだ。

プロジェクトが動きだしたのは2009年、彼がテキサス出身の実業家アラン・ミーカーと出会ったときだった。ミーカーはアマチュアのポロ選手で、世界最高のポロ用馬のクローンを誕生させ、自身のエリートチームに加えたいという野望を抱いていた。勝利を約束された愛馬を多数抱えるカンビアソは、彼にとって交渉すべき人物の筆頭であり、こうして２人はウマのクローン作成に特化した、クレストビュー・ジェネティクス社を設立した。設立当初、実験施設を建設するかたわら、彼らは実績ある専門家たちに助力を求めた。すでにウマのクローン作成に成功していたアメリカの企業ヴァイアジェンに接触し、アイケン・クラの凍結細胞の一部を送った。そして約１年後、アイケン・クラのクローンが誕生した。

この成功にあと押しされ、カンビアソとミーカーは、ほかのポロ用馬のクローン化に着手した。そのうちの１頭が名高い牝馬クアルテテラだった。ポロ用馬のほとんどは５歳前後で試合に出場しはじめるが、クアルテテラの実力は群を抜いており、カンビアソは彼女が４歳の頃からプレーさせていた。敏捷で、従順で、小回りのきく彼女は、彼に数多くの勝利をもたらした。カンビアソとミーカーはクアルテテラのクローンを複数つくりだした。そのうちの１頭はブエノスアイレスで競売にかけられ、まだ３カ月の子馬だというのに、80万ドルもの値段で落札された。クアルテテラのクローンは、史上最も高価なポロ用馬となったのだ。

この時点ではまだ誰ひとり、クローン馬が試合でどんなパフォーマンスを見せるか知らなかったことを忘れてはいけない。誕生した個体はみなまだ若く、能力は証明されていなかった。人びとはおおいに関心をもったが、クローンがもとのウマに匹敵するエリートに成長するとはかぎらない、と疑問視する声もあった。

時は流れて２０１３年。カンビアソはパレルモ・オープンの決勝戦で、別のクローン馬に乗った。シコウ・ミーと名づけられたこの牝馬は、アメリカの優秀なサラブレッド、セイジのクローンだった。栗毛の彼女は、かつてのセイジに負けず劣らずすばらしいパフォーマンスを見せ、ラ・ドルフィナはまたしても栄冠を手にした。これこそがポロの歴史に刻まれる決定的瞬間だったといっても過言ではないだろう。クローン馬が卓越した成績を残せることを、カンビアソは疑いの余地なく示した。ショウ・ミーが証明したのだ。

これで終わりではなかった。ポロは展開の速いスポーツで、試合にはたくさんのウマが使われ、選手たちは頻繁に乗り換えることが認められている。ひとりの選手が1試合で8頭以上のウマに乗ることもあるほどだ。２０１６年のアルゼンチン・オープン・チャンピオンシップ決勝戦で、カンビアソはさらに高いハードルを自らに課し、1頭どころか6頭ものクローン馬に乗った。クアルテテラ01～06までの名を冠する彼女らは、みな同じ名前のカンビアソの愛馬のクローンだった。そのパフォーマンスは圧巻だった。クローンたちはまるでポロのために生まれてきたようだと、メディアは書きたてた。アルゼンチンのあるテレビ番組では、「ポロ選手がショウ・ミーやクアルテテラのようなずば抜けた才能をもつウマに乗るのは、サッカー選手がマラドーナの足を装着するようなものだ」と、コメンテーターが述べた。こうしてカンビアソのチームは6度目の栄冠を手にした。

賢く抜け目ないやり方だ。うがった見方をすれば、天才的なＰＲ手法ともいえる。カンビアソは世界最高のポロ選手であり、パレルモでのアルゼンチン・オープン・チャンピオンシップは世界一有名なポロの大会だ。カンビアソにとってここでプレーすることは、自身の並外れた実力だけでなく、選ばれしポロ用馬たちのクローンという自社製品の質を証明する、絶好のチャンスだった。ポロを愛好するアルゼンチンの大富豪たちは感銘を受け、またカンビアソがかかわっていることがこの上なく確かな裏づけになった。世界最高のポロ選手が試合でクローン馬を使っているなら、これこそが未来に違いない。

それ以来、未公表ではあるものの、かなり多くの有力者がポロ用馬のクローンを生みだした。クレストビュー・ジェネティクス社は、自社の研究所をブエノスアイレスから1時間の郊外に完成させ、いまでは専属の研究チームが週3回、クローン作成実験を実施している。現在までにこの研究所で誕生した健康なクローン馬は70頭を超え（うち少なくとも14頭はクアルテテラのクローンだった。だが一方でライバルも出現した。同じくアルゼンチンに本社を置くクローン技術企業、ケイロン・バイオテックだ。

アルゼンチン以外でも、ウマのクローン作成はいまやブラジル、コロンビア、イタリア、オーストラリア、アメリカで事業化されており、対象はポロ用馬にかぎらない。サラブレッドや馬術の跳躍に優れたウマもクローンがつくられた。ロデオスタイルの競技が盛んなアメリカでは、うしろ脚を宙に蹴りだす暴れウマや、バレルレーシング[*2]用のウマがクローン化された。クォーターホースも同様だ。ブラジルでは、カンポリナとマンガラルガ・マルチャドールという二つの在来品種のクローンがつくられ、またハフリンガー、アラブ、ウォームブラッド[*3]といった品種の遺伝的分身も誕生した。いま生きているクローン馬は、合計で３７５頭を超えると考えられている。

いまでも圧倒的少数派とはいえ、クローン馬はポロ競技にだんだん浸透してきているが、依然として世間は賛否両論だ。反対派は人工的な印象に嫌悪感を抱き、加えて、もとの個体が寿命を迎えたあとも、クローンのクローン、クローンのクローンのクローンが半永久的に勝ち続けることで、クローンの所有者が不当な利益を享受することを問題視する。一方、アルゼンチンにおけるポロ競技の振興団体は実に寛容だ。アルゼンチンポロ用馬ブリーダー協会（ＡＡＣＣＰ）は、団体の理念に「人工授精、胚移植および動物の繁殖向上に資するその他の技術の研究と応用の振興」を掲げる。要するに、プレーのレベルを押し上げる繁殖技術は、クローン技術を含め、何であれ認めているのだ。

ウマを使うほかの競技を統括する団体は、それぞれに独自の規制を設けている。プロフェッショナル・ロデオ・カウボーイ協会は、バレルレーシングとドンキーレーシングへのクローン馬の出場を認めている。馬術競技を取り仕切る国際馬術連盟は、２０１２年にオリンピック競技でのクローン馬の使用を解禁した。世界が注目する晴れ舞台で、クローン馬が従来の方法で繁殖されたウマと競い合うことを阻む理由はもうないのだ。

血統登録については、概してもっと保守的だ。特別な品種であることが公式に認められるためには、まずウマの適切な血統登録書を用意しなくてはならない。たとえばアメリカでは、クォーターホースの登録はアメリカン・クォーターホース協会（ＡＱＨＡ）が、アラブ種はアラビアンホース協会が管理している。こうした機関で認められるには、母親と父親の両方が血統登録されている必要がある。アメリカでもどこでも、血統登録書のないウマは無価値だが、クローンはこの制度にとってやっかいだ。従来どおりの意味では、母親も父親もいないからだ。クローンにいるのは代理母と核ドナーだ。伝統的な家系図のどこにもぴったり収まらないため、血統登録機関はクローンの受け入れを躊躇している。

クローン馬のためにかなりの大枚をはたいた人びとからしてみれば、これには納得いかない。２０１２年、テキサスのブリーダーのジェイソン・エイブラハムと獣医師のグレッグ・ヴェネクラーセンは、ＡＱＨＡを相手取り、クローンとして誕生したクォーターホースのリンクス・メロディ・トゥーの血統登録を求めて訴訟を起こした。ＡＱＨＡのクローンを除外する規定は連邦反トラスト法に違反していると彼らは主張し、これがテキサス州の陪審団に認められ、めでたく勝訴した。クローンＯＫ！　ところが、控訴審で一審判決は覆された。クローンＮＧ！

現在、ほとんどの血統登録機関[*4]は、クローンやその子孫の登録を認めていない。そのため、クローン馬の多くは公的なお墨つきのない中途半端な立場におかれていて、裕福な馬主たちは苛立ち歯ぎしりしている。２０１２年と２０１６年のオリンピックの馬術競技に、クローン馬の姿はなかった。ウマのスポーツの世界はいまもクローンで溢れ返ってはいない。遺伝的複製品はまだごく一部にとどまり、圧倒的多数はこれまでどおりの交配で生まれたウマたちだ。それならなぜ、10万ドルもの大金をつぎ込んで、自分のウマのクローンをつくらせる人がいるのだろう？

アイケン・クラの遺産

ウマのクローンをつくる人びとのほとんどは、競技で優勝できる個体を生みだそうとしているわけではなく、優秀な繁殖個体を複製しようとしている。アイケン・クラのクローンは、ポロのフィールドを見渡しても見つからない。彼は、スペイン南部コルドバのロス・ピンゴス・デル・タイタという場所で、緑豊かな牧草地を駆けぬけている。「スター専用スパ」を名乗るロス・ピンゴス・デル・タイタは、ウマたちのための施設だ。ウェブサイトによると、アイケン・クラＥ01は現在「稼働中」で、この業界用語から彼が種馬であるとわかる。ロス・ピンゴス・デル・タイタの職員の仕事は、価値あるウマたちの精液と卵を採取し、保存し、輸出することだ。

クローン作成は、エリート動物の独自の遺伝的組成を保存する手段となった。対象がポロ用馬でも、ロデオの暴れウマでも、まったく違う種の動物でも同じことだ。もとの個体が死亡しても、生前に（あるいは死後すぐに）採取された細胞を使ってクローンをつくりだせる。クローンは基本的にオリジナルの個体の一卵性双生児なので、彼らが成長してつくる精子と卵も、核ドナーとほぼ同じになる。クローン化によって遺伝的コピーをつくれば、もとの個体の繁殖可能性を最大化し、本来の寿命をはるかに超えて交配に利用できる。これがクローン個体の主要な用途のひとつだ。

もうひとつの目的は、去勢個体の子孫を残すことだ。ウシでもウマでも、未去勢のオスはとても気性が荒いため、いうことをきかないホルモンと行動を去勢によって制御するのが一般的だ。ウマの世界では、競技に出場するオスはほとんど去勢されているので、種付けには使えない。だが、こうした個体のクローンをつくれば、未去勢のコピー個体は子をもつことができる。この変化は重要だ。ウマの育種において、未去勢のオスはもとから優秀な血統に属する個体であり、望ましい遺伝子をもっていると判明している種親の血を引いている。こうした個体を繁殖させることで、彼らの遺伝子は集団内に広まり、かなりの割合を占めるようになる。対照的に、去勢オスは遺伝的には行き止まりだ。ブリーダーの立場からすれば、グランドナショナル［訳注：イギリスで毎年開催される世界最高額の障害競馬レース］の優勝馬がでるのは結構なことだが、それを繁殖に使えないなら、勝者の遺伝子は死に絶える運命だ。クローン作成は、傑出した去勢オスの遺伝子を後世に引き継ぐことを可能にする。育種家は、蚊帳の外で終わるはずだった望ましい遺伝子を、繁殖集団に取り入れる方法を手に入れた。意外かもしれないが、この場合はクローンが遺伝子プールを拡張するのだ。

ポロでは牡馬も牝馬も使われるため、クローンにはさらなる利点がある。選手たちは時に、実績あるメスを繁殖に使うのをためらう。その間は試合にでられなくなるからだ。けれども、もし優秀なメスのクローンがいれば、もとの個体がプレーを続ける一方で、クローンが子づくりを代行してくれる。

クローン作成はいまや選択交配のツールのひとつだ。遺伝的に見て完全なコピーの作出が、集団の遺伝的組成を時とともに変化させる選択交配に役立つというのは、やや直感に反する。だが、クローン作成の基本的な機能に立ち返って考えれば、目的は明らかだ。この場合、クローン動物は大量の精子、卵、胚をつくるための単なる容器なのだ。こうした細胞から新しい個体がつくられる。つまりクローンは、従順さ、敏捷さ、スタミナなどを備えた個体に多くの子を残させ、有望な特徴を集団に広める手段なのだ。

クレストビュー・ジェネティクス社は、クローン作成以外の業務として、エリート牝馬のクローンを遺伝的価値の高い種馬と交配させ、未来のポロチャンピオンになる子を生みだそうとしている。この方法で誕生した子馬はすでに200頭を超えた。目的はもちろん、手に入るなかで最高のDNA、つまり実績ある血統に属する過去のチャンピオン馬のそれを導入することだ。クローンをつくったところで、動物は不死身になるわけではなく、当然ながら寿命はある。だが細胞があるかぎり、ゲノムは薄まることなく、そのままの形で受け継がれる望みはつながる。保護作用のある抗凝固剤を添加し、適切に保存すれば、凍結細胞はいつまでも利用可能だ。細胞さえあれば、たとえばいま生きているウマのクローンを、何の支障もなく２０５０年に復活させることができる。クローン作成は、時間に隔てられた別べつの個体どうしを結びつける手段でもあるのだ。

クローン牛ステーキはいかが？

ウシの世界でも、クローン作成はエリート個体の遺伝的特徴を保存する方法とみなされている。ウシのクローンが初めてつくられたのは１９９７年で、ドリー誕生の翌年だった。ジーンと名づけられた最初のクローン個体は、ウィスコンシン州ディフォレストにある育種企業アメリカン・ブリーダーズ・サービスの施設で生まれた。それ以来、何万頭も誕生したクローン牛のほとんどは、育種家にとって絶対に失えない貴重な個体だった。オスたちのなかには数十万ドルの価値がある個体もざらにいて、数万ドルの費用をかけてでもクローン作成による保険が必要だったのだ。そうすれば、もとの個体が死亡しても、クローンは生き続けられる。

そんな有名な牡牛の1頭、全身真っ黒なアンガス種のファイナルアンサーは、体重２４７５キログラムの筋肉の塊だった。いずれグレービーソースに浸る運命の、ほとんどの肉牛とは違い、ファイナルアンサーの仕事は精液をつくることだった。それも大量の。周囲44センチメートル（20歳のときのアーノルド・シュワルツェネッガーのガチガチの上腕二頭筋とほぼ同じくらい）もある陰嚢から、ファイナルアンサーは生涯に50万「単位」（つまり同じ回数の人工授精に相当する）分の精液を送りだした。1日に100単位以上だ。本当にお疲れさま！　その「種」が人工授精用に広く販売され利用された結果、ファイナルアンサーは肉牛業界で最も多くの子孫をもつ種牛のうちの1頭に数えられる。たった1頭の牡牛が、数十万頭の子牛の父親になったのだ。彼の生涯が終わりに近づく頃、育種家たちはクローンをつくることを決めた。ファイナルアンサーが2014年に死亡すると、ファイナルアンサーIIがあとを継いだ。彼はもとの個体ではないと認識されているため、現在、ファイナルアンサーIIの精子のサンプル価格は約22ドルと、ほんもののショットの半分程度だ。破格の安さで、いい牡牛の種を探しているなら買わない手はない。ファイナルアンサーIIは、先代とまったく同じ遺伝物質を、お値打ち価格で提供している。

由緒正しき出自のファイナルアンサーIIが、近い将来にすることは決まっている。彼もまた、枯れ果てるまで精液をだし続けるまでだ。でも、そのあとは？　確かなことはいえないが、ファイナルアンサーIIIやIVやVが現れるのかもしれない。一方、中国では、クローン牛の行く末はまったく違った様相を呈する。

2016年、ボヤライフという中国企業が、沿岸の大都市、天津に巨大なクローン製造工場を建設する計画を発表した。本格的に稼働しはじめれば、ここから毎年100万頭のクローン牛が生みだされると、研究者たちは見ている。だが、ウシたちが繁殖に使われることはない。彼らの任務は、急増する中国の牛肉需要を満たすことだ。ボヤライフの計画どおりにいけば、クローン牛だらけの農場が実現し、その肉が食卓にのぼる。

友達にこの話をすると、反応はいつも決まって「オエッ！」だ。少なくともイギリスでは、クローン動物由来の食品を食べるという発想は、不快感を催すものらしい。そんなのは不自然だと人はいうが、現実には、クローンの肉やミルクはふつうのウシのものと何も変わらない。こうした個体は遺伝子組換えの産物ではないからだ。ＤＮＡ

は改変されてはおらず、ただコピーされただけ。要するに、もとの個体の双子や三つ子なのだ。

この事実を受け止めて、アメリカではＦＤＡが、クローン動物およびその子孫から得られた肉と乳について、従来の方法で交配された動物と同じく食用に適すると判断した。イギリスでもクローン由来の食品は合法だが、新規《ノヴェル》食品《フード》に分類されるため、販売前に特別な許可を得る必要がある。しかし実際には、クローン牛の牛乳を飲んだり、フンプ肉にかじりついたりした経験のある人はそうそういないだろう。従来の生産方法と比べ、クローンで牛肉や牛乳をつくるのは経済的ではなく、そのためクローン個体は交配に使われている。とはいえ、もしあなたがアメリカに滞在し、牛乳を飲んだりチーズを食べたりした経験があるなら、それらの乳製品がクローン牛の子孫に由来する可能性はきわめて高い。

ボヤライフ社が順調に進めば、中国は、クローン牛を大量生産する史上初の国になるだろう。大規模な商業的生産をおこなうことで、コスト低下が期待できる。同社は国内のブランド牛の5%を供給するという目標を掲げている。「中国は何をするにも規模が桁違いなのです」と、ボヤライフ社ＣＥＯの許暁椿《シュシャオチュン》は２０１４年のインタビューで述べた。「わたしたちは利益を追求するだけでなく、歴史をもつくろうとしています」。クローン作成は巨大産業に成長しつつある。莫大な潜在的利益を考えれば、クローン作成を手がける大企業が、事業の多角化に乗りだすのもうなずける。高額の費用さえ払えば、彼らはペットのクローンをつくってくれるのだ。

ヒッグス02？

２０１８年3月、女優で歌手のバーブラ・ストライサンドが愛犬のクローンをつくったと、イギリスの新聞『ガーディアン』が報じた。報道によれば、2頭のクローン犬のもとになったのは、前年に14歳で亡くなったコトン・ド・テュレアールのサマンサだった。この犬種をご存知ない読者のために補足すると、コトン・ド・テュレアールは小さく白いモフモフのボールのようで、抜群にかわいい。ストライサンドは新しい愛犬たちをミス・スカーレット、ミス・バイオレットと名づけ、見分けがつくように赤色とラベンダー色の服を着せた。

その2年前、ベルギーのファッションデザイナー、ダイアン・フォン・ファステンバーグは相当な金額を支払って、ジャック・ラッセル・テリアのシャノンのクローンを手に入れた。クローンは2頭で、それぞれエビータ、ディーナと命名された。シャノンのときもそうだったように、ファステンバーグは子犬たちにちなんだドレスをデザインした。エビータは、「どんな人も綺麗に見せる」ノースリーブで、砂時計型のシルエットを強調するデザイン。ディーナは、ゆったりしたシルクのフロックで、V字にあいた背中と袖の刺繍が特徴の「シーガーデン」タイプだった。

わたしは、ストライサンドの愛犬のクローンを生みだした企業、ヴァイアジェン社に連絡して、うちのヒッグスのクローンをつくるにはどうしたらいいか聞いてみることにした。現在までに同社は、１００頭以上の健康なクローン犬を誕生させている。ウシやウマのクローン化に成功した研究者の話は実に魅力的だったが、畜産業や馬術スポーツはわたしには縁遠かった。一方、世界に数億人いるイヌの飼い主の一員として、イヌのクローン化という言葉には、わたしの認識をゆがめさせる情緒的な響きがあった。この場合、研究者たちは育種やスポーツの成績のためではなく、亡き伴侶の代わりとしてクローンをつくりだす。そう思うと、わたしの心は落ち着かなかった。

わたしはヴァイアジェン社のウェブサイトの「無料の資料請求をする」フォームに記入したが、そこで迷いが生じた。ヒッグスはわたしの足もとでうとうとしていた。夢のなかでリスを追いかけているのか、足をぴくぴくさせ、小声でキャンと鳴いた。わたしが手を伸ばして耳のうしろをくすぐると、足の震えは収まり、穏やかに寝息をたてはじめた。ヒッグスを見つめていると、彼の分身をつくるなんて、想像もつかない。というより、そんな考えをもったこと自体が罪深く思えてくる。こんなにユニークで、特別で、深く愛されている存在の代わりをつくるなんて、できるわけがない。資料請求を検討するのは彼への裏切りではないか。とうとう「送信」ボタンを押したとき、わたしは自分が人でなしになった気がして、彼にチーズをひと切れあげた。

イヌのクローンが初めてつくられたのは2005年だった。韓国の生物学者、黄禹錫《ファンウソク》が黒色と茶色のアフガンハウンド「スナッピー」（名前は、当時の所属先であるソウル国立大学（SNU）と子犬（puppy）を組み合わせたもの）を誕生させた。黄は現在、自身が設立したソウル郊外の研究機関、スアム生命工学研究院のきらびやかな研究所で、イヌ、ウシ、ブタなどの大型動物のクローン作成に関する研究をおこなっている。研究所の設立以来、黄らは500頭以上のクローン犬を誕生させてきた。ペットもいれば、高度な訓練を受けた警察犬もいる。かなりの数のクローンが使役犬として活躍しているので、仁川国際空港の手荷物受取所を通過したら、あなたの荷物はクローン麻薬探知犬に調べられたあとかもしれない。

ヴァイアジェン社に資料請求をしてから24時間後、返信がきた。ヴァイアジェン社の顧客サービスマネージャーからの気軽なEメールだった。「ヴァイアジェン・ペッツ」にご関心をおもちいただきありがとうございます、というお礼のあと、説明が続いた。最初のステップは「遺伝子保存」だという。1600ドル（加えて海外発送手数料の300ドル）を払えば、ヴァイアジェン社からわたしの自宅に生検キットが届くので、それをもって近くの動物病院でヒッグスの皮膚生検をしてもらう。サンプルが採れたら、それをテキサスの研究所に送り返し、彼らは細胞を培養して凍結保存する。わたしがクローン作成に進もうと決意したら、彼らは凍結細胞からクローン胚をつくる。その数カ月後には、わたしはヒッグスと遺伝的に同一の子犬を迎えられるという。この段階に進む場合、費用総額は５万ドル[*5]になるそうだ。はたして、それだけの価値はあるのだろうか？

クローンの真のコスト

クローン作成は恐ろしく非効率な手法だ。ドリーが誕生した20年以上前、彼女は山のような失敗を繰り返した末に、ようやく舞い降りた成功だった。研究チームは２７７個のヒツジのクローン細胞をつくった。このうち正常に発達しはじめたのはわずか29個で、そのすべてが代理母に移植されたが、生まれた健康な子羊はドリーたった１頭だった。それ以来、手法には改良が施され、成功率は上がったものの、大幅にとはいかず、クローン作成の効率は研究室や対象種によってばらつきが大きいのが実情だ。

ソウル国立大学の研究チームは、イヌのクローン作成に関する学術文献をかき集めて徹底的に調べ上げた。７年間に発表された12の研究は、それぞれわずかに異なる方法をとっていた。これらの研究のなかで、代理母に移植されたクローン胚が生きて誕生した確率は、１％未満～４％の間だった。教訓は明らかだ。クローン犬のほとんどは、生まれる前に死亡する。

わたしはオフレコで、あるクローン技術企業の担当者と話し、クローン犬の健康問題について尋ねた。「ときどき口蓋裂の子犬が生まれます。首が腫れていたり、舌が異常に大きかったりする個体もいます」と、彼はいった。オスのジャーマン・シェパードのクローンのなかには、メスの外性器をもって生まれる個体もいるという。生殖器に形態異常があるこうしたイヌたちは不妊だが、理由は誰にもわからない。

問題を抱えるのはイヌだけではない。たとえばクローン馬には、脚が湾曲した虚弱な個体が生まれることがある。へその緒が異常に大きいせいで感染症にかかりやすい子馬もいる。クローン動物に見られる健康問題は、軽微で治療可能なものから、重篤で不治のものまでさまざまだ。

すべてひっくるめて考えると、1頭か2頭の健康な動物を生みだすためには、何百というクローン胚が必要だ。ここではっきりいっておくが、クローン作成のあらゆる過程には死がつきまとう。クローン胚は、代理母の子宮内での発達の途中で死ぬ。クローン個体は時に誕生後に死ぬか、安楽死処分される。生命の危険は代理母にも及ぶ。クローン以外の妊娠に比べ、代理母はさまざまな疾患を高確率で発症する。

もちろん、学術界や民間企業の研究者たちも、こうした問題を重く受け止め、生存率の向上をめざして研究に励んでいる。どうやら問題が発生するのは、クローン作成に使われたDNAの再プログラムが完全でないためらしい。クローン胚はまったくの白紙ではなく、もとのおとなの細胞の遺伝的指示が一部残った「ほぼ白紙」の状態だ。そのせいで発達過程に混乱をきたし、健康問題を生じたり、自然流産に終わったりするのだ。

テキサスA&M大学の生物学者カトリン・ヒンリックスは、10数年前にウマのクローン化に初めて成功した人物のひとりだ。それ以来、彼女は手法の改良に取り組んできた。「わたしはウマが大好きです」と、彼女はいう。「自分のせいで疾患を抱えた子馬が生まれるのは耐えられません。10頭の子馬が生まれて、健康なのは2頭だけ、なんて状態は嫌なんです。8頭も安楽死させなくてすむように、2頭生まれたら2頭とも健康であるようにしたいのです」。カトリンはクローン作成の成功率を上げる参考になる情報はないかと、あらゆる動物種に関する文献を漁った。彼女の献身ぶりに、クローン胚に対して感傷的になりすぎだとうしろ指をさす人もいたが、その努力は報われた。代理母に移植した三つか四つのクローン胚のうち、二つが正常に発達し、1頭の健康な子馬が生まれるようになったのだ（口絵参照）。喜ばしい結果だった。カトリンの手法は、健康なクローン馬を生みだす可能性を劇的に高めた。時間と忍耐と専門知識をもった分別ある適任者にかかれば、クローン作成が無駄の多い非効率な手法ではなくなるかもしれない。

ひとりの顧客が1頭の完璧なクローンを手にするまでに、企業の開かずの扉の向こうで、どれだけ多くのクローン動物が途中で脱落しているのか、推定するのは難しい。民間のクローン技術企業は概して、ピアレビューを経て公開される学術文献の蓄積に貢献していない。彼らは特許を保有する技術の手の内を隠す傾向にある。腹立たしい状況だ。クレストビュー・ジェネティクス社は、妊娠が安定すれば90％のケースで健康な子馬が生まれると主張する。ヴァイアジェン社は、イヌでの成功率は高く、たった一度の核移植実験で正常に妊娠し、健康なクローン子犬が誕生するという。こうした民間企業はみな、自社のハイテク研究所を絶賛し、得意げにサクセスストーリーを語るが、実際にしていることの核心部分にはほとんど触れようとしない。

わたしがヒッグスのクローンをつくるとしたら、双子の弟が生まれるまでに、どれだけコピーをつくるのか正確に知りたい。ペットのクローンをつくることを検討している人はみな、まず自分自身にこう問いかけるべきだ。自分がどうしてもほしいと願ったばかりに、ヒッグスやミリーやモンティの、障害を抱えた分身たちが安楽死させられる事実をどう考えるのか？　良心に照らして、わたしはそんな苦しみはあってはならないと思う。完全に避けられるものだし、ドッグシェルターには350万頭ものイヌたちが、家庭への受け入れを待ち望んでいるのだから。

オリジナルとの違い

それに、そもそもクローンがどれだけオリジナルに似ているのか、という問題もある。世間の考えに反して、クローンとそのもととなる個体は、遺伝的に完全に同一ではない。小さいながらも重要な違いがあるのだ。核移植の過程で、核DNAはある細胞から別の細胞へと移されるが、DNAがある場所は核だけではない。小さなエネルギー生成器官であるミトコンドリアも、独自のDNAをもっている。量としてはわずかで、細胞内のDNAの総量のたった0・0005％でしかないが、それでも重要な役割を担っている。ミトコンドリアDNAは、卵を通じて母親から娘へと、薄まることなく母系遺伝していく。

つまり、クローンの核DNAは核ドナーに、ミトコンドリアDNAは卵提供者に由来するのだ。この違いがあるので、クローンはそもそも遺伝的な「完コピ」ではない。しかも、時を追うごとに、DNAの違いはますます大きくなる。細胞分裂を繰り返すたび、生物の遺伝的な設計図には、コピーミスが蓄積されていくからだ。細胞にはこうしたエラーを修復する機構が備わっているが、誤字が見落とされることもある。汚染や放射線といった環境要因も、DNAに変異を誘発する。ゲノム全体を見れば、クローンとオリジナルの驚異的な類似性は明らかだが、こうした小さな違いが大きな効果をもたらす場合もある。たとえば、細胞分裂を制御する遺伝子のなかに不運にも変異が紛れこんだら、正常な細胞が手のつけられない異常増殖を開始し、がんを発症するかもしれない。一卵性双生児が異なる遺伝性疾患を抱えることがある理由のひとつがこれだ。動物も同じで、オリジナルとクローンには別べつの問題が生じる可能性がある。

生物は、DNAと生息環境、それに両者の複雑な相互作用の産物だ。特徴のなかには、サイズ、体型、配色のように、遺伝子に強く影響されるものもある。肉牛業界に多大な貢献を果たした種牛、ファイナルアンサーの陰嚢の周径は、あなたの記憶にしっかりと刻まれていると思う。そう、彼のタマの周囲は44センチメートルだった。彼のクローンであるファイナルアンサーIIの陰嚢周径は44・8センチメートル。両者は全体的な見た目もほぼ同じで、体重も近く、体型も似通っている。

しかし、時には自然が歯車を狂わせることもある。世界初のクローンネコ、CCが生まれたとき、人びとはオリジナルとクローンがうっすら似ている程度でしかなかったことに驚いた。CCは白地に灰色のトラ柄なのに対し、核ドナーであるレインボーは、黒、白、オレンジの三毛猫だった。2匹の細胞核のなかにはまったく同じDNAが含まれていたのだから、まるでからかわれているようだった……いかにもネコのやりそうなことだ。

外見の違いはいったい、どうして生じたのだろう？　答えはエピジェネティクス、つまり遺伝暗号の配列そのものは変えずに遺伝子の活性を変化させる一連の過程にあった。三毛猫はほぼ100％メスなので、2本のX染色体をもつ。レインボーの場合、X染色体の1本にオレンジの毛色をつくる遺伝子が、もう1本の同じ遺伝子座には被毛を黒くする別バージョンの遺伝子が乗っていた。実は、メス猫の細胞では、X染色体のどちらか一方の発現がランダムに抑制される。これはメス猫の、というより2本のX染色体をもつ哺乳類のメスすべてに共通の進化的戦略で、X染色体上の遺伝子の産物が2倍つくられることで生じるかもしれない悪影響を回避する役割を果たしている。レインボーの場合はオレンジ色の遺伝子が選ばれたが、CCでは同じ遺伝子が抑えこまれた。こうして2匹のネコは、同じ2本のX染色体をもちながら、違った配色の被毛をまとう結果になった。

ダイアン・フォン・ファステンバーグの愛犬を見てみよう。クローンのジャック・ラッセル・テリア、エビータとディーナも、そっくりとはいえない。模様はそれぞれに異なっていて、だから彼女たちからインスパイアされた二着のドレスもあれほど違っていたのだろう。アドルフォ・カンビアソはいまや、チャンピオン馬クアルテテラのクローンを14頭以上も所有している。これらの馬たちも、ぱっと見たところ似ているが、よくよく見てみれば、顔の白い模様の形や位置はさまざまだとわかる。片足だけ靴下をはいたように白色の個体もいれば、一様に茶色い足をした個体もいる。ここでも、クローンの核ＤＮＡはオリジナルの個体と同じだが、遺伝子の発現パターンが違うのだ。代理母の子宮のなかで成長する胎児が経験した、ささいな環境の違いが、重要な遺伝子の活性を変化させ、色素細胞の発達パターンが変わったのだ。わたしがヒッグスのクローンをつくったとしても、彼の遺伝的な分身に現れる黒と白の模様は、ヒッグスほどおしゃれにはならないだろう。

もちろん、性格も同じにはならない。性格や行動に遺伝的要素はあるものの、環境要因の影響が大きいからだ。どんなふうに育ち、どんな経験をしてきたかが、動物の性格を形づくる。場合によっては、環境が厳しく統制されていて、クローン動物の性格や行動がオリジナルに近いものになる可能性もある。韓国の警察は、クローン犬を訓練する際、同一の食事、物理的環境、訓練プログラムを与え、環境変数の影響を最小化する。同様に、カンビアソはクローン馬をオリジナルと同じように育てるため、細心の注意を払っている。同じ訓練士が同じ服装で仕事にあたり、たとえば、もとの個体があるイヌと仲良しなら、同じイヌをクローンとも触れ合わせる。

たいていの人には、これほどの手間をかける時間もなければ意思もない。そのため、クローン動物のほとんどがオリジナルとまったく同じ行動をとるようにはならない。ある動物のクローンをつくることはできても、その性格までコピーすることはできないのだ。わたしたちはみな、単なるＤＮＡの総和をはるかに超えた存在だ。だからこそ、天然のヒトのクローン、つまり一卵性双生児は、それぞれに独特で唯一無二の個性を備えた、別べつの人物に成長するのだ。ボヤライフ社が遺伝的に同一のウシでいっぱいの農場をつくったとしても、そこにはふつうのウシの群れとまったく同じように、社会的順位が形成されるだろう。一部の個体は偉そうにふるまい、一部は従順になるはずだ。さまざまな行動パターンが現れ、臆病でシャイなウシもいれば、好奇心と探究心にあふれたウシもいるだろう。どの個体を見ても、その性格はユニークで、誰にも似ていない。

ここにあげたような数かずの理由から、わたしは飼いイヌのクローンをつくりたいとはまったく思わない。ヒッグスのようなイヌはどこにもいない。その事実を噛みしめて、一緒に過ごせるいまこの時間を大切にし、時間の許すかぎり散歩に連れていこうと思う。

悲しきセリア

この章を終える前に、どうしても紹介したいクローンの用途があとひとつだけある。いくつもの研究グループが、クローン技術によって絶滅種を復活させようとしているのだ。彼らが「脱絶滅（de-extinction）」とよぶこのテーマについては、すでに前著[*6]まる1冊をかけて取り上げたので、手短に触れるにとどめる。もし、ある生物種が絶滅したのがそれほど昔ではなく、細胞の一部がまだ残っていて、しかも進化的に近い親戚にあたる現生種がいるなら、理論上、その種を脱絶滅させることが可能かもしれない。

２００３年、スペインの研究チームが「絶滅は永遠である」という定説を覆し、絶滅した野生ヤギの一亜種ブカルド（ピレネーアイベックス）を一時的に復活させた。最後の生存個体だった高齢のメス、セリアから採取した細胞は、生きているうちに凍結保存されていた。数百個の胚を約50頭の代理母ヤギに移植したが、妊娠したのは7頭だけだった。このなかからたった1頭だけ、クローン化されたブカルドが誕生したが、健康そうに見えたにもかかわらず、生後ほんの数分で呼吸器疾患により死亡した。ブカルドは史上はじめて脱絶滅された動物だが、それだけではない。知られているかぎり唯一の、二度絶滅した動物でもあるのだ。

この失敗にもめげず、二つの研究グループがクローン技術を駆使して、氷河期を象徴する動物であるケナガマンモスの脱絶滅に取り組んでいる。さらに、オーストラリアの研究チームは、同じ方法を用いて、奇妙な両生類イノクロコモリガエルの復活をめざしている。この小さなカエルはその名のとおり、子を胃のなかに隠して育てる。メスは有精卵を飲み込み、孵化したオタマジャクシは胃のなかで成長して、小さなカエルの姿に変態してから吐きだされるのだ。

クローン技術の代わりに、CRISPRが使われるケースもある。マンモス復活をめざす第3のグループは、CRISPR遺伝子編集によってマンモスの遺伝子をゾウの細胞に組み込み、太古の巨獣に似た生きものを再現しようとしている。彼らの目的は、長く保温性の高い被毛と分厚い皮下脂肪を備えた、寒冷気候に適応したゾウをつくることだ。低温下でも機能するマンモスのヘモグロビンと、熱のロスを抑え凍傷を防ぐ小さな耳も必要だろう。同じように、CRISPRを使ったリョコウバト復活の試みもある。バラ色の胸をもち、弾丸のように高速で飛ぶハトで、かつては北アメリカで最も数の多い鳥だった。オーストラリアのモナシュ大学のベン・ノヴァクは、リョコウバトの遺伝子を現生の最近縁種オビオバトに導入し、細胞生物学の妙技によってリョコウバトを蘇らせようと考えている。

基礎的な部分でまだまだ研究が必要ではあるものの、成功すれば、まちがいなく前人未到の偉業だ。けれどもそれは、メディアが騒ぎたてるような「進化のUターン」ではなく、もっと繊細で手の込んだ何かだ。研究者たちは、絶滅動物を文字どおり生き返らせるわけではないし、死んだ個体の正確なコピーをつくりだすわけでもない。生きている動物のゲノムに微細な変更を施して、絶滅した近縁種の姿に近づけるという発想だ。こうして生まれた動物は、オリジナルの絶滅種に似てはいるが、同一ではない。ノヴァクがつくる鳥はリョコウバトそのものではなく、可能なかぎり正確に複製された、現代版交雑種になるだろう。同じように、マンモスの遺伝子をアジアゾウの細胞に組み込む試みが実を結んだとしても、生まれてくる子はケナガマンモスではなく、マンモスの遺伝子を導入された形質転換ゾウだ。いくら見た目がマンモスそっくりで、雪をものともしないとしても、このゾウは最終氷期に地上を闊歩していた毛むくじゃらの巨獣と同一ではない。脱絶滅は、過ぎ去った過去を蘇らせる技術ではない。むしろ、進化の物語をまったく新しい段階へと導くものなのだ。

オリジナルと同じでないのなら、脱絶滅させることに何の意味があるのだろう？　そう思うかもしれないが、脱絶滅に注目すべき理由はたくさんある、とわたしは考える。自然環境を崩壊させつつあるわたしたちは、自らが引き起こした損害を補償する倫理的義務を負っているのではないだろうか。脱絶滅は、この目標を達成するのに役立つはずだ。

脱絶滅の技術が進歩すれば、細胞生物学や胚発生、健康と病気、生態学といった分野に、画期的な発見がもたらされるだろう。たとえば、イブクロコモリガエルは自分の子どもたちを消化しないように、胃酸の分泌を止めていたはずだ。そのしくみが解明されれば、胃潰瘍の治療に新たな道が拓けるかもしれない。脱絶滅の探求の過程でどんな発見があるか、正確に予想するのは不可能だ。それでも、得られる知見は無駄にはならない。関連分野に波及して、多方面に新たな洞察をもたらすだろう。

脱絶滅を推進する根拠として、最も説得力があるのは、この技術が世界の生態系にプラスの効果をもたらしうるというものだろう。リョコウバトはユニークな動物だった。遺伝子や形態だけでなく、行動や生態に関してもそうだ。彼らは生まれながらの放浪者で、北アメリカ東部の落葉樹林を飛びまわり、ドングリやブナの実を見つけては貪った。ありえないほど巨大な群れがねぐらに集合すると、枝は折れ、樹は倒れ、開けた林床は分厚いグアノ（糞の堆積物）で覆われた。悪夢のような光景だったが、そんな荒れ果てた場所には、やがて生命が芽吹いた。グアノという栄養を与えられた土から、草花が育ち、それを目当てに昆虫や爬虫類が集まり、やがては鳥や小型哺乳類、草食獣や肉食獣も棲みついた。密生し閉じた林冠が途切れると、日差しの降り注ぐ苗床ができた。リョコウバトは北アメリカの落葉樹林の世代交代を促進していた。現生種の鳥にこの大役が務まる種はいない。もしリョコウバトを、もしくはそのアップデート版を復活させることができれば、健全な本来の生態系を取り戻す強力な味方になるかもしれない。同様に、荒涼としたシベリアにマンモスが導入されれば、彼らはその地の生物多様性をより豊かにする可能性がある（第11章参照）。

脱絶滅は不自然だと考える人もいる。こうした取組みを進める研究者たちは「神の領分を侵している」と非難されがちだ。だが、森林破壊や過剰狩猟、汚染や地球温暖化を進めてきたわたしたちは、すでに神の領分を侵してはいないだろうか？　こうした行為もまた不自然では？　角のあるウマ（つまりユニコーン）や、翼のあるトカゲ（ドラゴンともいう）をつくるのにCRISPRを使うなら、確かに不自然だし、非倫理的だ。けれども、こんな突飛で無節操な妄想を本気で実現させようとしている研究者はいない。脱絶滅の目的は、異様な姿の怪物や神話のなかの幻獣をつくりだすことではなく、健康で遺伝的問題のない動物の個体群を創出し、自然環境のなかで生活させて、生態系への有益な効果を発揮させることなのだ。脱絶滅に将来、世界をよりよくする手段として、具体的には病んだ生態系に活力を取り戻す手法として活用できる見込みがあるのなら、検討の余地は十分にあるはずだ。

ドリーの遺産

ちょっと振り返ってみよう。ヒツジのドリーが誕生してから20年以上が過ぎ、その間にさまざまな種のクローン動物がつくられた。生殖型クローン作成とよばれる、動物個体の遺伝的コピーをつくる手法により、選りすぐりの個体の独自のゲノムが保存され、もとの個体を繁殖という重労働から解放した。クローン作成により、ブランド肉牛や、探知犬などの使役動物、ポロ用馬をはじめとする競技動物が誕生した。民間企業を信用するなら、クローン技術は愛するペットを失った悲しみを和らげる助けにも、絶滅種を復活させる希望にもなる。

クローン作成は日常茶飯事だとか、クローン動物はそこらじゅうにあふれているといいたいわけではない。動物の育種全体に視野を広げてみると、クローン技術は潤沢な資金に恵まれた一部の人しか手をだせない、ニッチな手法だ。クローン動物は確かに存在するが、依然としてほんのひと握りの少数派でしかなく、その最も重要な遺産は、いまのところ前述のどの分野にもみいだせない。

ある人が重い不治の病、たとえばアルツハイマー病や慢性心不全を発症したとしよう。さらに、研究者がその患者の皮膚細胞を採取し、ＤＮＡを抽出してクローンを作成したとする。クローン胚がまだ微小な不定形の塊でしかない段階で、細胞を一つひとつ採取して培養した。ペトリ皿に適切な成分構成の栄養素を加えると、幹細胞とよばれるこれらを、脳細胞や心筋細胞といった機能に特化した細胞に分化させることができる。こうしてできた各組織の細胞は、患者に完璧に一致するため、組織の修復に利用可能だ。

わたしが幹細胞研究にかかわっていた90年代、研究者たちはこうした「医療用クローン技術」が不治の病の新たな治療法開発につながると期待していた。しかし、このアイデアに反対する人びとは、手法のなかでヒト胚を破壊しなければならない点を批判した。２００６年、京都大学の山中伸弥が、幹細胞を作成する新たな方法を編みだした。おとなのマウスから皮膚細胞を採取し、そこにいくつかの遺伝子を導入して、本来のＤＮＡを再プログラムすることで、幹細胞に似た状態へと若返らせたのだ。完成した細胞は人工多能性幹細胞（ｉＰＳ細胞）と命名された。この細胞は、ニューロンや心臓細胞など、ほかのタイプの細胞に分化させることができ、しかもその過程で胚を傷つけない。こうして研究者たちは、初めて医療目的の代替細胞を倫理的な方法でつくりだせるようになった。

この発見により山中はノーベル賞を受賞し、いまやｉＰＳ由来細胞のヒトを対象とした臨床試験の開始が目前に迫っている。２０１７年、日本の研究チームは、ｉＰＳ細胞を使ってパーキンソン病モデルのサルの症状を緩和させることに成功した。

これこそドリーの遺産だ。彼女が扉を開けた先の新世界では、クローン動物や幹細胞がヒトの病気の理解を促し、重篤な疾患に対して新しい治療法をもたらす。一方、ドリー自身はスコットランド国立博物館で剥製となって展示され、その姿におとなも子どもも揃って感銘を受けている。ドリーはいまでもスーパースターだ。遠足の小学生たちに話しかけてみると、誰もが彼女の名前を知っていた。彼女が特別である理由も。ドリーはみんなを笑顔にする。彼女にはどこか、穏やかで親しみやすく、触れたくなるような魅力がある。文字どおりの意味でもそうだ。来館者が毛をなでたり抜いたりしてしまうため、最近になって博物館は、彼女をガラスケースに入れて展示するようになった。ふかふかのウールに包まれて、ヒツジのドリーよ、安らかに眠れ。

〔脚注〕

＊1　ポロは、1試合が数時間も続く。試合時間はチャッカーとよばれる複数のピリオドに分かれている。

＊2　バレルレーシングはロデオ競技の一種で、馬と騎手はクローバーの葉のように配置された三つの樽の周囲を回ってタイムを競う。

＊3　ウォームブラッドは中型のウマの品種で、馬術競技によく使われる。

＊4　ウィーンのスペイン乗馬学校での演技で知られるリピッツァナーの血統登録機関は、特別な付帯条件を課しつつ、クローンの登録を認めている。

＊5　クローン猫の場合、費用は半額になる。ネコの価値はイヌの半分だといっているわけではなく、イヌの繁殖周期がネコよりもわかりにくいためだ。イヌにかかる追加費用は、クローン技術手法改善のための研究資金に使われる。

＊6　"Bring Back the King: The New Science of De-extinction," Bloomsbury Sigma (2016).

第5章　不妊のハエと自殺するフクロギツネ

Chapter Five

1950年代後半、少数の単発航空機がアメリカ南東部の空へと飛び立った。飛行機はフロリダ、ジョージア、アラバマの牧畜地帯を低空飛行し、目的地に到達するたび、積荷を投下した。遺伝子改変を施された数百万匹の昆虫が、数千頭のウシが草を食む牧草地に解き放たれた。蛹の段階で散布されたこの昆虫は、数日後に羽化し、もとからいたハエと交尾しはじめた。世界最大級の成功を収めた害虫駆除キャンペーンは、こうしてはじまった。

作戦の標的はラセンウジバエだった。生きた恒温動物の肉を貪るグロテスクな生きもので、ウシは格好の獲物だ[*1]。ラセンウジバエの成虫は、傷口に引き寄せられる。角切り、耳標装着、去勢で生じた傷はどれもおあつらえ向きだし、自然に生じたすり傷や、新生児の無防備なへそも狙われる。メスの成虫は露出した傷口に数百個の卵を産みつけ、やがて孵化したウジは肉に潜り込み、周辺組織を食い荒らす。幼虫の体には畝があり、小さなねじのようだ。やがて肉が溶解し、傷口を治療しなければ、宿主は数週間で死に至る。

20世紀初頭、ラセンウジバエは畜産業界で猛威を振るい、年間1億ドル以上の損失をもたらしていた。この問題を解決すべく、エドワード・F・ニップリングという科学者が、革新的なアイデアを提唱した。ハエを不妊化するのだ。ニップリングはこう考えた。不妊化したオスのラセンウジバエを実験室で大量生産し、それを野外に放てば、オスたちは通常の繁殖能力をもつメスを探しだして交尾するだろう。実験室由来のオスの精子で受精された卵は孵化しないから、十分な数のオスさえ用意できれば、個体群の崩壊を引き起こせるはずだ。

同世代の研究者たちは彼の無謀な計画に尻込みしたが、ニップリングの意思は揺るがなかった。テキサスの農場育ちの彼は、ラセンウジバエがもたらす大惨事を目の当たりにしてきた。同僚のレイモンド・ブッシュランドとの共同研究により、彼は巨大なゴミ箱に温かいひき肉を詰めて数百万匹のラセンウジバエを飼育する方法を編みだし、さらに放射線照射による不妊化の技術も確立した。オスのラセンウジバエの蛹を金属管に詰め、コバルト60に曝露させる、原子力ガーデニング（第3章参照）の昆虫版だ。コバルトの放射性同位体から発せられるガンマ線が、精子細胞のＤＮＡに変異を誘発するため、のちに羽化したハエは空砲しか撃てなくなる。

島での実験で不妊オスによるラセンウジバエ根絶に成功したあと、彼らは放射線照射した蛹をアメリカ本土に散布しはじめた。最初の昆虫散布は1958年に実施され、そのあとも定期的に新たな蛹の投下が続けられた。プロジェクトの全盛期には、フロリダ州セブリングにある養殖場で、週に5000万匹のラセンウジバエが生みだされた。計画は信じられないほどうまくいった。1959年の初めには、アメリカ南東部からラセンウジバエが姿を消した。その後、アメリカ政府はテキサスと南西部でも不妊オスの散布を開始し、1966年までにアメリカ全土がラセンウジバエ清浄国となった。驚異的な成果だったが、これで終わりではなかった。

メキシコや中央アメリカから飛来するラセンウジバエがアメリカに再定着する事態を懸念して、政府当局はこれらの地域でも不妊バエの空中散布を実施した。数十年にわたる取組みの結果、少しずつラセンウジバエは撤退していった。１９９７年には、テキサスからパナマまでの広大な地域でラセンウジバエが根絶された。

放射線照射したハエの蛹を農場のすみずみまで散布するという、まるでＳＦのようなこの作戦は、いまなお継続中だ。南アメリカにはまだまだラセンウジバエが蔓延していて、それらが北進し、中央アメリカとメキシコを超えてアメリカに再上陸する可能性は否定できない。そのため、アメリカとパナマの政府が主導するプログラムを通じて、現在も定期的にパナマ東部とコロンビアの一部で蛹の散布がおこなわれている。パナマにある専用の養殖施設では、およそ４００人の職員が昆虫の大量生産をおこなっていて、いまのところ成果は上々だ。不妊バエは、アメリカへの再上陸を阻む防壁なのだ。

「プログラムは規格外の成功を収めてきました」と、イギリスのパーブライト研究所で有害生物抑制について研究するルーク・アルフィーはいう。害虫だけでなく、しばしば無関係な生物まで死滅させる殺虫剤と違って、不妊昆虫は正確に標的の種だけを消す。ラセンウジバエのオスの成虫は、ラセンウジバエのメスとしか交尾しないので、それ以外の種にはまったくの無害だ。しかも、殺虫剤は噴霧した場所に残留するが、不妊昆虫は分散し、能動的に獲物を探す。「大陸規模で害虫を根絶しただけでなく、根絶状態の維持にも成功しています」と、ルークは続ける。国連はこの作戦を、動物の健康増進における20世紀最大級の成果のひとつだとしている。

パラサイト・プラネット

わたしちは生物を家畜化し、選択交配し、遺伝子を組み換え、クローン化することで進化に影響を及ぼしてきた。

しかし、これら以上に進化の行く末を大きく左右するのが、生物の大量殺戮だ。地球には数え切れないほどの寄生生物がいる。ほとんどの系統は中生代よりも昔、2億5000万年以上前に出現し、そこから多様化と特殊化をとげて、ありとあらゆる生物を餌食にするようになった。わたしたちの祖先がアフリカに出現した頃、そこには噛んだり刺したりする厄介者が溢れていた。ヒトが有害生物を多少なりとも抑制できるようになったのは、歴史的に見ればつい最近だ。近年までは化学的駆除剤[*2]が主力兵器だったが、いまでは研究者たちは、遺伝学の力を借りた高度な手法を開発している。新たな手法は、有害生物の局所個体群を全滅させるどころか、種そのものを地球上から一掃する力をわたしたちに授けた。これは進化の戦争だ。地球全体に及ぶヒトの支配が未曾有のレベルに到達したいま、こうした手法をいつ、どのように使うか、あるいはそもそも使うべきか否かについて、社会は判断を迫られている。

このような流れのなかで、アメリカ農務省が実施した、ラセンウジバエ根絶プログラムはひとつの転機だった。個体のゲノムを書き換えるどころか、このプロジェクトでは何万という動物個体のゲノムをいっぺんに改変した。これがアメリカ南部と中央アメリカで大成功を収め、数千年にわたって家畜を蝕んできた寄生生物を壊滅させた。以来、この戦術は世界のほかの地域でも、別種の寄生生物との闘いのなかで展開された。不妊昆虫散布によって、ザンジバルでは家畜の慢性疾患であるナガナ病を媒介するツェツェバエが根絶され、アメリカ南西部ではワタを食害するワタアカミムシガが姿を消した。

これらの昆虫のDNAは、CRISPRなどの最新の分子的手法で正確に編集されていたわけではないが、ゲノムが改変されていたのは事実だ。放射線は生物のDNAにランダムに変異を誘発するため、散弾銃のように大雑把だが、効果はある。ただし、適切な用量の把握が難しいのが欠点だ。少なすぎると放射線の効果は認識できなくなるが、多すぎると昆虫はさまざまな面に異常をきたす。不妊になるだけでなく、飛翔、採食、交尾にも支障がでるかもしれない。しかも、ある種にとっての適量が、ほかの種にも有効とはかぎらない。「もっとうまくやれるはずだと思いました」と、ルーク・アルフィーはいう。

いまから25年前、ルークは昔ながらの手法に新たなアレンジを加えた。昆虫を不妊化するのに、放射線ではなく遺伝学を用いたのだ。彼の標的はラセンウジバエではなく、蚊だった。

蚊は世界で最も危険な動物だ。小さな吸血鬼の体内は、ウイルスやその他の寄生虫のすみかになっていて、メスの蚊[*3]が口器を刺すことでヒトやほかの動物に伝播する。蚊は世界の感染症の17%を媒介し、そのなかにはマラリア、ジカ熱、黄熱病、ウエストナイル熱、デング熱、チクングニア熱などが含まれる。蚊が媒介する感染症による死者は毎年70万人を超えていて、これはリーズやデンバーの住民全員が消えているのに等しい。

ルークが考えたのは、蚊が繁殖可能になる前に幼虫段階で早死にするような遺伝子を導入する方法だ。ただし、有害生物抑制には、大量の昆虫個体が何世代分も必要になるので、飼育・養殖する施設が必要だ。つまり、早死にする遺伝子の発現をときどきはオフにして、繁殖させ子孫をつくらなくてはならない。そこで、ルークは化学的スイッチを考案した。蚊が研究所で飼育されている間は、餌にこの物質を混ぜて致死遺伝子を抑制しておく。野外に放ったあとは、もうこの物質が得られないので、導入した遺伝子が真価を発揮する。

ショウジョウバエで手法の有効性を証明した彼は、いよいよネッタイシマカ（*Aedes aegypti*）に致死遺伝子を導入した。この種はひときわタチの悪い蚊で、デング熱、黄熱病、ジカ熱など複数の伝染病を媒介する。遺伝子組換え技術の特許は、イギリスのバイオテクノロジー企業オキシテックが保有しており、ルークは同社の共同創業者のひとりだ。彼らはのちに開発された、遺伝子組換えによって不妊化した蚊を「フレンドリー・モスキート」と名づけ、野外に放った。

遺伝子組換え技術で誕生したアクアドバンテージ・サーモン（第3章参照）の将来を巡って、規制当局が熟考を重ねたとき、懸念されたのは魚が逃げだして野生個体と交配することだった。導入された遺伝子が、野生個体群の遺伝子プールを汚染するかもしれない。こうした事態を心配するのは、サケの場合には妥当だったが、オキシテックの蚊では話が違う。これらは最初から野生個体群と交配することを想定してつくられているが、不妊であるため、遺伝子の伝播は1世代で終わる。野外に放たれた不妊の蚊は数日で死亡し、その子たちも成熟し次世代に遺伝子を受け渡す前に死に絶える。典型的な遺伝子組換え技術なのだが、わざと短命に終わるように仕向けられているのだ。さらに安全のため、オキシテックは導入遺伝子に蛍光マーカーを組み込んで野外繁殖の結果を追跡可能にし、また不妊オスだけが生まれるようにした。血を吸うメスが増えて野放しになることは、遺伝子組換えだろうがそうでなかろうが、誰も望まないからだ。

現地政府の協力のもと、オキシテックは複数の野外実験をケイマン諸島、パナマ、マレーシア、ブラジルで実施し、有望な結果を得た。2016年にブラジルのピラシカバ近郊で遺伝子組換え蚊を導入した結果、ネッタイシマカの野生個体群は80％以上減少した。殺虫剤散布などの従来の手法と比べて格段の進歩であり、個体数は1年後も低水準を保った［章末の訳注参照］。現在、オキシテックは有望な野外実証実験と、大規模実用化の認可の間に広がる、あいまいな辺境の地に置かれている。ブラジルでは、国立のバイオセーフティー監督機構であるCTNBio［訳注：国家バイオ安全技術委員会などと訳される。科学技術イノベーション通信省の下部組織］が「フレンドリー・モスキート」の商業規模の放虫の安全性を認めたものの、実験を規制、監督するAnvisa［訳注：国家衛生監督庁。医薬品の規制と認可、食品産業の衛生基準策定や規制をおこない、アメリカの食品医薬品局（ＦＤＡ）にあたる］は、この技術に蚊の局所個体群を消滅させる以上の効果があることを証明するようオキシテックに要請している。蚊がすっかりいなくなるのはわかったけれど、その結果として感染症の症例も同じように減少している証拠を見せなさい、というわけだ。

オキシテックの蚊は、現代遺伝学のひねりを加えてはいるものの、根本の部分は有効性がすでに実証されたやり方、つまりニップリングのハエ不妊化と同じだ。飛行機から投げ落とす代わりに、フレンドリー・モスキートはふう道路脇で容器から放出される。不妊化には放射線ではなく、遺伝学の手法を用いるが、目指す結果は同じだ。大量の不妊昆虫は野生個体群に紛れ込み、集団を崩壊させて、自らも死に絶える。だが、ひとつだけ問題がある。不妊個体をどれだけ放ったとしても、野生個体群の最後の1匹まで残らず発見させ、交尾させるのは、一度の放虫では不可能だ。そのため、不妊個体の大量生産と放出を定期的に実施しなくてはならず、コストがかかる。アメリカとパナマの政府は、南アメリカからのラセンウジバエ再進出を防ぐため、不妊個体の生産と散布に年間1500万ドルを費やしている。また、この方法はすべての感染症に有効なわけではない。デング熱はおもに都市部の病気なので、比較的狭い都市の一部または全体に不妊の蚊をあふれ返らせるアイデアは現実的だ。一方、マラリアは農村部の病気であり、別種の蚊であるハマダラカ（*Anopheles*）が媒介する。この種はサハラ以南のアフリカに広く分布しているため、不妊昆虫を大量に放つ方法は実現不可能だ。そのため、研究者たちは、別の方法で世界のハマダラカの数を抑制する取組みを進めている。

シリアルキラー

マラリアはシリアルキラーだ。毎年数十万人の人びとが、ハマダラカが媒介するマラリア原虫に感染し死亡する。犠牲者のほとんどはアフリカに住んでいる5歳未満の子どもだ。数千万人の患者は生還するものの、激しい痛みによって衰弱し、ほかの病気にかかりやすくなってしまう。世界人口の約半分はマラリアのリスクのある地域に居住していて、現在、どのタイミングにおいても、地球上の人類のおよそ3%がマラリアに感染している。殺虫剤、虫除け、蚊帳、薬剤を総動員した感染抑制の取組みが全世界で展開されているものの、マラリアは依然として世界で最も深刻な公衆衛生上の脅威のひとつだ。アフリカでは、1分に1人の割合で子どもがマラリアで死亡している。

およそ50年前、研究者たちは自然界に存在する遺伝学的現象を応用して、マラリアやその他の蚊が媒介する感染症を撲滅できないかと考えはじめた。有性生殖する種の場合、ほとんどの遺伝子は50%の確率で子に受け継がれる。子の遺伝子は、母親由来か父親由来のどちらかだからだ。これが古典的なメンデル遺伝のパターンで、その名はもちろん、19世紀にエンドウマメをひたすら交配した修道士、グレゴール・メンデルにちなんでいる。しかし、なかには「利己的遺伝子」も存在し、これらは遺伝様式を歪めることで、50%を超える（時には１００%の）確率で次世代に継承される。これにより、利己的遺伝子は個体群のなかできわめて急速に広まる。利己的遺伝子やその残滓は、有性生殖するさまざまな生物種で見つかっている。そこから研究者たちは、これらを使ってもっと有益な変異を蚊の集団中に広めるアイデアはないかと検討しはじめた。

たとえば、蚊を、マラリアの病原体である寄生生物プラスモディウムに感染しないようにつくり変え、その変異を野生集団に拡散したらどうだろう。あるいは、遺伝子を操作して不妊にしたり、卵からオスしか孵らないようにしたり、羽化した成虫がみな翅なしになるようにしたら？　こうした変化を野生個体群に浸透させることができれば、やがて蚊は死滅するはずだ。

このようなアイデアは「遺伝子ドライブ」とよばれるようになった。遺伝子ドライブとは、動植物の集団に望ましい形質を拡散させるのに利用できる、利己的なＤＮＡ配列のことだ。研究者たちは１９６０年代からそれらがもつ可能性を認識していたが、作成方法がわからなかった。「生焼けのアイデアでした」と、インペリアル・カレッジ・ロンドンの進化遺伝学者、オースティン・バートはいう。実現に必要な分子レベルの技術が追いついていなかったのだ。２００３年、オースティンは、自然界に存在する利己的遺伝子のひとつであるホーミングエンドヌクレアーゼ遺伝子を使えば、人為的に遺伝子ドライブを作成できる可能性があると提唱した。ホーミングエンドヌクレアーゼはＤＮＡを切断する酵素であり、理論上、塩基配列に必要な遺伝的変異を挿入して、遺伝子ドライブを作用させるのに利用できる。ただし、この方法には細心の注意が必要で、困難をともなった。ＤＮＡ切断酵素が新たに発見された結果、技術は進歩しはじめた。そこへCRISPRが到来し、すべてが一変した。

CRISPRは、ガイド役となる分子（たとえばCas9酵素）と組み合わせることで、生物のＤＮＡに変異を正確に導入するツールになる。多用途で、使いやすく、研究者が扱ったありとあらゆる生物種で効果が実証された。CRISPRの発見から2年後の２０１４年、進化生物学者で現在、ＭＩＴメディアラボに所属するケビン・エスベルトらのチームは、研究者たちが数十年にわたって夢想してきた遺伝子ドライブを、現実につくりだす方法を論文のなかで詳述した。その方法とは、CRISPRを使って標的の遺伝子を編集し、その部分にさらに編集を実行させる指示を貼りつけて、ＤＮＡが受け継がれる（つまり繁殖する）たびに手順が繰り返されるようにするものだった。

加えてケビンは、この技術によって実現するかもしれない、壮大な結果を思い描いた。遺伝子ドライブは、ゲノム編集を研究室から連れだし、野生に解き放つ技術だ。遺伝子ドライブを導入された生物が野外に放たれると、通常の野生個体と交配し、結果として生まれたすべての子が人為的に導入された変異を継承する。人為的変異は、子から孫へ、孫からひ孫へと次つぎに渡っていく。これを蚊に適用すれば、マラリア、デング熱、黄熱病といった感染症を抑制し、あるいは根絶さえできるかもしれない。ほかの昆虫に適用すれば、ライム病やトリパノソーマ症（アフリカ睡眠病）などの病気も世界から消えるかもしれない。農業分野では、害虫や雑草における殺虫剤や除草剤への耐性進化を逆転させ、さらに全世界でおこなわれる侵略的外来種の管理にも役立つはずだ。1年後、ケビンらはモデル生物の酵母を使って、CRISPRベースの合成遺伝子ドライブを完成させ、こうしたアイデアが絵空事でないことを示した。

一方、すでに蚊で遺伝子ドライブの作成に取り組んでいたマラリア治療の分野の研究者たちも、CRISPRの可能性に気づいた。オースティン・バートと同僚のアンドレア・クリサンティは、マラリア制圧に取り組む非営利研究コンソーシアム「ターゲット・マラリア」の一環として研究を進めている。遺伝子ドライブにはいくつか種類があるが、オースティンとアンドレアが開発しているものは抑制ドライブとよばれる。目的は、マラリアを媒介する蚊の個体数を大幅に減らし、抑制することだ。開発段階にある遺伝子ドライブのひとつは、蚊の性比を偏らせ、子孫がすべてオスになるよう仕向ける。ほかにも、蚊が雌雄どちらに発達するかを決定するダブルセックス（*doublesex*）遺伝子を標的にしたものもある。研究グループは、ダブルセックス遺伝子のなかのメスの発達に不可欠な部分を改変し、二つのコピーを受け継いだメスが不妊になるように仕組んだ。改変された遺伝子を保有していても、オスまたは一つのコピーしかもたないメスであれば通常どおり繁殖できるため、不妊遺伝子は世代を超えて拡散する。その結果、世代を重ねるたびに繁殖可能なメスは少なくなり、産卵数が減少し、やがて個体群が縮小しはじめる。通常の蚊４５０匹を入れたケージに、１５０匹の遺伝子編集済み個体を放った実験では、7〜11世代で集団が完全に崩壊した。

わくわくするような展開だ。史上初めて、研究者たちはひとつの複雑な生物種の繁殖能力を完全に奪う、ハイテクな分子的手法を獲得したのだ。ただし、重要な補足をひとつ。オースティンたちは、すべての蚊を駆逐しようとしているわけではない。世界には約３５００種の蚊がいるが、マラリアを媒介するのは近縁の40種からなるグループだけで、いずれもハマダラカ属（*Anopheles*）に分類される。ターゲット・マラリアは、このうちの３種、ガンビエハマダラカ（*Anopheles gambiae*）、コルッツィハマダラカ（*A. coluzzii*）、アラビエンシスハマダラカ（*A. arabiensis*）に照準を絞っている。３種はすべて近縁で、アフリカにおけるマラリア媒介の大部分を占めるからだ。同様に、アメリカではもうひとつの近縁種ステフェンスハマダラカ（*Anopheles stephensi*）を標的としたプロジェクトが進行中で、この種はインド、中東、南アジアでマラリアを媒介する。

より一層の基礎研究が必要ではあるが、最終的にはサハラ以南のアフリカの数百の集落に、数百匹ずつ蚊を放ち、任務を遂行させることになるだろうと、オースティンはいう。しかし、誰も触れようとしないが、そこにはもっと大きな生態学的課題がある。遺伝子ドライブを使えば、実験室内でガンビエハマダラカの集団を根絶できることはすでにわかっている。遺伝子ドライブは自己増殖性だ。野生に放つことで、爆発的に拡散し、ひとつの種を丸ごと消し去る可能性だってある。

わたし個人の考えだが、ガンビエハマダラカやその親戚のマラリアを媒介する蚊たちがいなくなっても、世界から惜しまれはしないだろう。これらの蚊に独自の生態学機能はなさそうだし、これらを唯一の食料源として利用する捕食者も知られていない。数種の蚊が消え去っても生態系の崩壊は起こらず、一方で多くの人命が救われる。

わたしはオースティンに、マラリアを媒介する蚊のいない世界はそう悪くないのでは、と聞いてみた。「それに関しては何ともいえません」と、彼は答えた。「わたしたちの目標は根絶ではありませんが、大幅な抑制を実現したいと考えています。95〜98％が達成できれば成功です」。彼が思うに、これは現実的な目標だ。アフリカは広大な大陸であり、そこには蚊が無数にいる。「ガンビエハマダラカを完全に駆逐できる可能性は低いでしょう。それでも、現段階では、実現しないという保証もできません」。

これは大きな賭けだ。ヒトは数千年にわたり、たくさんの種を絶滅に追いやってきたが、そのほとんどは過剰利用や環境変動の意図しない結果だった。ごくわずかな特筆すべき例外[*4]を除けば、ヒトが意図して、ある種の生物を最後の1個体まで殺すことはきわめてまれだった。わたしたちは自覚なき殲滅《せんめつ》者であって、計画的な大量殺戮《さつりく》者ではない。だが、相手はあらゆる動物のなかで最も多くの人命を奪ってきた昆虫だ。遺伝子ドライブに一考の価値があるのは間違いない。

自殺するフクロギツネ

オーストラリアのフクロギツネは印象的な動物だ。とがった耳、突きでた眼、太くふさふさした尻尾をもち、ポケモンのピカチュウを思わせる。最初にニュージーランドに導入されたのは１８３７年のことで、入植者たちは毛皮産業を興そうと目論んでいたが、不運なフクロギツネたちは生き延びられなかった。そこでやめておけばよかった。業者はあきらめきれず移入を続け、１８５８年、ついにニュージーランド初のフクロギツネ個体群が南島の最果ての地に設立された。その後、さらに多くの個体がもち込まれた結果、１９３０年にはニュージーランド全土の４５０カ所で生息が確認されるに至った。

フクロギツネはすっかり定着した。ニュージーランドは豊かで多様な自然環境を誇る国だ。この地の動植物相は陸上の哺乳類や有袋類のいない世界で進化したため、やがて鳥の王国が築かれた。だが、鳥たちはフクロギツネにまるで太刀打ちできなかった。彼らは貪欲で、選り好みせず何でも食べる。コカコ（ハシブトホオダレムクドリ）やキーウィの卵やヒナは格好の餌食になった。フクロギツネが果実や花を食べたため、繁殖期にこうした高カロリーな食料に依存する、トゥイ（エリマキミツスイ）やカカといった鳥たちの暮らしも危うくなった。フクロギツネは在来のコウモリも襲い、固有のカタツムリや無脊椎動物も捕食した。１頭が、ひと晩でカタツムリの仲間ヌリツヤマイマイ（*Powelliphanta*）を60匹も食べた例まである。さらに彼らは木々を丸裸にして枯らし、本来の密な森林を開けた灌木地に変えた。

現在、ニュージーランドには気楽な暮らしを満喫するフクロギツネがおよそ３０００万頭いる。総人口の6倍だ。在来種を蹂躙《じゅうりん》し続けるだけでなく、フクロギツネは果樹園、農園、保全林にも被害をもたらし、ウシ結核の宿主となって牧畜産業をも脅かす。要するに、フクロギツネは悪夢の害獣となったのだ。

フクロギツネのような侵略的外来種は、人類による地球支配の特徴のひとつだ。わたしたちが行くところには、必ずほかの種がついてまわる。フクロギツネはニュージーランドに意図的に移入されたが、ブタ、シカ、ヤギ、ヒツジ、ウサギ、オコジョも同じようにやってきて、いまや栄華をきわめている。初期の入植者たちは意図せずドブネズミをもち込んだが、いまもわたしたちは、靴の裏や車の底面に便乗するさまざまな生物を運んでいる。動植物は飛行機に乗り、時速数百キロメートルで移動する。ヒトは生物が大陸間を旅する頻度を格段に増加させ、結果として在来種と非在来種が衝突する例はますます増えている。「地理的に隔てられた分布をもつたくさんの生物種がこれほど急速にかき混ぜられる時代は、ほぼ確実に、地球の歴史上これが初めてです」と、ヨーク大学の生態学者クリス・トマスはいう。

新たな生息環境にほとんど害をなさない外来種も多いが（第7章参照）、一部は大混乱を巻き起こす。近代以降の鳥類、哺乳類、爬虫類の絶滅の約60％は侵略的外来種が原因であり、いまも数百種が危機にさらされている。「ヒトがアフリカを離れて以来、侵略的外来種はおそらく、脊椎動物の絶滅を引き起こしてきた最大の要因です」と、クリスはいう。島じまに棲む種はとりわけ大きな打撃を受けた。周囲を海に囲まれていたため、ニュージーランドの鳥がまさにそうだったように、侵略者に対する防御手段をもち合わせていなかったのだ。実際、外来捕食者のリスクにさらされる種の81％は島じまに分布する種であり、非在来種は島の生物多様性に対する深刻な脅威であると、広く認識されている。

ニュージーランドは、侵略的外来種が原因で50種以上の在来鳥類を失った。非在来種動物は、いまも毎年およそ2500万羽の鳥を殺している。非常事態には過激な手段も必要だ。2016年、当時のジョン・キー首相は壮大な計画を発表した。34年のうちに、侵略性の高い外来の捕食性脊椎動物、つまりフクロギツネやドブネズミやオコジョを、1匹残らず国土から根絶するというのだ。彼はこの計画を「プレデターフリー（捕食者根絶）2050」とよんだ。

無理難題と思うかもしれないし、おそらく実際そうなのだが、考えてみてほしい。世界にはすでに、いわゆる「メガ根絶」プログラムを通じて、侵略的外来種が綺麗さっぱりいなくなった島が1000以上もあるのだ。ニュージーランドはこの分野の第一線で活躍する何人もの専門家を擁し、200以上の島で根絶を成功させた。ニュージーランド人は、ネズミやオコジョを殺すことにかけては超一流なのだ。ニュージーランドは、毎年7000万ニュージーランドドル（約45億円）以上を害獣駆除につぎ込んでいる。駆除作業には高性能な罠、銃、毒などの兵器が投入される。なかでも賛否両論の毒物1080（モノフルオロ酢酸ナトリウム）は、60年以上にわたってニュージーランドで害獣駆除に使用されてきた。ヘリコプターから1080を含む毒餌を散布する方法は、最も安価で効率的な解決策ではあるのだが、環境保護団体にはウケが悪い。「哺乳類だけを殺す」という触れ込みのこの毒物は、確かに膨大な数のウサギ、オコジョ、フクロギツネの駆除に成果を上げたが、絶滅危惧種のケア（ミヤマオウム）などの鳥や、狩猟獣のブタやシカも巻き添えになった。プロジェクトの規模も問題だ。これまで侵略的外来種の一掃に成功した最大の島、南西太平洋のマッコーリー島の広さは128平方キロメートル。ニュージーランドの面積はその2000倍で、森林、都市、民家の庭など多様な環境からなり、捕食者が隠れる場所はいくらでもある。そんなわけで、現状ではニュージーランドに外来種の個体数を抑制することはできても、根絶はとうてい不可能なのだ。

　プレデターフリー2050を実現するには新たな方策が必要だ。そこで研究者たちはいま、次世代の害獣駆除法を検討している。遺伝子ドライブは選択肢のひとつだ。CRISPRを使って繁殖に必須の遺伝子を改変し（ターゲット・マラリアがハマダラカを対象にやっていることと同じだ）、さらに遺伝子ドライブを利用して、改変した遺伝子を強制的にニュージーランド全土のすべてのフクロギツネに広めるのだ。少数の「自殺するフクロギツネ[*5]」の集団を、戦略的に決定した地点に導入すれば、やがて分散し、野生の悪党どもと交配する。まもなく、その地のフクロギツネ個体群は消滅する。

　さまざまな理由から、わたしはこの提案に興味をもった。ニュージーランドの外来種問題は深刻だ。自殺するフクロギツネはひとつの種についての提案だが、同じように自殺するドブネズミ、ハツカネズミ、オコジョ、無脊椎動物も容易に想像できる。毒や罠と比べれば、遺伝子ドライブは人道的だ。遺伝子組換え個体は通常どおりに生き、繁殖だけが阻害される。毒物は使わないし、対象の種だけを標的にできる。1080などの駆除剤と違って、標的ではない生物に巻き添え被害はでない。しかも、コストパフォーマンスがいい。たとえば、自殺するフクロギツネをいったん野生に放てば、あとは自力で仕事をやりとげるはずで、さらに効果は永続的だ。遺伝子ドライブは理論上、最後の1匹のフクロギツネが倒れるまで止まらない。

遺伝子ドライブは、特定の遺伝子変異を個体群全体、あるいは種全体に拡散することのできる技術だ。だからこそ、魅力的であると同時に恐ろしくもある。ガンビエハマダラカの場合は、完全にいなくなったところで悼む人はいそうにないが、自殺するフクロギツネが拡散したらどうなるか。フクロギツネはニュージーランドでは害獣だが、本来の生息地であるオーストラリアでは愛され、保護されている動物だ。もしも、自殺個体がオーストラリアに入り込んでしまったら、野生個体群を完全に消滅させてしまうかもしれない。

遺伝子ドライブはまだ生まれてまもない技術だ。蚊、ショウジョウバエ、酵母で効果が実証されたとはいえ、脊椎動物への応用は困難をともなうだろう。2019年、カリフォルニア大学サンディエゴ校のキンバリー・クーパーは、遺伝子ドライブを組み込んだマウスの作出に成功した。外来種撲滅のためではなく、病気のよりよい研究モデルをつくるためだ。ところが不可解なことに、彼女の方法はメスのマウスにしか通用しなかった。フクロギツネの遺伝子ドライブの作成は、さらに難航するだろう。有袋類の繁殖生理は、有胎盤類であるマウスとは大きく異なる。ゲノムの特徴の解明も進んでおらず、これまでのところ、どんな方法でも遺伝子組換えフクロギツネをつくりだすことに成功した人はいない。というわけで、近い将来に自殺するフクロギツネが披露されることはなさそうだ。

危険なドライブ？

ケビン・エスベルトは、２０１４年にCRISPR遺伝子ドライブの作成を初めて提唱したとき、侵略的外来種の抑制を念頭においていた。３年後、彼は全面的に考えを変えた。*PLOS Biology*に掲載された論文で、ケビンは共著者のニール・ガンメルとともに、遺伝子ドライブによる外来種対策は最悪のアイデアだと考える数かずの理由を列挙した。遺伝子ドライブをもつ個体は死に絶える前にしばらく自然環境にとどまるが、その間に逃げだして大繁殖する恐れがある。「一定期間生存していれば、ほかの島や大陸にヒッチハイクする機会が必ず生じます」と、彼はいう。たとえば、ドブネズミやハツカネズミは屈強な航海者で、船に隠れて密航し、浮遊物に乗って漂流することがよく知られている。彼らはこうした方法ですでに世界中に広まったのだから、もう一度同じことが起こると考えるのが自然だ。密航者が同種を殺す遺伝子ドライブを備えていれば、地球上のすべてのドブネズミに終焉がもたらされるかもしれない。

たとえドブネズミが自力で密航しなくても、ヒトが意図的にもちだす可能性は捨てきれない。なにしろ、すでに前例があるのだ。１９９７年、農家の集団がウサギ出血病の病原体であるカリシウイルスをニュージーランドに違法にもちこむ事件があった。非在来種であるウサギは害獣と認識されていて、農家たちは政府の対策不足に不満を抱いた。そして、自分たちで解決しようとしたのだ。

アメリカでは、ドブネズミが年間推定１９０億ドルの経済的損失をもたらしている。「わたしが家禽のブリーダーなら、もちろん人を雇って遺伝子ドライブを組み込んだネズミを農場に連れて来させることを考えます」と、ケビンはいう。「人が実験場に忍び込んで、遺伝子ドライブを搭載したドブネズミをもちださない確率はゼロです」。

要するに、自己増殖型CRISPR遺伝子ドライブをつくるのは、侵略性の高い新種の生物をつくるのと大差ないのだと、彼はいう。どちらも拡散する可能性が高く、深刻な生態学的被害をもたらす恐れがある。ランプの魔神をいったん外にだしてしまったら、戻すのは相当難しい。

遺伝子ドライブ動物をつくる過程にもリスクは潜んでいる。たとえば、広く研究に利用されるモデル生物のショウジョウバエの場合、研究室から変わり種の個体が逃げだすことは珍しくない。遺伝子ドライブを導入された最初のショウジョウバエは、2015年に誕生した。原理証明のためにおこなわれたこの実験では、黄色の体色として現れる編集済みの遺伝子が、集団内で急速に拡散した。幸い、実験に使われたハエは1匹も研究室から脱走しなかったが、もし脱走していたら、いまごろ世界のショウジョウバエの半数はハチミツ色になっていただろう。やがて、茶色の個体は1匹残らず死に絶えていたはずだ。

こうしたさまざまな理由から、自己増殖型遺伝子ドライブを野外に放つのは、その種をまるごと滅ぼすことを明確な目標として掲げているのでないかぎり、賢明とはいえない。ケビンはそう考えている。「黄色のショウジョウバエの悪夢をよく見るんです」と、彼はわたしにいった。「わたしが薬を開発して、医師が患者にその薬の服用を勧めたとしても、患者は拒否することができます。でも、もし、わたしが開発したのが土地の自然環境の改変を目的とした遺伝子ドライブなら、いくらあなたが反対しても、住民投票で賛成派が上回れば、影響が及ぶのは避けられません。こうした技術の倫理は根本的に異なります。勝手に拡散する能力をもつ生物を解き放つつもりなら、事前にその種が分布するすべての国の許可を得る必要があります」。それがどれだけ難しいかは想像にかたくない。

多くの国と同様に、ニュージーランド国民の間でも遺伝子組換え技術には賛否両論だ。技術的な解決が望めることに期待を抱く人もいれば、自然を「もて遊ぶ」ことに根強い不安を覚える人もいる。ニュージーランドの農家は、遺伝子組換え作物の栽培をおこなっていない。一部の地方自治体は、遺伝子組換え技術の利用を制限する条例の制定に動いている。これにより、全国的な統一方針を採るのは難しくなるだろう。草の根レベルでは、フレンド・オブ・ジ・アースやＥＴＣグループといった環境保護団体が、遺伝子ドライブ生物の放出について、議論が尽くされるまでの暫定禁止を求めるロビー活動をおこなっているが、いまのところ提案は棄却されている。現状、生物多様性保全に関する国際条約である国連生物多様性条約は、遺伝子ドライブ生物の放出を検討する場合、研究者は個別の事例単位でリスク査定をおこない、影響を受ける可能性のある地域コミュニティや先住民集団との協議を実施すべきであると定めている。

明暗を分けるのは、慎重さ、コミュニケーション、透明性だ。遺伝子ドライブがもつ、急速に進化の軌道を逸脱させ、種全体をまったく新しい方向に突き進ませる力は、ほかのどんな技術をも上回る。よく知られているように、自然淘汰は適者生存を促し、生物の生存と繁殖に役立つ遺伝子だけが受け継がれる。だが、遺伝子ドライブはルールに従わない。合成遺伝子ドライブの唯一無二の特徴は、遺伝子が有益であろうが有害であろうが関係なく、集団全体に拡散することだ。気軽に手をだしていい技術ではない。

遺伝子ドライブの応用に際しては、古典的な科学的パラダイムの転換が必要だと、ケビンは考えている。通常、研究者は規制当局から認可を受け、実験を実施して、結果を世界に発信する。だが、遺伝子ドライブは人びとが暮らす環境に影響を与えかねない。そのため、研究者は早い段階、つまり実験や介入がまだ構想でしかない時点から、一般大衆との対話をはじめるべきだと、彼は主張する。「技術開発の初期段階で下す決定が、最終的な応用のあり方に最も大きな影響を与えます」。市民がある技術に強硬に反対しているなら、研究者はその点を考慮して、計画から撤退すべきだ。大筋で合意はできているが、細部に懸念が残っているなら、そうした問題への対処が必要だ。このパラダイムでは、一般大衆が、ケビンのような研究者がおこなう実験に、計画段階から参加する。「あらかじめ何をするつもりなのかを世界に公表して、懸念や批判、どうすればよりよくなるかの提案に耳を傾けるべきです。それをしないで技術の開発をおこなうのは、倫理的ではないと思います」と、彼はいう。

賞賛に値する目標ではあるが、ひとつ問題がある。人びとには情報が必要だ。遺伝子ドライブの放出が自分と自分が気にかけるものにどんな影響を及ぼしうるのか、知っていなくては判断のしようがない。どんな利点があり、どんなリスクを負うのか？　コンピューターシミュレーションでできることはかぎられている。エビデンスにもとづく意思決定をおこなうためには、どこかの段階で実験が不可欠になる。

ピーター・ディアデンが代表を務めるゲノミクス・アオテアロアは、ニュージーランドに拠点をおく共同研究機構で、人びとの健康増進、一次生産の増加、生態系の改善にゲノム学の視点から取り組んでいる。ゲノム学はなんらかの形で、プレデターフリー２０５０に組み込まれるだろう。たとえば、フクロギツネやオコジョのゲノムの分析が、特定の種だけに効く毒物の開発につながるかもしれない。遺伝子ドライブの有用性が証明される可能性もある。「わたしが心配しているのは、人びとがデータ不足を理由に遺伝子組換えや遺伝子ドライブは使わないと判断した場合、科学研究の停滞という悪影響が生じることです。実験の許可が降りず、リスクと利点を具体的に提示できる段階に永遠に到達できないかもしれません」と、ピーターはいう。だが、無限拡散を念頭にデザインされた技術の有効性を、限定的な野外実験で検証することは、そもそも可能なのだろうか？　典型的なキャッチ＝22〔訳注：ある問題の唯一の解決策が、そもそも問題を解決しないかぎり実現不可能であるような、身動きのとれない状況。ジョセフ・ヘラーによる小説のタイトルから〕だ。

解決策はいくつか考えられるが、まずは小規模にはじめるのがいいだろう。害獣駆除のケースでピーターが想定するのは、隔離環境での統制された実験だ。初期段階では研究室で実施し、うまくいけば次に、周囲から隔絶された野外実験場での検証に移る。ニュージーランドには600以上の島があるので、そのなかのひとつを天然の実験室として確保するのは難しくないはずだ。こうした環境なら、想定外の拡散の機会を最小限に抑え、比較的安全に遺伝子ドライブの効果を検証できるだろう。

ターゲット・マラリアも、いずれは遺伝子ドライブを組み込んだ蚊の野外実験をおこなう考えだ。彼らの手法は、実験室の閉鎖環境で個体群を壊滅させることに成功した。野外への放出が次のステップであるのは明らかだ。対等に比べられるような前例はないが、先述のとおり、オキシテックはすでに通常の手法で遺伝子を組み換えた不妊の蚊を、いくつかの国の実験地区に放っている。ターゲット・マラリアもこうした実験を計画中だ。2018年、ブルキナファソ政府は彼らに遺伝子を組み換えた不妊のオスの蚊1万匹を放出する許可を与えた。これらは通常の遺伝子組換え生物で、遺伝子ドライブを組み込まれてはおらず、野生のメスと交尾したあとすぐに死ぬ。ターゲット・マラリアも認めるように、この実験でアフリカ大陸全体の蚊の個体数が大幅に減ったりはしない。目的はむしろ、社会の受容度を確かめ、漸進的に知見を積み重ねることだ。現地の研究者は、自身の手で遺伝子組換え蚊を作出し放虫する経験を得る。うまくいけば、地域コミュニティはこの虫たちが恐れるべきものではないと理解するだろう。ターゲット・マラリアはマリやウガンダの政府ともパートナーシップ協定を結んでいて、同様の実験が想定される。現地コミュニティや規制当局と足並みをそろえ、それぞれの段階で受容と承認の地ならしをしながら進める、着実な手法だ。

万事順調にいけば、どこかの時点で、少数の遺伝子ドライブ蚊を放出する実験に進むだろう。「(遺伝子ドライブは)国境を越えると予想されます」と、ターゲット・マラリアのオースティン・バートはいう。たとえば、ブルキナファソで遺伝子ドライブ個体を放出したら、アフリカ全土に広がる可能性がある。そのため、ターゲット・マラリアは、アフリカのすべての国の規制当局から全面支持が得られて初めてこの段階に進む予定だ。「明日いきなり実施したりはしません。一、二集落で試験的に放出する許可を求める書類を、2024年頃に提出したいと考えています」と、オースティンはいう。

研究者は小規模からはじめて、慎重に進め、透明性を実践して、人びとの意見を聞くべきだ。際限なく広がることへの懸念を考慮して、遺伝子ドライブを制御しやすくする方法の開発もおこなわれている。たとえば、遺伝子ドライブが想定以上に拡散してしまった場合、最初の指示を上書きする第二のドライブを組み込んだ個体を再度、放出することができる。毒に対する解毒剤のようなものだ。ほかにも、おのずと活力を失うようなドライブを設計する方法もある。ケビン・エスベルトが開発する「デイジードライブ」は、デイジー（ヒナギク）でつくった花輪のように個々のパーツが隣接するパーツに依存することからこの名でよばれており、それぞれは決まった期間だけ機能したあと停止するようにつくられている。あるいは、集団内の頻度が閾値を超えたときだけ拡散する「閾値ドライブ」をつくるという方法もある。このタイプの遺伝子ドライブは、もし隣接する個体群に侵入しても、そこでは野生型が圧倒的に多いため、自然と急停止する。

研究者たちがどれだけ苦労して実行に移しても、結局のところ遺伝子ドライブは期待されたほどうまくはいかないかもしれない。チャールズ・ダーウィンはかつて、自然淘汰は「絶え間なく作用しうる力」であり、「人間の取るに足らない努力とは比較にならないほど強力で、それはヒトと自然の作品を見比べれば一目瞭然だ」[*6]と述べた。長期的に見れば、自然淘汰が生物に何の利益ももたらさない変異を取り去ってきた実績は圧倒的だ。しかも、研究室内の実験では抵抗性の出現が確認されている。蚊は殺虫剤と同じように、遺伝子ドライブに対しても耐性をもちうるのだ（ただし、この現象がどこまで一般的かはまだわかっていない）。自然に生じる遺伝的変異が問題につながる可能性もある。CRISPR遺伝子ドライブは短いＤＮＡ配列を認識して駆動するため、その部位の配列が異なる個体に対しては効力をもたない。最近の研究で、アフリカ全土のハマダラカには膨大な遺伝的多様性があることがわかった。遺伝子ドライブの標的にできる集団は、そのなかのごく一部にすぎないのかもしれない。

遺伝子ドライブがうまくいくとしたら、それはほかの手法と補完し合った結果だろう。ターゲット・マラリアに薬剤散布や蚊帳の配布を止める予定はないし、プレデターフリー２０５０に参加する研究者たちも、引き続き罠や毒物を使うだろう。結局、こうした有害生物を絶滅に追い込むのはかなり困難だと思い知らされるかもしれない。まったく皮肉なものだ！　ヒトは何千年にもわたり、意図せず無数の種を絶滅させてきたというのに、ようやく意図的に絶滅を引き起こそうと決めたら、思った以上に難しいのだから。

わたしは放出に慎重な姿勢をとる理由について、ケビンに掘りさげて尋ねた。心配なのは生態系への影響ではないと、彼はいう。「物理的な、あるいは生態学的な脅威ではありません」。遺伝子ドライブを思いつくくらい冴えた研究者なら、その威力を制御するしくみも設計できるはずだ。魔神をランプに戻すのは不可能ではない。彼が恐れているのは、遺伝子ドライブ生物の拙速な放出が（たとえばニュージーランドで）おこなわれ、国際問題に発展して、いまでさえ色眼鏡で見られがちで、政治的圧力が強いこの分野への社会的信頼が失墜することだ。遺伝子療法の研究はいまも、臨床試験の失敗により18歳で亡くなった、１９９９年のジェシー・ゲルシンガーの悲劇からの回復途上にある。万一、遺伝子ドライブ生物が承認を受けずに野生に放たれたら、この分野の研究は10年以上の停滞を余儀なくされるだろう。

60年前、わたしたちはおよびでない有害生物の個体数を抑制すべく、放射線を照射した無数のハエの蛹を、飛行機からアメリカ南部一帯にばらまいた。遺伝子ドライブが安全で、社会的に受け入れられ、効果的であると実証されれば、ごく少数の選び抜かれた遺伝子組換え個体を放出するだけで、有害生物を抑制できるかもしれない。この技術は、ヒトの健康、生態系の健全性、農業の安定に貢献する可能性があるが、現段階では効果のほどは未知数だ。遺伝子ドライブの野外放出の長期的影響は、実際にやってみなければわからない。少なくとも、関連するリスクと利益を厳密に査定できるようになるまで技術開発を進め、それからどうするか決めるべきだと、わたしは思う。規制当局は迅速にことを進めようとはしないだろう。彼らはいつもそうだ。つまり、ある意味で時間の余裕はある。だが、その間も侵略的外来種の猛威は続き、マラリアにより毎日1200〜2000人が命を落とす。行動は時に大きなコストをともなう。だが、行動しないコストがそれ以上に大きいこともあるのだ。

〔訳注〕
オキシテックがブラジルでおこなった野外実験について、放出された遺伝子組換え個体の致死遺伝子の効果が不十分で、野生個体との間に継続的に子孫を残しているとする論文が、2019年9月に学術誌 *Scientific Reports* に掲載された。これを受け、「実験は失敗した」「かえって野生の蚊を強化した」といった報道が相次いだ（）。しかし、この論文に関しては、サンプル採集の期間が放虫の直後だけだった点や、根拠なく雑種強勢（交雑個体の適応度がもとの集団を上回ること）の懸念を強調している点など、内容の問題がオキシテックと無関係な研究者からも指摘され、さらに一部の共著者が最終稿に同意していないまま刊行された事実も明らかになった。この論文は現在、「エディターによる懸念表明」が付記された状態で公開されている（　）。

〔脚注〕

＊1　学名の *Hominivorax* が「人喰い」を意味することからわかるように、ラセンウジバエは人肉も食べる。2008年、コロンビアを旅行していてラセンウジバエに寄生された12歳の少女の頭皮から、142匹もの幼虫が摘出された。別のケースでは、感染した傷口にベーコンの脂身を乗せて、潜り込んだラセンウジバエの幼虫を表皮までおびきだす「ベーコン療法」がおこなわれた。

＊2　殺虫剤（insecticide）は昆虫だけを殺すが、駆除剤（pesticide）はさまざまな有害生物に対して使われる。最も古い駆除剤は硫黄元素だ。古代シュメール人は約4500年前、作物を守るために硫黄を使った。最初の殺虫剤はおそらく硫酸ニコチンで、タバコの葉から抽出され、17世紀に使用された。

＊3　オスの蚊は血を吸わない。

＊4　世界的な取組みにより、天然痘ウイルスと牛疫ウイルスは根絶された。現在はメジナ虫（ギニア虫）の根絶に向けたキャンペーンが進行中だ。

＊5　英語で「Suicide Possums」と書くと、激しい曲調のインディーロックバンドみたいだ。

＊6　チャールズ・ダーウィンはアートマニアではなかった！

第6章　ニワトリの時代

Chapter Six

過去2世紀半にわたり、研究者たちは地球45億年のはるかな歴史を、小さく扱いやすいまとまりに分けてきた。累代、代、紀、世、期。これらはすべて地質年代の単位であり、マトリョーシカのような入れ子構造になっている。最大の年代区分である累代は複数の代からなり、代はいくつかの紀を合わせたもので、さらにその下に世、期がある。

20年ほど前、大気化学者のパウル・クルッツェンは、メキシコのクエルナバカで開かれた科学会議に出席していた。研究者たちはそこで、完新世とよばれる最新の世を形成したできごとについて議論を交わしていた。完新世のはじまりは約1万1700年前、巨大な氷床が後退し、地球が最終氷期を抜けだした頃と定義される。世界的に気温が上昇し、ツンドラが森林に変わった。ヒトは家畜飼育や作物栽培を開始し、日々の暮らしは上向いた。農業が栄え、都市が出現し、人口増加がはじまった。わたしたちの有史時代はすべて、完新世に収まる。だが、議論を聞きながらクルッツェンは、完新世はもう終わったのではないかと考えていた。いま地球が経験している変化は、完新世の大部分を通じて起こってきたものとは、きわめて異質であるように思えた。要するに、世界が変わりすぎて、もはや完新世とはよべないのだ。

彼はこう口走った。「こんな議論は止めましょう。いまはもう完新世ではありません。わたしたちは人新世（アントロポセン）にいるのです」。議場は静寂に包まれた。彼の発した言葉は、回転草のようにフロアを転がった。セッションが終わり、部屋をでてコーヒーを飲む人びとの話題は「人新世」一色だった。クルッツェンには明白な事実に思えたことが、ようやく地質学界の注目を集めはじめた。

クルッツェンの発言には、何の準備も計画もなかった。のちのBBCのインタビューによれば、彼は「人新世（Anthropocene）」という言葉をその場でひねりだしたようだ。的確なネーミングだ。"*Anthropos*"はギリシャ語で「ヒト」を意味し、"*cene*"は「新しい」という意味の単語に由来する。クルッツェンはのちに、人新世は地球の歴史の新たな時代であり、そこではヒトが地球規模の変化の主要因であると唱えた。

地球の歴史のほぼ全編にわたり、物理的環境とそこに棲む生物を形成してきたのは、ヒトの手によらない力、つまり氷床の進退や地球規模の気温の変動だった。進化を導いてきたのは自然の力だった。けれども、人類が膨大に数を増やし、どこまでも勤勉かつ無分別になった結果、わたしたち全員の行動の総和が地球全体に影響を及ぼすようになった。いまや地球上のすべての生命が、ひとつの例外もなく、ホモ・サピエンス、すなわち「賢いヒト」を自称する、たった1種の生物の影響下にあるのだ。[*1] ここまでわたしは、ヒトが選択交配や遺伝子組換えといった方法で、意図的に進化の道筋を変えてきた事実を述べてきた。以降の数章では、ヒトが意図せず引き起こした変化について考察したい。

クルッツェンが人新世を思いついたとき、彼はヒトが地球をありとあらゆる方法で変えてきた事実について考えていた。わたしたちは森林を伐採し、自然のままの風景を広大な更地に変えて、高層ビルやショッピングセンター、商業作物の栽培に使ってきた。いまでは道路、フェンス、運河、送電線、鉄道が、大地を縦横無尽に走っている。

川はダムでせき止められ、流路をそらされて、その水に依存する無数の生物の命運を変えてしまった。人類がこれまでにつくりだしたコンクリートは、地球の表面全体を2ミリメートルの厚さで覆う量に相当する。地下に目を移せば、わたしたちは地球のはらわたのなかから、鉱物、金属、その他の天然資源を掘りだしてきた。毎年、人間活動の結果として移動する土壌、岩石、堆積物の量は、ほかのすべての自然現象を合わせた量よりも多い。南アフリカのカラハリ砂漠では、木の根は地下60メートルまで伸びているが、同国の金鉱の坑道は地下５０００メートルに達する。ロシア北西部にある世界で最も深い掘削孔は、地表から推定1万２０００メートル下まで伸びている。

人類は深く、狂おしく、とりつかれたようにプラスチックを愛している。おかげで海はプラスチックでいっぱいだ。研究者の推定によれば、２０５０年までに海洋プラスチックの総量は魚よりも多くなる。大きな残骸は海の動物たちの体にからまり、小さな破片は誤食される。いまや世界の海鳥の90％の胃からプラスチックが見つかる。それどころか、地球上にあまねく存在するマイクロプラスチック粒子は、飲料水やわたしたちが食材にする動物の体内にも含まれている。

わたしたちの行動は、生命維持に不可欠な地球規模の元素循環を撹乱している。作物に降り注いだ殺虫剤や窒素肥料は、河川に流出し、海を汚す。プラスチック汚染だけでも十分深刻なのに、あらゆる海生生物が窒息し死滅したデッドゾーン（死の海域）が世界中の海に形成されている。現在、沿岸海域にはこうしたデッドゾーンが４００カ所以上も存在する。オマーン湾にある世界最大級のデッドゾーンは、フロリダほどの広さがあり、いまも拡大し続けている。このような酸欠水域に、生命の入り込む余地はほとんどない。

見通しが暗いのは大気も同じだ。産業革命以来、わたしたちは2兆２０００億トンの二酸化炭素を大気中に放出し、濃度を30％以上も上昇させてきた。主要因は化石燃料の燃焼と、二酸化炭素を吸収する森林の大規模破壊だ。現在の大気中の二酸化炭素濃度は、過去80万年で最も高い。

これにより、海水の酸性度はより大きく、地球の気温はより上昇している。ある意味で、気候変動は目新しい現象ではない。地球はこれまでにも温暖化と寒冷化の時期を何度も経験してきた。問題は、現在進行中の温暖化が、過去の多くの現象よりも急速に起こっていることだ。急速な人為的温暖化は、過去に起こった自然の変動ペースを上回っていて、地球の気候の安定性に深刻な影響を及ぼしかねないと、研究者たちは憂慮している。

気温の記録を19世紀末までさかのぼると、過去１００年間に地球の表面温度は約０・８℃上昇したことがわかる。大した差ではないと思うかもしれないが、これは完新世全体にわたって生じた変化よりも大きく、わたしたちを取り巻く世界に重大な影響を及ぼしている。気象はますます極端で予測不能になりつつある。氷河が融け、海面が上昇し、住宅地や動植物の生息地が洪水で破壊されている。動植物への影響については、ここではとても語りつくせないので、あとに回そう。

２０１８年10月、気候変動に関する政府間パネル（ＩＰＣＣ）は報告書を発表し、わたしたちが生活様式を根本的に変えないかぎり、今世紀末までに世界の気温は約３℃上昇する見込みだと警鐘を鳴らした。この予測を理解する前提として、産業革命以前から１・５℃の上昇でも、地球の生命維持機能が損なわれると考えられている。異常気象が増加し、過酷な熱波や猛烈な嵐が頻発する。温度上昇の幅が大きいほど、事態は悪化する。気温が２℃上昇すれば、数億人が干ばつ、洪水、熱波、貧困のリスクに直面する。サンゴ礁は壊滅の危機に陥り（第9章参照）、地上生態系の13％が破壊される。それを超える３℃上昇というのだから、正直なところ、そうはなってほしくない。報告書が発表されたとき、グリーンピース北欧支部で上席政策アドバイザーを務めるカイサ・コソネンは、ＢＢＣの取材にこう話した。「研究者たちは、大文字でこう書きたかったのではないでしょうか。〝いますぐ行動しろ、アホども（ACT NOW, IDIOTS）!〟と」。

もしもタイムトラベルが実現し、完新世がはじまった1万1700年前から誰かを現代に連れてきたなら、その人は周囲を見渡して、すっかり面食らうだろう。オーロックスやターパン（ユーラシアの野生ウマ）がいない代わりに、ここには現代のウシやシェットランドポニーがいる。たき火と石器の代わりに、ワッフルメーカーや電子オーブン、ファストフード店がひしめく。あなたやわたしにとって見慣れた世界は、彼らにはどこからどう見ても異世界だ。

クルッツェンは正しかった。過去およそ1万2000年という、地質学的に見ればごくわずかな期間のうちに、わたしたちはこの星を根本から変えた。いまや地球は、人間活動の指紋に覆いつくされた。温暖化と気候変動の進行により、もはや大気にも地上にも海にも、ヒトの手が及ばない場所は一切存在しない。ヒトは地球規模の変化を引き起こした。研究者たちはいま、人新世を正式な地質年代として認めるか否かを議論している。

この提案に賛同する研究者は多いが、科学界に受け入れられるかどうかは「ゴールデンスパイク」の発見にかかっている。ゴールデンスパイクとは、新たに提唱された時代のはじまりを象徴するものとして選ばれる環境指標のことだ。数百万年後の未来の地質学者が目を留めて、「これだ！　ここから人新世がはじまったんだ」というであろうしるしのようなものだ。いまの時代を彩るあらゆるものが化石となったとき、人新世のゴールデンスパイクは、あるひとつの場所の、特定の地層のなかに打ち込まれる。

たとえば、恐竜だらけの白亜紀から古第三紀への移行を象徴する場所が見たいなら、チュニジアのエル・ケフを訪ねよう。レンタカーを借りてローマ帝国時代の浴場アマム・メルギュに向かい、大きな送電塔のそばでオフロードにそれる。ゴールデンスパイクは、北緯36・1537度、東経8・6484度の埃っぽい丘陵地にある。あるいは恐竜よりも、顕生代のはじまりの複雑な生物の出現が目当てなら、向かうべき場所はカナダ・ニューファンドランドのビューリン半島だ。この境界線のゴールデンスパイクは、北緯47・0762度、西経55・8310度のフォーチュンヘッド岩石露頭の中間あたりに見つかる。

理論的には、同様の特徴と層序をもつ岩石が世界のほかの場所で見つかった場合、それらは同じ地質年代のものと判断できる。こうした場所がゴールデンスパイクとよばれるのは、特定の年代に属する岩石の判断基準であると同時に、初期の地質学者が文字どおりそこに金属製のスパイクを打ち込んだからでもある。

ある年代の岩石をより古いものやより新しいものと区別する特徴は、化学組成の場合もあれば、化石化した生命体の場合もあり、時には両方が該当する。たとえば、チュニジアの丘陵地を横切る錆色の岩石層は、並外れて高濃度のイリジウム元素を含む。イリジウムを豊富に含む小惑星が地球に衝突し、恐竜を滅ぼしたときに入り込んだものだ。一方、カナダで顕生代の幕開け、生命の爆発的多様化の瞬間を告げるのは、化石化した蠕虫《ぜんちゅう》の巣穴だ。現代の鰓曳《えらひき》動物[*2]の親戚にあたる海生生物が掘ったU字型の巣穴の痕跡は、この年代の地層に頻繁に見られる。わたしたちが生きる現在も、顕生代という累代の一部だ。では、人新世のはじまりを象徴する目印は何だろう？　そのゴールデンスパイクが見つかる場所は、一体どこなのか？

未来の地質学者が、人新世の岩石や氷床コア、湖沼堆積物、樹木の年輪、化石にじっくり目を通せば、奇妙な特徴が次から次へと発見されるだろう。場違いな同位体がいくつも見つかるはずだ。広島と長崎への原爆投下を含む、核爆発による放射性降下物に由来するものや、化石燃料燃焼の明白な証拠だ。岩石には、見慣れない奇妙な新物質も含まれる。コンクリート、アスファルト、鋼鉄、アルミニウム、プラスチックなど、ヒトがつくった発明品が混入しているのだ。地球は20億年以上かけて、5200種以上の天然鉱物をつくりだしたが、人類は過去250年で、そこへさらに２０８種の人工鉱物を加えた。半導体に使われるシリコンチップなど、意図的に生みだされたものもあれば、偶然の産物もある。たとえば、ティヌンクライトは、きわめて限定的な状況で形成される。小型のハヤブサであるチョウゲンボウのフンが、炭鉱火災で発生した高温のガスと混ざってできるのだ。[*3] カルクラサイトは、オーク材でできた博物館の保管棚で、収蔵品の天然鉱物と木材に含まれる成分が反応して形成される。

未来の科学者はこうしたさまざまな変化を目にし、地球がいま頃、激動の時代を過ごしていた証拠だと考えるだろう。どれが人新世のゴールデンスパイクになってもおかしくないが、最もわかりやすい変化は、岩石の化学組成ではなく、そこに含まれる化石化した生物であるはずだ。違う時代に積み重なった別べつの岩石層からは、その時代の生命の典型といえる異質な化石が見つかる。新しい地層は古い地層の上に積み重なるので、断崖を懸垂下降するのは過去への時間旅行に似ている。未来の地質学者は、世界が完新世から人新世に突入したとき、生物相が劇的に変化したことに気づくだろう。

すべてが変わった

人新世以前、世界は荒っぽくて不思議な動物たちでいっぱいだった。何より、世界のメガファウナ（大型動物相）が健在だった。完新世の直前の更新世末まで、地球上にはさまざまな巨大動物がいた。角のない巨大サイのパラケラテリウムは、体高も全長もダブルデッカーバスに匹敵した。まっすぐな牙をもつ巨象パレオロクソドンは、現代のアフリカゾウの2倍の大きさを誇った〔訳注：日本で発見されたナウマンゾウ（*Palaeoloxodon naumanni*）も同属だが、属内では比較的小型だった」。フォルクスワーゲン・ビートルほどもある有袋類や、尾に戦棍《せんこん》を備えた巨大アルマジロ、立ち上がると2階の窓から寝室を覗き込めるほど大きかった地上性ナマケモノ。ほかにも、おなじみのケナガマンモス、剣歯虎《けんしこ》、ダイアウルフも加わって、更新世にはとてつもない大物たちがひしめき合っていた。それなのに突如として、彼らは姿を消しはじめた。絶滅の原因を巡って、さまざまな推測がなされた。気候変動や病気を疑う声もあるが、見解は次第にひとつの方向に収束しつつある。名指しされているのは、ヒトとその祖先たちだ。

ニューメキシコ大学のフェリサ・A・スミスは、哺乳類のサイズが時とともにどう変化したかを調べてきた。2018年の彼女の研究では、ヒトと同所分布する場合、絶滅した哺乳類の重量は生き延びた哺乳類の100〜1000倍も大きい傾向が示された。これ自体は目新しい発見ではない。アフリカを離れたわたしたちの祖先が新天地に到着するたび、その地に栄えていたメガファウナが消滅したのは周知の事実だ。しかし、新たな研究では、同じ筋書きが過去12万5000年にわたり、南極を除くすべての大陸で繰り返されたことが明らかになった。要するに、ヒトのそばでは、大型哺乳類は生きてはいけないのだ。

わたしたちの祖先が贅沢な食事と豊かなタンパク質を提供するメガファウナを狩り尽くす一方、食べても満腹にならないような小型種は逃げのびた。徹底的な絶滅は更新世にはじまり、完新世に入っても止む気配はなく、現在に至るまで続いている。いまいる世界のメガファウナは、ずっと豊かで多様だった過去の亡霊だ。北アメリカの地上哺乳類の平均体重は、ヒト上陸以前の98キログラムから、現在の7・6キログラムまで減少した。同様の傾向は世界のどの場所でも見られる。いま絶滅の危機にある種がもし本当に絶滅したら、哺乳類の体重減少はさらに顕著になる。陸生哺乳類の平均体重が、過去4500万年の最低値にまで落ち込むのだ。もしそうなったら、化石記録はどんなものになるだろうか？　未来の地質学者は、人新世の前段階で哺乳類が急激に小型化し、トナカイやクマといった大型動物に代わって、カワウソやクモザルほどの大きさの種が台頭したと記録するだろう。

現在、アフリカはメガファウナの最後の砦だが、ここも陥落寸前だ。ほとんどの大型動物が暮らす国ぐには、資源に乏しく、紛争が絶えない。１９３０年代、アフリカゾウは大陸全土に約４００万頭生息していた。いまやその数は40万頭ほどだ。60年代、中央アフリカに２５００頭が生息していたキタシロサイは、いまやわずか2頭になってしまった。かつてありふれた動物だったキリンの総個体数は、過去30年で40％減少した。いまでは10万頭を切り、国際自然保護連合（ＩＵＣＮ）のレッドリストで危急種（ＶＵ）に指定されている。現在のペースで巨獣たちへの迫害が続けば、わたしのまだ見ぬ孫がおとなになる頃には、野生から完全に姿を消してしまうかもしれない。そんな世界を彼らに譲りたいとは、わたしは思わない。

たくさんの種がわたしたちの指をすり抜けていく。現在の絶滅率は、ヒトが現れる前の１０００倍にも及ぶと研究でわかっている。姿を消しているのはメガファウナだけではない。わたしが生まれてからいままでのわずかな期間にも、野生動物は世界中で打撃を受けてきた。現在、哺乳類の25％、鳥類の14％、両生類の40％が絶滅の危機にある。過去２５０年の間に失われた植物は６００種にのぼる。つい最近も、わたしたちはカタリーナパプフィッシュ（メキシコにいた小さな魚）、クリスマスアブラコウモリ（その名のとおりクリスマス島に分布していたコウモリ）、ブランブルケイメロミス（グレートバリアリーフの小さな島ひとつにだけ棲んでいた地味な茶色のネズミ）につらい別れを告げたばかりだが、これらは人類が多少なりとも知っている種のひと握りにすぎない。推定によれば、毎日、30〜１５０の生物種が地球上から永遠に姿を消しているが、そのほとんどはわたしたちには見えない。大半の種は、辺鄙な場所に隠れていたり、目立たなかったり、未調査だったり、正式に発見すらされていない。おかげでわたしたちは、大量絶滅に無知で無頓着なままでいられるのだ。

２０１７年、1本の論文が学術誌*Proceedings of the National Academy of Science*（*PNAS*）に掲載された。陸生脊椎動物2万７６００種（該当する既知の種の半数近く）の個体数が、１９００〜２０１５年までの間にどのように変化してきたかを概観する内容だった。著者たちは、調査対象の3種に1種は個体数が減少しており、現状では絶滅の恐れがないとされる種でさえも苦境に立たされていると論じた。さらに１７７種の哺乳類の歴史的データを分析した結果、すべての種が過去１００年間に分布域の少なくとも30％を失っていて、80％以上を失った種が半数に達した。分布域は狭まり、個体数は減少している。たとえば、ライオンは、かつてアフリカ大陸全土だけでなく、南ヨーロッパからインド北東部まで達する広大な範囲に分布していた。ところがいまでは、サハラ以南のアフリカに点在する少数の地域と、インドのたったひとつの森に生息しているにすぎない。過去20年でライオンの個体数はほぼ半減した。

誤解のないようにいうと、この論文はどれだけ多くの種が正式に絶滅危惧の状態にあるかや、いくつの種が絶滅したかを問うものではない。注目しているのは、もっととらえどころのない指標である動物の個体数が、人知れず時とともに衰退してきた事実だ。絶滅は喪失の終着点だが、個体数減少は喪失の過程だ。ある生物種が完全に消滅する前に、局所的な絶滅が起こる。局所絶滅は種の絶滅へと向かう中継点であり、だからこそ重要なのだ。

２０１８年、世界自然保護基金（ＷＷＦ）が発表した『生きている地球レポート』も、同様に陰鬱な現状を描きだした。これによると、哺乳類、鳥類、魚類、爬虫類の個体数は、１９７０年以降に平均60％減少した。こういえばわかりやすいだろうか？　もし世界人口が60％減少したら、北アメリカ、南アメリカ、アフリカ、ヨーロッパ、中国、オセアニアはすべて無人になる。

科学者はふつう慎重で、扇情的な表現を避けるものだ。しかし、２０１７年の論文を書いたヘラルド・セバリョス、ポール・R・エーリック、ロドルフォ・ディルソは、野生動物の大規模な減少を「生物学的壊滅」とよんだ。彼らはむしろ、これほど深刻な状況で、強い言葉を用いないほうが倫理に反すると感じたのだ。

人類はいま、６５００万年前の恐竜絶滅以来の大量絶滅を引き起こしている。気候変動、密猟、生息地減少、過剰収穫、侵略的外来種、病気、汚染のすべてが複合的に関与してきた結果だ。ヒトが介在する進化が、恐るべき規模で展開している。今日の喪失は明日の岩石層に刻まれ、遠い未来の地質学者たちは、当時いったい何が起きていたのかと頭を悩ませるだろう。生物多様性のかなりの部分が、地質学的基準では一瞬のうちに失われている。種が絶滅し、個体数が激減する。絶滅危惧種の個体数が減少するのと、数が多く危機とは無縁に思えた普通種、たとえばツバメ、ヤブノウサギ、ハイイロネズミキツネザルが減りはじめるのは、次元の違う問題だ。わたしたちは下り坂の瀬戸際に立っているのではなく、すでに山の中腹まで転がり落ちてきたのだ。わたしの自宅の最寄りの街では、もはや鳥の歌は少しも聞こえない。草地のコオロギの声も消えた。生命は、かつての堂々たる咆哮から、いまや蚊の鳴くようなすすり泣きでしかなくなった。

あなたが自然愛好家かどうかにかかわらず、これは全世界にとっての悲劇だ。このままいけば、わたしたちの知る世界は崩壊しかねないといっても、決して大げさではない。動植物がいなくなれば、それらがもたらしてきた恩恵も消滅する。すべての生きものは、その土地の生態系のなかでなんらかの役割を果たしている。送粉、水質浄化、分解、種子散布、有害生物抑制、土壌への栄養供給。ダムや巣穴をつくるもの、肉食獣と草食獣、捕食者と被食者。わたしたちが呼吸する空気や、口にするすべての食べものは、自然界なしには得られない。野生動物はぜいたく品などではなく、必要不可欠だ。ヒトの健康、住居、食料生産、世界経済の安定は、すべて自然界に依存している。具体的な金額がないと納得できない人のために書くと、世界の生態系サービスの価値は推定で１２５兆ドルに達する。

地球の生命維持機能は、生命そのものに支えられていることを忘れてはならない。セバリョス、エーリック、ディルソは現在の状況を「人類の文明の基盤に対する恐るべき猛攻撃」と評し、「全宇宙のなかでわたしたちが知るかぎり唯一の生命の集合体を破壊した人類は、いずれきわめて重い代償を支払うことになる」と警鐘を鳴らす。

未来の地質学者は、調査対象の岩石層から薄れゆく生命の痕跡に気づくだろう。野生動物の衰退は人新世の台頭と同義なので、地質年代のはじまりを示す、見えないゴールデンスパイクとみなすことができる。けれども、研究者があるひとつの地質年代を、そこから消えた生物種にもとづいて定義することはあまりない。もっとはっきりした具体的な指標を探すはずだ。ヒトが支配する新たなる時代を、死ではなく、生によって定義するなら、未来の地質学者たちが注目すべきは、人新世のサクセスストーリーだ。

未来のニワトリ

世界のメガファウナが消えゆくなか、別の動物の一群は栄華をきわめている。1万年前にはこのグループ自体が存在しなかったが、いまやその数は膨大で、世界の哺乳類の60%、鳥類の70%を占める。彼らは現代の家畜たちだ。現在、地球上には２２０億羽のニワトリがいる。とてつもない数字で、人類全員に配っても、ひとり3羽ももらえる。ニワトリは世界で最も個体数の多い鳥だ。その数は、野鳥のなかで最も個体数の多い、サハラ以南のアフリカに分布するコウヨウチョウの14倍だ。家畜として個体数で2位につけるウシは、世界で最も数の多い大型哺乳類であり、14億頭に達する。さらに、ヒツジが12億頭、ブタとヤギが10億頭と続く。最近の研究によると、世界の哺乳類のバイオマスのうち、96％を家畜とヒト（家畜が60％、ヒトが36％）が占め、野生種の割合はわずか4％にすぎない。世界は家畜化された動物でいっぱいだ。人新世の地層から、野生動物の化石はあまり見つからないだろう。人量に発見されるのはニワトリの骨だ。

ニワトリの物語は4000年以上前、南アジアのインダス川流域ではじまった。ニワトリが初めて家畜化された場所だ。祖先のセキショクヤケイは、現代のパキスタンとインドの国境にあたる地域に広がる、うっそうとした熱帯林に棲んでいた。当時もいまも、セキショクヤケイは警戒心が強く、人目につかない。ほっそりしており、運動能力に優れ、オスは栗色、マーマレード色、メタリックグリーンの羽毛をまとう。青銅器時代の流域の住民たちにとって、この鳥は魅力的だったに違いない。セキショクヤケイは長距離を飛べず、あまり移動しない。そのため集落にもち込まれ、こうして家畜化の過程がはじまった。

ウシ、ヤギ、ヒツジなど、当時いたほかの家畜と比べて、ニワトリは囲いに入れて飼うのが簡単だった。もち運びにも便利で、そのため旅人たちは、はるか遠い新天地を求めて出発するとき、ニワトリを連れて行った。フェニキア商人は早くも1世紀にイベリア半島にニワトリを導入し、スペイン人入植者たちは1500年に新大陸にニワトリをもち込んだ。しかし、こうして世界に広まる間、ニワトリの見た目はあまり変化しなかった。実は現代のニワトリは、ごく最近の発明品なのだ。

第二次世界大戦直後に至るまで、ニワトリはずっとやせこけていた。養鶏は肉よりも卵を得るのが目的で、食用にされるのはオスか、卵を産まなくなったメスだけだった。かつて鶏肉はぜいたく品だったが、人口増加にともない、育種家たちは成長が速く、4人家族のお腹を満たしてくれる、安価なブロイラーの作出を夢見るようになった。1945年、その夢はコンテストの目標となった。アトランティック・アンド・パシフィック・ティー・カンパニー

（A&P）は、育種家たちに「未来のニワトリ」をつくりだす課題を与えた。優勝者はデラウェア大学の農業実験場で開催される派手なセレモニーで発表された。テーマにふさわしく、ステージはたくさんの冷凍の鶏肉で飾られていた。優勝個体は成長の速さと、飼料を肉に変換する効率のよさにもとづいて選ばれた。最優秀純血種賞は、コネティカット州のアーバー・エーカーズ農場で働く10代の少年ヘンリー・サグリオが出品した、雪のように白いホワイト・ロックに贈られた。一方、カリフォルニアから来たチャールズとキースのヴァントレス兄弟は、ニューハンプシャーとコーニッシュ・レッドの交雑個体で最優秀ハイブリッド賞を獲得した。未来のニワトリの誕生だ。

その日の午後、デラウェア州ジョージタウンの通りをパレードが巡回した。街には風船、旗、屋台があふれた。地元出身のナンシー・マギーは、誰もうらやまない「未来のニワトリ・クイーン」に選ばれ、毛皮を敷いた馬車に乗ってにぎやかな通りを進んだ。ニワトリたちはたぶん隠れていたのだろう。その後の数年で、優勝した二つの系統を掛け合わせた新品種、アーバー・エーカーが生みだされた。さらに数十年、選択交配が繰り返された結果、ニワトリは巨鳥へと進化した。

現代まで時間を早送りすると、わたしたちが食べているニワトリの体重は、60年前のブロイラーの4～5倍だ。さらに、5倍のスピードで体重を増やし、たった5、6週間で屠殺可能になる。1羽につき10週間も節約できるのだ。このような丸々とした巨大なニワトリは、身幅が広く、重心が体の下のほうにある。際限ない成長の影響は骨に表れ、骨密度が異常に低く、しばしば変形している。屠殺せずに年を重ねさせても、長生きはできない。ある研究によると、食肉処理の時期を5週齢から9週齢に伸ばすと、死亡率は7倍に跳ね上がった。脚と胸の筋肉が急速に成長するよう、わたしたちが意図的に選択をかけたせいで、心臓や肺といった臓器のサイズが相対的に縮小し、ニワトリの生理機能は阻害された。

いまでは年間650億羽以上のニワトリが消費され、その骨は世界各地の埋立地や農場に散乱している。これほどの数なのだから、現代のニワトリが未来の化石記録に反映される可能性は高く、骨の特徴から、小さく奇形の少ない過去の品種とは区別されるだろう。ニワトリは本来、雑食だが、味気ない穀物飼料を与えられているせいで、骨の化学組成も変化しているはずだ。化石化した現代のニワトリの骨の同位体組成は、きっと昔のニワトリとは違うだろう。未来の地質学者は、さらに証拠を探すなら、骨のなかのＤＮＡに注目するべきだ。そうすれば遺伝的組成の変化も明らかになる。現代のニワトリは、遺伝的多様性の低下により、おそらく病気にかかりやすくなっている。加えてわたしたちは、光への感受性や代謝にかかわるニワトリのＤＮＡ配列に人為淘汰をかけてきた。そのため、現代のニワトリは一年中繁殖でき、しかも常に空腹であるため、際限なく食べて急速に成長する。

形態や遺伝子、それに骨の化学組成といったさまざまな証拠から、未来の地質学者はこの鳥の重要性に気づくだろう。この鳥は急速に進化し、完新世には存在しなかったが、人新世にはどこにでもいたと結論づける。毎日、何億というニワトリの骨が埋設穴や埋立地に積み重なる。嫌気条件を揃えたこうした場所では、死骸はしばしば腐敗せずミイラ化する。未来において、ニワトリの化石はありふれたものになり、人新世を定義する化石の有力候補になるだろう。わたしたちが生みだした現代のブロイラーが、ゴールデンスパイクを打ち込むべき場所を指し示すかもしれない。２００８年、鳥インフルエンザの大流行を受けて、韓国の農家は１０００万羽のニワトリの殺処分を余儀なくされた。大量の死骸は、いまは巨大な埋設処理場の下に眠っているが、ゆっくりと化石化の道を進む可能性はおおいにある。もしかしたら、そのなかの一つが人新世のゴールデンスパイクの場所になるかもしれない。発見した化石の正体を知った未来の地質学者は、本当にこの時代を人新世とよぶだろうか？　ひょっとしたら、代わりにこう名づけるかもしれない。鶏新世《ガリセン》（Gallicene）、すなわちニワトリの時代、と。

すべての家畜動物は、人類の影響下にあるこの新たな時代の産物だ。わたしたちが創造した生物であり、彼らがいまの姿をしているのは、ヒトがそんなふうにつくり変えたからにほかならない。ヒトが介在する進化の明白な事例だ。家畜化は文明の勃興に寄与し、わたしたちの先祖の栄養状態を改善して、人口増加を促した。だが、そこには代償もあった。

工業的畜産《ファクトリーファーム》の闇

現在、ヒトは自ら生みだした家畜動物から莫大な利益を享受している。家畜はわたしたちに、食料に加えて皮革や毛などの二次産物を供給し、家畜を大量生産する企業の懐を温めている。たった三つの企業が世界のブロイラーのヒナの90％を供給し、いまや養鶏業は数十億ドル規模の巨大産業だ。ヒトが勝利を収め、ニワトリは敗れた……いや、そんな単純な話ではない。安価な肉の大量生産へと突き進むなかで、わたしたちは産業規模の畜産が多方面に与える影響から目を背けてきた。現代の食料生産は生態学的に見れば厄災であり、生物進化を絶滅の短期集中講座に放り込む。わたしたちの食が地球を殺しているのだ。

１万年に及ぶ歴史の大部分において、農業は野外での営みだった。動物たちは外で飼われ、自由に草を食み、排泄物が肥料となって作物に栄養を供給した。ニワトリは穀物などの小さな餌をついばみ、大型の反芻動物は日差しをめいっぱい浴びた植物の茎や葉をむしって味わっていた。農業と自然は隣り合わせに、比較的調和のとれた状態で共存していた。しかし、悪条件が揃った結果、１９５０年代に入ると、最悪の破滅的な事態が極大化した。

嵐の予兆は、20世紀初頭からあった。化学者たちが、水素と触媒を使って大気中の窒素をアンモニアに変換する方法を考案したのだ。その結果、爆発物としても肥料としても使える物質がつくられた。その後、第二次世界大戦中にドイツの科学者が有機リン酸化合物の神経ガスを大量生産する方法を開発し、のちに殺虫剤に転用された。わずか40年の間に、土に栄養を与え、害虫を殺す物質という形で、農業は一つの強力な味方を手に入れたのだ。トウモロコシの生産量は飛躍的に増加し、原子力ガーデニング（第3章参照）の成果として、高収量の新品種が登場した。動物に施肥してもらう代わりに、農家は化学肥料を使い、そして、これらの製造企業に強く依存するようになった。農家は種子、肥料、殺虫剤、抗生物質、農業機具といった、工業的農業に付随するものに大金を払うはめになり、生産性と総収入は増加したが、純利益は減少した。農業は、比較的小規模で自己完結した持続可能な営みから、製造業の産物に依存しきったビジネスに変わった。耕作と放牧を交互に実施するという昔ながらの土地利用のローテーション方式は過去のものとなり、高収量作物の単一栽培が全世界に広まって、農場の動物たちは居場所を失った。嵐が勢力を強めるにつれ、家畜は屋内に移され、空いたスペースを作物が埋めた。

コンパッション・イン・ワールド・ファーミング（CIWF）の事務局長であり、野生動物愛好家のフィリップ・リンベリーは、これを「大規模失踪の第1波」とよぶ。ニワトリ、アヒル、シチメンチョウ、ブタ、ヤギ、ウシ、ヒツジ、魚はみな田園風景から姿を消し、目的に特化してつくられたケージ、木箱、囲い、肥育場、格納庫のなかに取り込まれた。工業的畜産の誕生だ。「家畜をケージやぎゅうぎゅう詰めの小屋に押し込めるのは、空間を節約する妙案とされました」と、フィリップはいう。「一方、彼らの食料を育てるために、大量の土地がよそで必要になるという事実は都合よく無視されました。飼料生産がおこなわれる広大な農地は、たいてい殺虫剤と化学肥料漬けになっています」。かつて放牧という、ヒトが食べられない植物を食べられるミルクや肉に変える営みがなされていた場所で、いまは飼料作物の栽培がおこなわれる。「飼料生産が巨大産業へと成長し、食料生産システムを乗っ取ったのです」と、フィリップはいう。

農場の家畜に自力で餌を探させる代わりに、工業的畜産では24時間365日、食料を供給しなければならない。そのために使用するのは、トウモロコシ、大豆、油ヤシといった陸の作物と、魚粉などの海産物だ。世界中で途方もない広さの土地が家畜飼料の生産に割り当てられ、海からは莫大な数の魚が収奪されている。これにより、大規模消失の第2波が生じた。樹木、やぶ、生垣が伐り払われ、農薬漬けの作物の農地に置き換わると、野草、昆虫、農地の鳥たちが姿を消した。過去45年間で、イギリスの田園地帯の野鳥の数は半分以下になり、推定約4400万羽が失われた。

他国では、原生林がいまなお無残に伐り倒され、油ヤシや大豆のプランテーションに転換されている。フィリップは、現地で「地の果て」の異名をとるブラジル中部のサン・フェリックス・ド・アラグァイアから飛行機に乗ったときに見た光景を鮮明に覚えている。「わたしたちは離陸後、果てしなく広がるすばらしい熱帯雨林の上空を飛びました。眼下にはパラグアイ川が巨大な蛇のようにくねくねと流れていました。飛行中わたしは景色に釘づけでしたが、やがて森林の勢いが衰えはじめたのに気づきました。最初は少しずつ侵食され、やがて亀裂が広がって、まとまった広さの森は見えなくなりました。森林は大豆の海に浮かぶ小島になり、ついにはそれすら姿を消しました。わたしは地球の肺がなくなるさまを目撃したのです。見渡すかぎり1本の樹木も生垣もない風景に戦慄したのを覚えています。代わりにときおり目にしたのは、大型コンバインの集団がアクロバット飛行チームのように大地を横切るところでした。このときようやく、わたしは事態がとてつもない規模で進行しているのだと気づきました」。

2018年、ブラジルはアメリカを抜いて世界最大の大豆生産国となった。ブラジルの大豆生産量は毎年およそ1億1700万トンにのぼり、その大部分は中国とEUに輸出され、工業的に飼育される家畜の餌になる。引き換えに犠牲になるのは、この国の目を見張るような野生動物たちだ。アマゾンの熱帯雨林に加え、セラードとよばれる広大なサバンナ灌木地帯をもつブラジルは、地球上で最も生物多様性が高い国だ。既知のすべての生物種の10%がこの国に分布し、その多くはほかのどこにもいない固有種だ。だがいまや、ジャガー、オオアリクイ、オオアルマジロといった代表的な種が、絶滅に向かう坂道を転がり落ちている。家畜飼料の生産のために生息地が侵食されているせいだ。

インドネシアとマレーシアも似たような状況だ。スマトラ島では、低地林の半分以上が焼き払われ、油ヤシプランテーションに変わった。油ヤシからつくるパーム油は、いわば商品につきまとう亡霊で、口紅、シャンプー、アイスクリームなど、スーパーマーケットの商品の約半数に含まれる。パーム油の生産量は、２０００年以降で2倍以上に急増した。商品の多くにパーム油が使われている事実は消費者に認知されはじめたが、油ヤシと工業的畜産の関係はあまり知られていない。油ヤシの実は、果肉がパーム油になる一方、タンパク質に富む仁（種子の核）は粉砕され、パーム核かすに加工される。これが数千キロメートル離れた土地で工業飼育されるウシ、ブタ、家禽の栄養補助食品になるのだ。ここでも野生動物は苦境に立たされている。ブラジルとまったく同じように、東南アジアの島じまはかけがえのないユニークな生物種の避難所となってきた。ジャワサイ、スマトラゾウ、スマトラトラ、それに「森の賢者」ことオランウータンは、不確かな未来に直面している。家畜飼料の生産のために、生息地が侵食されているのだ。

南アフリカのケープ半島に棲む絶滅危惧種のケープペンギンは、イワシ、カタクチイワシ、ウルメイワシをほぼ専食する。しかし近年、彼らの大好物は供給不足に陥っている。商業的漁業が、毎年数十万トンの外洋性の小魚を海から吸い上げているせいだ。かつてこの地域で最も個体数の多い鳥だったペンギンたちは、いまや深刻な危機にある。野生個体数は5万羽まで減少し、15年以内に絶滅しかねないという人もいる。「ペンギンだけではありません」と、状況を自身の目で見てきたフィリップはいう。「外洋性の小魚に依存するすべての生物が影響を受けます。メルルーサやカンパチ、サメやマグロから、オットセイ、イルカ、クジラに至るまで」。名前のあがった海洋生物はみな、なんらかの形でこうした小魚に依存して生きていて、例外なく漁業のせいで損害を被っている。しかも、これらの小魚はヒトが食べるためのものではない。水揚げされた魚のほとんどは魚粉に加工され、輸出されて工業的に飼育される動物たちに与えられる。

現在、世界に700億頭いる家畜の3分の2は工業的畜産によって飼育されており、彼らが世界の穀物生産量の3分の1を食べている。大豆かすにかぎれば90％が、それに世界の漁獲量の最大30％が飼料に加工される。わたしたち人間が食べられるはずの穀物や魚が、家畜の餌として消えているのだ。わたしたちの食料生産は、根本的に無駄が多く非効率な過程になってしまった。無駄といえるのは、生産した食料のかなりの部分が消費されないからだ。毎年、先進国の消費者はまったく問題なく食べられる食料を2億トン以上も廃棄している。非効率の理由は、トウモロコシ、油ヤシ、大豆といった作物に含まれる栄養価の大部分が、動物を介して肉やミルクや卵に変換される過程で失われるためだ。国連食糧農業機関（FAO）によると、工業的畜産ではヒトが直接摂取できる栄養が家畜に与えられるため、結果としてエネルギーやタンパク質の生産量が減少する。100キロカロリーの穀物を家畜に与えた場合、得られるのは40キロカロリー分のミルク、22キロカロリー分の卵、12キロカロリー分の鶏肉、あるいはたった3キロカロリー分の牛肉のいずれかでしかない。エネルギーの浪費は明らかだ。

CIWFの推定では、もし穀物飼料で飼育されている世界の家畜がすべて放牧地に戻り、飼料用に栽培されている穀物と大豆を人間の食用に転換したら、あと40億人を賄えるだけの食糧増産を達成できる。いま家畜に与えられている魚を人びとが直接消費すれば、10億人に行きわたる。同時に、自然界への負荷も軽減されるだろう。

30年前、フィリップがＣＩＷＦに加わった頃、工業的畜産はおもに動物福祉の観点から問題視されていた。人びとは、工業的飼育が家畜に窮屈で不自然な環境を強いることを激しく非難し、動物たちはもっとましな扱いを受けるべきだと考えた。だが、もはや工業的畜産は動物福祉だけの問題ではない。森林伐採、汚染、密猟については、誰もが野生動物の絶滅の主要因だと認識しているが、加えて工業的畜産も大きくかかわっていることが、ますます明らかになってきた。世界の生物多様性喪失の主要因として、野生種の非持続的な過剰採集に次いで、2番目に重要なのが農業だ。ＩＵＣＮレッドリスト[*4]で絶滅危惧種または近危急種に指定された種の3分の2は、わたしたちの食料生産が原因でリスクにさらされている。２０１９年、権威ある医学誌 *Lancet* の特別委員会は、現行の食糧システムが地球の生態系に脅威をもたらしていると警鐘を鳴らした。世界の総人口を賄うのに集約的農業は必要ないとしたら、まったくばかげた話だ。「人類の食糧を工業的畜産の動物が食べていることこそ、最も深刻な大規模消失なのです」と、フィリップはいう。

　続けて彼は「もうひとつの問題は、工業的畜産が将来世代の食料生産能力を蝕んでいることです」という。肉、卵、ミルクのための家畜飼育は、世界の温室効果ガス排出の14・5％を占める。世界中の飛行機、列車、自動車の利用を合わせたよりも多い。工業的畜産は気候変動を促進し、生物多様性喪失を加速させている。「わたしたちの目の前で生態系は崩壊しています。化学肥料漬けの農地からの流出水が河川を汚し、海にデッドゾーンを広げています。食用作物の3分の1に必要な花粉を運ぶ動物などの送粉者は激減しています。いまの傾向が続けば、２０４８年までに商業的漁業が魚を枯渇させかねません。国連は、現在の農業慣行を改めなければ、世界の耕作可能な土壌は60年で実質的に消滅すると警告しています。土がなければ食料は生まれません。単純な話です。農業による破滅的な厄災、ファーマゲドンが進行しているのです」。

原野《ウィルダネス》のきらめき

振り返ってみよう。１万年前、人類はのちに工業的畜産に閉じ込める動物たちのゲノムを改変しはじめた。数あるなかでもとりわけ、オーロックスからウシを、セキショクヤケイからニワトリをつくりだした。こうした動物たちは選択交配され、急速に大きく成長するようになり、一方でしばしば動物自身の健康は損なわれた。長い間、人類は自ら創造した動物たちと平和に共存してきたが、過去70年で状況は劇的に変わった。昔むかし、マクドナルドじいさんの牧場では、あっちでアヒルがクワックワックワッ、こっちでウシがモーモーモー……そんなふうに、動物たちはみな屋外で暮らし、自由に餌を探して食べ、土を肥やしていた。いまや家畜の大多数は屋内の工業的畜産に取り込まれ、農地が利用可能な全地表面の半分近くを占めるまでに拡大した。農業が地球の相貌《そうぼう》をつくり変え、家畜は大型の地上性動物のなかで最大多数を占めるグループとなった。家畜化のはじまりが農業の台頭を促し、やがては自然界の衰退の一因となった。このとてつもない進化の物語を書いているのは、わたしたちだ。１００年後には、世界の野生メガファウナがすべて消え去り、最大の地上性哺乳類はウシになっているかもしれない。ニワトリは世界で最も数の多い鳥の王座にとどまりつつ、相変わらず数十億羽が人間に強制された幽閉状態のなかで短い生涯を終えているだろう。要するに、大きな課題は二つある。７００億頭の家畜はどこで暮らし、何を食べるべきなのだろう？

　初めてフィリップに会ったとき、彼は水揚げされた魚のようだった。大勢が短パンとボディグリッターくらいしか身につけていないフェス会場で、彼だけがスーツに革靴だったからだ。わたしたちは緑豊かなイギリスのコッツウォルズで開かれた家族連れに優しい音楽フェス、ウィルダネスに来ていた。暑い夏の日で、大勢の観客が汗臭いステージ前に詰めかけ、先を争って干し草の塊によじ登った。

沈着冷静で博識なスポークスマンとして、フィリップは聴衆に、野生動物が工業的畜産の代償を払わされている現状を説明した。わたしは彼に好感をもった。彼のスピーチは、説教くさくも怒りに満ちてもいなかった。彼はシンプルに、いまの状態に至った原因と結果の連鎖を解説した。彼が話す物語は、彼自身が世界中を旅し、畜産業界を調査して、自らの手で集めた証拠をつなぎ合わせたものだ。言及される統計データは、すべてピアレビューを経た厳密な学術研究にもとづく。結論は明らかだ。わたしたちは食料生産の方法を変えなくてはならない。「長い間、自然環境はこうしたタイプの畜産業によるダメージを吸収できているように見えました」。熱心に耳を傾ける聴衆を前に、フィリップは語った。「けれども、いまやわたしたちは臨界点に近づいています。汚染であれ、気候変動であれ、天然資源の濫用であれ、自然が苦難を耐え忍ぶ力が限界に達しようとしています。農業はそこに大きく関与してきたのです」。

このニワトリの時代、わたしたちはきっと動物を再び屋外に解き放つべきなのだ。太陽を浴びてうろつき回り、自然の餌を食べられるように。そのための空間はある。現在、飼料作物の栽培に使用されている土地の広さは、EUの総面積に匹敵するのだから。そして、わたしたちが家畜を大地に返せば、驚きの効果が現れだすと、フィリップはフェスの観客に訴えた。農場の動物たちは本来の行動を取り戻すだろう。翼を広げ、泥のなかで転がる。彼らの福祉のためにはいいことだ。混合輪作システムの牧草地で放牧をおこなえば、やせた土壌が回復し、自然景観の再生がはじまる。野草が育ち、野生動物が戻ってくる。何より重要なのは、飼料の大量生産のために伐採されている国内外の森林への負荷が軽減されることだ。ジャガー、オランウータン、スマトラゾウといった、誰もが知っている野生動物の生息地保全に貢献できるのだ。

母親の腕に抱かれて、うとうとしていた子どもが目を覚ました。フェスの天幕の下は蒸し暑かったが、おとなたちは集中していた。干し草の塊の上から身を乗りだし、フィリップの言葉を食い入るように聞いている。「では、わたしたちに何ができるでしょう？」彼は修辞的に問いかけた。「わたしたちは、次の世代にこの星を価値ある遺産として残せる最後の世代です。嬉しいことに、わたしたちは自然を回復させるこうした食料生産システムの実現に、1日3回の食事を通じて貢献できます。もっと野菜を食べ、肉を減らすだけでなく、牧草飼料、自由放牧、有機飼育の肉を選びましょう。そうすれば、農場の動物たちは価値ある生を送り、野生動物が守られ、現在のわたしたちと未来の子どもたちの両方が、質が高く持続可能な食生活を維持できるのです」。

小さな変化が大きな改革をもたらす。わたしは心からそう信じている。力強い拍手が巻き起こり、人びとは干し草の塊から降りて、汗ばんだ体で混み合ったテントから退出しはじめた。外にでると、ヴィーガンフードの屋台に長蛇の列ができていた。フィリップのいうとおりだと、わたしは思った。地球を犠牲にしなくても、良質の食事はできる。でも、豆のバーガーに6ポンドはちょっと…。

〔脚注〕

＊1 重箱の隅をつつくようだが、実は地球規模の劇変を引き起こした種はヒトが最初ではない。24億年以上前の原生代初期に、シアノバクテリアとよばれる単細胞生物が進化し、光を利用した化学エネルギーの合成をはじめた。その副産物として排出された酸素が、やがて大気中に蓄積しはじめた。大酸化事変とよばれるこのできごとの前、生命の大半は嫌気性微生物だったが、大気組成の変化によって好気性生物が進化する環境が整い、やがてあなたやわたしが誕生した。シアノバクテリアは小さいが、その影響力は桁外れだった。彼らは地球の未来と生命の様相を一変させた。

＊2　鰓曳動物はペニスのような見た目で、英名のPriapulidはギリシャ神話で男性器を司る神プリアポス（冗談のようだが本当にいる）にちなんでいる。プリアポスは古代ローマの春画では人気のキャラクターで、常に勃起したままのありえないくらい巨大なペニスをもつ姿で描かれた。

＊3　このトリビアはわたしのお気に入りで、いろいろな疑問がわいてくる。どうやって見つけたのだろう？　フンはチョウゲンボウのものでないといけないのだろうか？　ティヌンクライトのブローチはどこで買える？

＊4　国際自然保護連合（ＩＵＣＮ）は、生物種をどれだけ希少かそうでないかにもとづいて分類しまとめたレッドリストの管理という骨の折れる仕事を担う。「絶滅危惧種」や「近危急種」と評価された種の未来は、バラ色とはいえない。

第7章　シーモンキーとピズリーベア

Chapter Seven

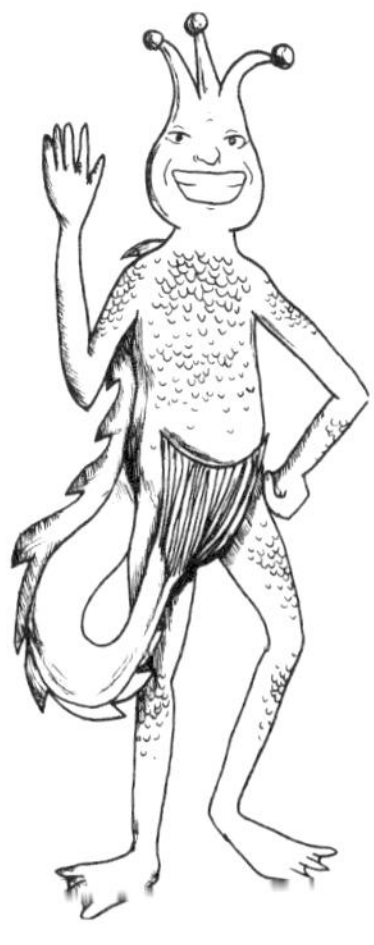

1960年代なかば、目を惹く広告がアメリカのコミック本に掲載されはじめた。そこには3本角にぽっこりしたお腹でにこにこ笑う、エイリアンの核家族が描かれていた。ヒト型だが胸はうろこで覆われ、水かきのついた足と、長くたなびく尻尾があった。エイリアン・ママだけは角にリボンをつけていたが、それ以外は素っ裸。ただし読者が面食らわないよう、陰部は絶妙な角度のひれで隠されていた。おとぎ話の水中の城を背景にポーズをとり、商品代金1ドル25セントと送料50セントを払えば、誰でも「ボウルいっぱいの幸せ」を手に入れられると謳った。商品説明はさらにこう続いた。

シーモンキーの驚異の世界へようこそ！

この広告を考案したハロルド・フォン・ブラウンハットは、実に個性的な人物だった。彼はそれまでにもさまざまな事業に手をだしてきた。「グリーン・ホーネット」の名でオートバイレースに出場し、体を張った芸人として12メートルの高さから子ども用プールに腹打ち飛び込みをした。何度も起業に挑戦したフォン・ブラウンハットは、人気のおもちゃをいくつも生みだした。服や皮膚を透視できるという触れ込みの「X線メガネ」に、決して姿は見えない想像上のペット「透明金魚」。当時はどこの家庭もバービー人形やフラフープのテレビＣＭによる広告攻めを浴びていたが、フォン・ブラウンハットは親の目を避け、子どもたちに直接、商品を売ろうと考えた。彼はのちにＤＣコミックスの副会長となるジョー・オーランドをイラスト担当に採用し、『アメイジング・スパイダーマン』や『おばけのキャスパー』といったコミック本の広告ページを買いあさった。

フォン・ブラウンハットの派手なやり方は、現代の技術に染まっていない世代に大ウケした。携帯電話やインターネットといった娯楽のまだない世界で、シーモンキーの宣伝文句に惹かれない子どもなんているだろうか？「遊びが大好きで訓練もでき」、「よくしつけられたフレンドリーなアザラシの群れのようにきみの命令に従う」なんて！　子どもたちはわれ先になけなしのおこづかいを差しだし、一大旋風が巻き起こった。

もちろんシーモンキーはサルではないし、海にも棲んでいない。この小さな生きものの正体は、ブラインシュリンプという内陸の塩湖に生息する小さな甲殻類だ（口絵参照）。体節に分かれた胴体の側面からは11対の「脚」が生えていて、長い尾が（少なくともフォン・ブラウンハットには）サルを思わせたことからこの名がついた。実に興味深い生物で、脚を使って呼吸し、三つの眼をもち、卵のような状態で何年も生命活動を休止したまま生存できる。「クリプトビオシス」とよばれるこの現象を利用して、ハロルドはひと儲けを企んだ。「水を加えるだけのインスタント・ペット」と売り込んだのだ。

製品には説明書と二つの袋が同封されていた。袋①の中身は「水質浄化剤」、24時間後に追加する袋②の中身は「瞬間孵化する卵」だ。袋②を水に入れたとたん、インスタント・ライフが誕生！　シーモンキーがどこからともなく魔法のように出現し、水のなかではしゃぎだす。

唯一の問題は、初期の製品がかなり期待はずれだったことだ。卵のほとんどは孵らず、孵化したひと握りのブラインシュリンプも、たいてい別れを惜しむ間もなくすぐに死んだ。子どもたちはペットの死にショックを受け、泣いてかんしゃくを起こした。そこでハロルドは、モントークにあるニューヨーク海洋科学研究所（ＮＹＯＳ）所属の研究者、アンソニー・ダゴスティーノに協力を仰いだ。

海洋生物学者のダゴスティーノは、ブラインシュリンプが専門だった。彼はこの小さな生きものが何を食べ、どうすれば飼えるのか、誰よりも熟知していた。彼の研究対象は世界各地で採集されたブラインシュリンプの一種*Artemia salina*で、各系統はユタ州のグレートソルト湖や、ヴェネツィアの近くのコマッキオ塩性湿地などに由来するものだった。ダゴスティーノとフォン・ブラウンハットはさまざまな系統を掛け合わせ、ついに休眠状態で長期間生存でき、復活後も元気に育つ、丈夫なブラインシュリンプの共同開発に成功した。誇大広告はお手のものだったフォン・ブラウンハットは、新種を創造したと宣言した。こうして、*Artemia salina*に代わり、生誕の地である研究所にちなんだ*Artemia NYOS*が製品化された。

その後のシーモンキーはまさに快進撃だった。改良された新型ブラインシュリンプは、ポストのなかで卵の状態で長生きし、孵化したあとも購入した子どもたちを長く楽しませた。１９７２年、「インスタント・ライフ」の奇跡の秘密が特許書類のなかで暴露された。謎めいた袋の本当の中身がそこに書かれていたのだ。袋①には確かに水質浄化剤も含まれていたが、実は休眠中のブラインシュリンプの卵も同封されていて、水に触れたとたんに孵化する。袋②には追加の卵とともに青い染料が含まれ、これが生後１日のシーモンキーの透明な体に付着すると、すぐに目に見えるようになる。「インスタント・ライフ」はまやかしで、巧妙なマーケティングの産物だったのだ。

インスタント・ライフはインチキで、この新しいペットはまるでサルに似ていなかったし、広告にあった人馴れしたアザラシともエイリアンともほど遠かったが、子どもたちは気にしなかった。親たちも誇大広告[*1]を大目に見たようで、シーモンキーはすぐにアメリカ全土の何万という家庭に受け入れられた。抜け目のないハロルドは関連商品のマーケティングを開始し、「バナナのおやつ」やシーモンキー用の媚薬「キューピッドの矢」を売りだした。熱帯魚の餌でしかなかった地味な甲殻類をもとに、彼は巨万の富を築き、社会現象を巻き起こした。いまでもシーモンキーは『ザ・シンプソンズ』や『サウスパーク』でネタにされ、フォン・ブラウンハットは世を去ったが、年に数百万ドルを売り上げる商品は健在だ。

壮大な進化の舞台のなかで、シーモンキーは重大な転機というより、ただの宣伝広告の巧みな策略だと思うかもしれない。けれども、そこでは確かに種が意図的に改変され、その目的は農業でも医学研究でもなく、子どもたちを喜ばせることだった。「わたしが知るかぎり、おもちゃの販売サイクルに合わせるためだけに、選択交配によって生活環を改変された生物はほかにいません」と、ピッツバーグにあるポスト自然史センターのリチャード・ペルはいう。この博物館は、シーモンキーに関する展示も豊富だ。確かに話に尾ひれはつけたが、フォン・ブラウンハットは想像力豊かな発明家であり、厳密な科学者でもあった。「確かにハロルドの事業展開は、いわば20世紀のP・T・バーナム［訳注：アメリカの興行師。バーナム・アンド・ベイリー・サーカスの設立で知られる。1810～1891年］でした。しかし同時に、シーモンキーの誕生に至る実験の過程は、むしろトーマス・エジソン的です」と、リチャードはいう。この話は瑣末《さまつ》だからこそ、際立った個性を放つ。*Artemia* NYOSが新種として有効かどうかは意見が分かれるが、少なくとも本来の*Artemia salina*と異なるのは間違いない。フォン・ブラウンハットと彼のインチキ広告がなければ、このユニークな小動物は地球上に存在しなかったのだから、注目しないわけにはいかない。トイレに流されたり、池に捨てられたりしたシーモンキーは生きていけない。この生命体は、ヒトが子どもたちのために創造したもので、自然界には存在しない。フォン・ブラウンハットとダゴスティーノは、とんでもない遺産を残したのだ。

ピズリー、シェットブラ、そしてウォルフィン

異なる系統、品種、変種、種に属する2個体を交配してできた子は、交雑個体とよばれる。遺伝子解析により、自然界にも種間交雑は珍しくないことがわかってきた。動物種の10％、植物種の25％に交雑が見られるのだ。イギリスのカモ類の75％、ヨーロッパの哺乳類とチョウの12％の種で種間交雑が確認されている。多くのサンゴも種の壁を越える。種間交雑は地球の生命の歴史にもとより織り込まれているが、この過程にもヒトの影響は及んでいる。*Artemia NYOS* はヒトの手でつくられた交雑種だ。同じように、ハンス・デュンカーは赤色のカナリアを生みだそうとする過程で、黄色いカナリアとショウジョウヒワを交配した（第3章参照）。ブリーダーや動物園職員がもの珍しさを狙って意図的に交雑種を作出することもあれば、近くで飼われていた別種の個体どうしがもっと「お近づきに」なって、偶然、交雑種が生まれることもある。ウマとロバの運命の恋の落とし子であるラバとケッテイ、ライオンとトラの交雑種であるライガーとタイゴンは、みなさんも聞き覚えがあるだろう。人為的な気候変動によって生物の分布域が変化し、わたしたちヒトがほかの生物を世界のあちこちへ動かしているいま、これまでになかった生物種どうしの出会いと交わりの機会が生じている。こうして、人間活動が原因で、一風変わった野生の交雑種が出現しはじめた。

18世紀に、交雑種を初めて正式に記録した人物のひとりが、かつらをかぶった分類学者、カール・リンネだった。彼は異なる種どうしが交配し、新種のように見える個体を生みだす場合があると主張した。進化理論の父チャールズ・ダーウィンも、種間交雑という現象に魅せられた。ダーウィンは『種の起源』のまるまる1章分を費やし、この矛盾について考察した。種は流動的で、交雑は確かに起こると彼は指摘し、続いてやや矛盾に満ちた数かず

の種間交雑の事例をあげた。交雑する種もあれば、しない種もある。外見上の類似性から2種が交雑可能かどうか判別できる場合もあれば、できない場合もある。種Aのオスと種Bのメスの組合せで交雑種が生まれやすいこともあれば、逆のこともある。種間交雑で生まれた子には、繁殖能力に問題があったり、なかったりする。

種間交雑の普遍性と重要性が明らかになりつつあるいま、こうした難問に対する答えも見えてきた。たとえば、種間交雑には、DNAがどんなふうに細胞核のなかに収納されているかが影響を与える。両親となる2種の染色体数が違う場合、種間交雑が起こる可能性は低く、たとえ、子ができても高確率で不妊になる。ライオンとトラはどちらも染色体が38本なので、ライガーには繁殖能力がある。一方、ウマの染色体は64本、ロバは62本なので、ラバは不妊だ。植物の世界では、時に染色体のセットがまるごと複製された倍数体が生じる。倍数体雑種には、商用果実植物のローガンベリーやグレープフルーツ、ハーブの栽培種であるペパーミントなどがある。スズカケノキとアメリカスズカケノキを交配したモミジバスズカケノキもそうだ。さらにいえば、一般的なコムギは2種ではなく3種の交雑種で、それぞれ異なる野生種から受け継いだ三つの完全な染色体セットをもつ。

動物と比べて、植物の交雑種をつくるのは簡単だ。人類は膨大な数の交配品種を生みだしてきた。あるものは温室でかいがいしく世話をする園芸家が、またあるものは農家や食品科学者が作出した。ピーナッツは2種の野生種の交配種だし、セイヨウアブラナ、カラシナ、アビシニアガラシのアブラナ属3種もそうだ。国連食糧農業機関（FAO）によれば、世界の最重要作物40種のうち、6種はヒトが生みだした交雑種だ。

ヒトは交配種をつくるとき、親の種よりも何かの面で優れたものを生みだそうとする。交配種のトウモロコシは、祖先種よりも収量が多く、干ばつや病気に強く、栄養価が高い。ラバはロバよりも賢く、ウマよりも丈夫だとされる。ダーウィンはラバの大ファンで、『ビーグル号航海記』にこう記している。「ラバはいつも、わたしにとっては驚異の動物だ。交雑種が、両親のどちらよりも優れた知力、記憶力、集中力、人懐っこさ、筋持久力、寿命の長さをもつところを見ると、ここでは人為が自然を上回ったといえそうだ」。勤勉で頼りになるラバは、その体躯と気質のおかげで、荷役動物や戦時中の兵士の仲間として重宝されてきた。

ここでひと休みして、交雑種動物の命名に伝統的に使われてきた、混成語の数かずを紹介しよう。混成語はそれ自体が複数の単語を組み合わせたものだ。典型的な例が、煙（smoke）と霧（fog）を合わせたスモッグ（smog）や、朝食（breakfast）と昼食（lunch）を合わせたブランチ（brunch）だ。最近の例だと、静かな電車内で携帯電話で話す人を指すセルフィッシュ（cellfish）〔訳注：自己中心的（selfish）＋携帯電話（cell phone）〕や、無意味な質問を繰り返す人を指すアスクホール（askhole）〔訳注：質問する（ask）＋不快な人（asshole）〕、会話のなかにいらない科学知識を詰め込みすぎるナードジャッキング*2（nerdjacking）〔訳注：オタク（nerd）＋おしゃべり（jacking）〕などがある。

交雑種の動物にいつも混成語の名前がつくわけではないが、ついたときには愉快な結果になる。慣例的に、父親の種が名前の前半、母親の種が後半を構成する。つまりライガーは、父親がライオン、母親がトラの交雑種で、トラのオスとライオンのメスを掛け合わせてできた子は、タイゴンとよばれる。オスのコヨーテがメスのハイイロオオカミとつがいになればコイウルフが生まれ、組合せが逆だと子はウォヨーテになる。シマウマ（zebra）とロバ（donkey）でゾンキー、ピューマ（puma）とヒョウ（leopard）でピューマパード、グリズリー（grizzly）とアメリカバイソン（buffalo）でグラファロ（これは童話のなかの創作）なんかもいる。

飼育下では、親の種どうしが近縁で、キューピッドの矢がうまく命中すれば、ヒトが意図的に交雑種をつくりだせる。ラバ、あるいは命名法に従うなら「ドース」は最古の人為交雑種で、２０００年以上前にパフラゴニア（現在のトルコ北部）の人びとが生みだした。もっと新しい例では、19世紀の畜産農家はバイソンの強靭さと家畜ウシの乳生産能力を合体させたビーファロをつくり、1990年代にはラクダの精子でリャマを人工授精させたキャマが誕生した。

動物園や個人飼育下で生まれた交雑種は、物議をかもす存在だ。世界にはライガーを展示する動物園が40ほどあるが、個人がこっそり飼っている個体はそれよりはるかに多い。約700万年にわたって別べつに進化してきたライオンとトラは、遺伝的適合性のぎりぎりのところにいるようだ。動物愛護団体PETAによると、ライガーはがん、関節炎、臓器不全といった健康問題を発症しやすく、また、新生児が大きすぎるため出産に危険をともなう。健康に生まれたライガーには、確かに抗いがたい魅力がある。うっすらと縞模様が入ったおとなのライガーは、最大で体高1・5メートル、体重450キログラムに成長する。これは両親であるトラとライオンを合わせたのとほぼ同じ重さで、地球上で最大のネコ科動物だ。ヘラクレスと名づけられた世界最大のライガーのオスは、ウェブサイトもあるセレブネコだが、見るのはおすすめしない。珍しい動物が鎖につながれて散歩させられる様子を山ほど目にすることになるからだ。まともな動物園は、絶滅危惧種の健康を脅かしてまで、人為交配によって無意味な遺伝的新奇種をつくりだそうとはしない。だが、世の中には金目当てで意図的に希少種どうしを掛け合わせるブリーダーもいる。大型ネコの交雑個体は自然界には存在しない。ライオンとトラの自然分布域はほとんど重ならず、例外的に両方が分布するインドのギルの森にもライガーはいない。2種は互いに極力、干渉を避ける。健康なライオンとトラがまだ野生にいて、自分と同じ種の交尾相手を見つけられるかぎり、ライガーの育種に保全上の価値はまったくない。

とはいえ、動物園、農場、個人飼育環境では、何の気なしに近接して飼われていた異種の動物たちが、時に予期せぬ交雑個体を生みだす。ハワイのシーライフ・パークの飼育員たちは、オキゴンドウとハンドウイルカを同じプールに入れたとき、妙なことが起こる可能性など考えもしなかった。オキゴンドウはイルカと同じハクジラ類だが、両者は属のレベルで分かれている。[*3] サイズもまったく違って、おとなのオキゴンドウの体重はハンドウイルカの2倍に達する。それでもこの2頭は、大きさなんて関係ない（こともある）と示したのだった。こうして1985年、娘のケカイマル（「平和な海」を意味する）が健康な交雑個体として生まれた。ウォルフィンの誕生だ。

2004年、南アフリカの農場主トム・ベケットは、シェットランドポニーのリンダが出産した子を見て心底驚いた。全身が白と黒の縞模様だったのだ。またしてもサイズは関係なかった。オスのシマウマのジョニーは、間にあった柵を飛び越え、小さなリンダと情事を交わした。1年足らずのうちに、シェットブラのニキータが生まれた。

同じ年、ドイツのオスナブリュック動物園で双子のクマが誕生した。母親はグリズリーのスーシ、[*4] 父親はホッキョクグマのエルビスだった。[*5] 2頭は同じ飼育場で24年をともに過ごし、ロマンスの気配はまるでなかったが、いったん恋に火がつくと止まらなかった。こうしてできたのが、2頭のピズリーベア、ティップス（口絵参照）とタップスだ。

二卵性のオスとメスのきょうだいグマは、みんなを笑顔にした。タップスはトフィー色の被毛に銀色の耳で、ティップスは銀色の毛をまとい、眼と手足に濃い色のぶち柄があった。どちらもホッキョクグマの特徴であるスレンダーな首をしていたが、盛り上がった背中はグリズリーのものだった。父親よりは小さく、母親よりは大柄で、足はホッキョクグマの泳ぎに適した扁平足と、がっしりして分厚くかぎ爪のついたグリズリーの足の中間だった。彼らはプールと滝のある広い飼育場で、ホッキョクギツネの群れと同居した。とはいえ、これは例外的なできごとで、野生では起こりえないと誰もが思った。そもそも、ホッキョクグマは凍てつく北の果ての動物だが、グリズリーの分布域は北極圏には達しない。隣人ではあっても、異なる生活様式と食性のおかげで、分布が制限されるのだ。

ところが2006年、カナダのノースウエスト準州で認可を受けてホッキョクグマ狩りをしていたアメリカのハンター、ジム・マーテルが、不思議な見た目をした1頭のクマを射殺した。遠目にはホッキョクグマに見えたが、近寄ってじっくり調べたマーテルとイヌイットの狩猟ガイドは、この個体の眼のまわりと鼻先にある暗色のしみのような柄に気づいた。しかも爪が並外れて長く、肩は奇妙に盛り上がっていた。どちらもグリズリーによく見られる特徴だ。生検サンプルを遺伝子解析にまわした結果、ハンターたちの疑念が裏づけられた。ティップスとタップスと同じで、このクマも交雑個体だったのだ。

奇妙な外見のホッキョクグマの目撃情報は以前にもあったが、ピズリーベアが野生に実在する決定的証拠が得られたのはこれが初めてだった。とはいえ、誕生の経緯は謎のままだ。ホッキョクグマは4月〜5月にかけて海氷の上で求愛し交尾するが、そのころグリズリーは遠く離れた陸地にいる。それに、ホッキョクグマはオスとメスが数日間一緒に過ごしたあとで、メスが排卵し、交尾がはじまる。つまり、ピズリーの父親（ホッキョクグマ）は一定期間、母親（グリズリー）に求愛したはずで、途中でライバルを追い払った可能性もある。単なるワンナイトラブではなかったのだ。

いまのところ、野生のピズリーベアがどれくらい珍しいのかは研究者にもわからないが、北極圏で見つかった変わり種の交雑種はほかにもいる。80年代後半、グリーンランドのハンターから、半分イッカク、半分ベルーガ[*6]（シロイルカ）の外見をした奇妙なクジラの目撃情報があがった。2009年、ベーリング海で研究者が撮影した大型のクジラは、セミクジラとホッキョククジラの交雑個体のようだった。[*7] イシイルカとネズミイルカはブリティッシュコロンビア沖での交雑が知られているし、アザラシでも交雑個体が博物館標本と野生で記録されている。*Nature*に掲載された論文の著者たちは、これらの動物たちは北極圏の交雑種の氷山の一角だと考えている。ブレンダン・

ケリー、アンドリュー・ホワイトリー、デヴィッド・トールモンは、北極圏と亜北極圏のさまざまな海生哺乳類の間で少なくとも34パターンの交雑がすでに起きていると指摘し、これ以外にも未発見の事例が多数ありうると述べた。

吉とでるか、凶とでるか？

それで、このような種間交雑をどう考えればいいのだろう？　わたしたちが地球温暖化を進めた結果、交雑を妨げていた大陸規模の障壁は融けてなくなりつつある。北極圏は動物種のるつぼと化し、交雑種はますます数を増やすだろう。ヒトに責任があることに疑問の余地はなく、だから人新世の交雑種はわたしたちがつくりだしたものだといえる。種間交雑は自然界にありふれた現象なので、不自然ではないものの、「ポスト自然」ではある。交雑個体の出現につながる因果関係の連鎖のなかで、最初のドミノを倒したのは、間違いなく人類だからだ。彼らの行く末がどうなるかは、時が経って初めてわかるだろう。

ケリーらは、交雑の増加が北極圏の生物多様性を脅かすことを懸念している。たとえば、セミクジラは世界に数百頭しか残っていない。穏やかな巨獣である彼らは繁殖速度が遅いため、子の1頭1頭の生存が重要だが、より数の多いホッキョククジラと交配した場合、個体数を増やす貴重な機会は失われる。同じように、ズキンアザラシもタテゴトアザラシとの交雑で、ホッキョクグマはグリズリーとの交雑で脅威にさらされる可能性がある。

北極圏より南で活動する多くの自然保護従事者も、同じ危機意識をもっている。スコットランドでは、スコットランドヤマネコ（ヨーロッパヤマネコの地域個体群）がイエネコとの交雑により風前の灯だ。東南アジアでは、現代のニワトリの祖先であるセキショクヤケイが、家禽化された子孫との交雑に脅かされている。生物種のDNAは、数百万年にわたる進化を通じて精緻に調整された結果として、生存に不可欠なさまざまな独自の特徴を備えている。たとえば、現代のニワトリは病気にかかりやすいが、ヨーロッパ、アジア、北アメリカで猛威を振るう高病原性鳥インフルエンザに対し、野生のセキショクヤケイはほぼ完全な耐性をもつ。セキショクヤケイのゲノムが交雑によって劣化すれば、この形質にかかわるDNAが失われることが危惧される。病気に耐性をもつニワトリの新品種の作出など、いざわたしたちにそれが必要となったとき、貴重な資源は底をついているだろう。

反面、個体群があまりに小さく、深刻な近親交配に陥っているときには、交雑は遺伝的な命綱になりうる。場合によっては、希少種のDNAの半分だけでも救うほうが、絶滅によってすべて失うよりましだ。キタシロサイを守ろうとしている研究チームは、こうした方法を考えざるを得ない。中央アフリカの平原で平和に暮らしていたキタシロサイは、数十年にわたる内戦と違法な密猟により、絶滅の瀬戸際に立たされた。これを執筆している時点で、残された個体はたった2頭、ナジンとファトゥの母娘だけで、ケニアの野生動物保護施設に棲んでいる。どちらも健康に問題を抱え、自然繁殖は不可能だ。そのため、ベルリンにあるライプニッツ野生動物研究所のトーマス・ヒルデブラントらは、繁殖を手助けしてこの種を救う試みに挑んでいる。[*8]

2018年、研究チームは試験管内での交雑胚作成に成功したと発表した。使われたのは、最後のオスのキタシロサイから生前に採取され凍結保存されていた精子と、最近縁種のミナミシロサイから採取された卵だった。二つの交雑胚は培地のなかで1週間あまり発達し、その後、チームは胚を凍結保存し、現在はミナミシロサイの代理母の子宮に着床させるという、前例のない次の段階に備えている。これは画期的な成果だ。どちらの胚もDNAの半分が、機能的絶滅に陥った種に由来するのだ。キタシロサイの貴重な遺伝情報を薄めたともいえるし、この種のゲノムのかなりの部分を生存の見込みのある胚のなかに保存したともいえる。ヒルデブラントたちと同じで、わたしは後者を支持したい。この方法なら、絶滅したも同然の種から、価値ある遺伝子を救いだせる。状況によっては、何も残らなくなるよりは、たとえ交雑個体であってもいたほうがいいだろう。

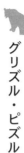

グリズル・ピズル

ホッキョクグマの暮らしは厳しい。北極圏は地球平均の2倍の速さで温暖化している。海氷が融けると、太陽光線の反射量が減るからだ。ホッキョクグマはほとんどの時間を海氷の上と周囲で過ごすので、融解が進むにつれ、生息場所は文字どおり足もとから消えていく。一部の研究者は、あと2、30年で夏の北極圏から完全に氷がなくなるだろうと予測する。ホッキョクグマは南下を強いられ、一方でグリズリーは北へ分布域を広げている。その間のどこかで、2種のクマが出会いを果たす。両方が同時に目撃された例はすでにある。ハドソン湾では、殺されたばかりのクジラの死骸の周囲にホッキョクグマとグリズリーが群がるところをハンターが目にした。人為的な気候変動は動物の分布域を変化させ、これまで隔離されていた種の間に交雑の機会をもたらしている。わたしたちの知っているホッキョクグマは、こうして終焉を迎えるのだろうか？　それとも、これは彼らの進化の新たなステージのはじまりなのか？

２０１０年、カナダ北極圏でまたもやピズリーが射殺された。再び遺伝子解析がおこなわれ、やはりこの個体も交雑個体であることが確認された。ただし、今度の個体は、第1世代のピズリーではなく、交雑第2世代だった。父親がグリズリー、母親はピズリーで、このクマはいわば「グリズル・ピズル」だったのだ。それまで、ピズリーが北極圏で繁殖しているかどうかはもちろん、そもそもピズリーに繁殖能力があるかどうかも知られていなかった。ピズリーに子育てができるかについても、何の情報もなかった。

野生のグリズリーとホッキョクグマの母親は、それぞれの純血種の子との間に強い絆を形成する。母子は最大30カ月をともに過ごし、その間に母親は栄養を与え、生きていくのに不可欠な教訓を授けるが、交雑種の子は放棄される場合がある。オスナブリュック動物園のティップスとタップスは、グリズリーの母親から拒絶され、結局、叔母にあたる別のクマのオッシと、飼育員たちの手で育てられた。子グマにはおとなたちの優しさが必要だ。北極圏で生まれた小さなグリズル・ピズルは、きちんと面倒を見てもらっていたに違いない。このことから、少なくとも一部のピズリーには十分な子育て能力があるとわかる。ピズリー王国の繁栄も、まったくありえないわけではなさそうだ。

種間交雑はさまざまな結果をもたらす。交雑種は時に、親のどちらかの種との交配に戻る。するとDNAが半分ずつ混合された新たな系統が樹立される代わりに、世代を重ねるにつれてどちらか一方のゲノムが優位に立ち、他方の種は断片的にDNAを残すだけになる。自然淘汰がゲノムを刈り取って成形した結果、ほとんどは種Aだが、ごくわずかに種Bを含むような交雑個体ができるのだ。

あなた自身がそんな交雑の好例かもしれない。ヨーロッパまたはアジアにルーツをもつ人は、遺伝的に約97・3%がホモ・サピエンス、残りの2・7%がホモ・ネアンデルターレンシスなのだ。およそ4万年前、アフリカをでてヨーロッパに進出した現代人の祖先は、ネアンデルタール人と出会い、交配した。こうした密通がどこまで合意にもとづいていたかはおそらく知りようがないが、結果として繁殖可能な交雑の子が生まれ、成長して自身も子を残した。その後の数万年でネアンデルタール人が絶滅し、現代人は順調に分布を広げ世界を征服したが、ネアンデルタール人の遺伝子はいまもわたしたちのなかで生きている。先日、わたしは遺伝子検査を受け、自分がたいていの人よりも少し多めにネアンデルタール人の要素をもっていると知って興奮した。わたしのゲノムを構成する32億塩基対の化学的アルファベットのうち、約９６００万塩基対がネアンデルタール人の親戚たちに由来する。つまり、わたしは３％ネアンデルタール人なのだ。確かに、思い当たる節はたくさんある。足の指に毛があるし、たき火が大好きだ。それにときどき、気に食わない相手の頭を棍棒で殴りつけたくなる、不可解な衝動に駆られる…[*9]いや、脱線はこのくらいにしよう。

アメリカ南東部にいるアメリカアカオオカミは、80％がコヨーテ、20％がハイイロオオカミだ。南アメリカのドクチョウ属 *Heliconius* のチョウは、目を見張るような色彩パターンを、近縁種との交雑によって獲得した。わたしの住んでいるイングランドでも、ヒッグスの散歩中に見かける野生種のツツジには、２種の北アメリカ産の別種のツツジの遺伝子が散りばめられている。こうした生物はすべて交雑種だが、ＤＮＡの大部分が片方の親の種に由来する。グリズリーの遺伝的組成を解析した研究チームも、同じような構図をみいだした。彼らは純粋なグリズリーではなく、ホッキョクグマのＤＮＡを３〜８％保有していたのだ。一見したところ「純血種」に見えるたくさんの生物と同じように、グリズリーは遺伝的に見れば複数の動物種の混合だった。ここから、いくつかわかることがある。

第一に、種間交雑は新しい現象ではない。現在のような状態になるには、グリズリーとホッキョクグマの交雑は断続的にかなり長期間にわたって続いてきたに違いない。カリフォルニア大学サンタクルーズ校のベス・シャピロたちの推定によれば、2種のクマは少なくとも4万年にわたって散発的に交雑してきた。実際の期間は、これよりはるかに長いだろう。ホッキョクグマとグリズリーが分岐してからの50万年かそこらの間に、北極圏には周期的に温暖期が訪れた。海氷が融け分布が重なると、2種の接触機会が生じ、子を残した。その後、再び寒冷化し分布域が分断されると、ホッキョクグマとグリズリーは別べつの道に進み、自分と同じ種の相手との繁殖を再開した。

第二に、長期的に見れば、こうした交雑には進化的価値があるかもしれない。ヒトゲノムを詳しく分析した研究者たちは、ネアンデルタール人の遺伝子がランダムに紛れ込んでいるわけではないことに気づいた。自然淘汰によって有益な遺伝子が残されたのだ。わたしたちの祖先はヨーロッパに着いたとき、新たに遭遇する病原体に対する免疫をもっていなかった。一方、同じ地域で数十万年にわたって生活してきたネアンデルタール人は、十分に適応していたはずだ。わたしたちは交雑を通じて、ネアンデルタール人の病原体への耐性遺伝子を拝借し、維持して、それが生存の助けになったのだ。

同様に、グリズリーもホッキョクグマの遺伝子から利益を得てきたかもしれない。これまでのところ、グリズリーのゲノムはあまり詳しく調べられていないため、そこに含まれるホッキョクグマの遺伝子がどんな特性や機能をもっているのかは不明だが、いずれわかるだろう。一方、すでにわかっていることもある。グリズリーはホッキョクグマのDNAの一部を保有しているが、その逆はほとんどないのだ。ホッキョクグマのゲノムに、グリズリーの遺伝子はほとんど含まれていない。これには納得がいく。オスナブリュック動物園のタップスのような、グリズリーの茶色い被毛をもつホッキョクグマを想像してみよう。本来の生息環境である、一面雪で覆われた荒野から、この個体はひどく浮いてしまうだろう。アザラシが何キロメートルも先から接近に気づくため、このクマは食いっぱぐれる可能性が高く、そうなると交尾して茶色の遺伝子を次世代に渡せる確率は低くなる。

急速に変化しているいまの世界では、新たな遺伝子を他種から取り入れる能力はとても役に立つ。有用な変異が新たに出現するのを気長に待ってもいいが、この過程には時間がかかるし、運任せだ。種間交雑は、より大きな遺伝的多様性をより短い期間で生みだす、効率のいい方法なのだ。ホッキョクグマとグリズリーの交雑は今後も続くと予測され、そうなるとピズリー王国の前者の血はかなり希釈される可能性がある。いまのわたしたちが知るホッキョクグマは姿を消すかもしれないが、彼らの遺伝子は親戚のグリズリーのなかで生き続ける。だが、可能性はもうひとつある。

前途有望な怪物《ホープフルモンスター》

かつて進化生物学者は、生物がどんなメカニズムを通じて形態的および生理的特徴における大規模で広範な変化を獲得するのか、頭を悩ませた。ダーウィンはこう書いた。「自然淘汰は、連続するわずかな変異を利用することでしか作用しない。自然淘汰は飛躍せず、少しずつゆっくりと前進することしかできない」。彼によれば、新種の進化は時間をかけて、かすかな変化が積み重なって起こる。彼の理論のなかに、急激で複雑な変化の余地はなかった。

しかし、ドイツ生まれの遺伝学者リチャード・ゴールドシュミットはこれに異を唱えた。ダーウィンが想定した小規模な変化は、目立った新しい特徴や新種を生みだすには不十分だと、彼は考えた。そして、大きな変化には大規模な遺伝子変異が必要だと提唱した。たとえば、仮に体の基本構造を司るひとつの遺伝子に変異が生じたら、たったひとつのエラーが入り込むだけで、劇的な変化がもたらされる。もしも、こうした変異が生存に支障をきたさないなら、発達し成長した生物個体は、同じ種の通常個体とはまったく違う姿になるだろう。彼はこうした生物を「前途有望な怪物《ホープフルモンスター》」とよび、ごくまれにではあっても、こうした大規模変異が有益で、自然淘汰を通じて維持されるケースがあるはずだと主張した。無事に成長した怪物は、やがて新しい独自の種の創始個体になると、ゴールドシュミットは考えた。

否定派は彼の仮説を一笑に付した。問題点はいくつもあったが、致命的だったのは、怪物《モンスター》がどこでどうやって配偶相手を見つけるかだ。ある個体がどれだけうまく生息環境に適応していても、繁殖ができなければ、すぐに遺伝的に行き止まりになってしまう。

それから長い年月が経ち、いまもダーウィンの見方が主流ではあるものの、現代の研究者は種分化に複数のルートがあることを認めている。変異が不意に現れ、地質学的時間軸で選択にかけられて、ゆっくりと生じることもあれば、急速に新種が形成される場合もある。多少なりともゴールドシュミットは名誉回復を果たしたのだ。まれにではあるが、前途有望な怪物たちは実際に目撃されている。[*10] 発達にかかわる遺伝子に生じた重要な変異は、生物の発達経路に劇的な変化をもたらす。けれども、あまり注目されないが、急速で大々的な変化に通じる道がもうひとつある。種間交雑だ。

もし二つの種が交雑し、生まれた個体がどちらの親の種とも交配しなければ、新たな種の形成につながる。仮に将来、ピズリーベアの小集団が北極圏の片隅に定着し、そこにはホッキョクグマもグリズリーもいなかったとしよう。彼らはピズリーどうしで交配し、棲んでいる環境にすっかり適応する。海氷がすっかりなくなって陸上で暮らしているため、茶色の被毛は風景に溶け込むのに有利だ。ホッキョクグマに似て泳ぎが得意だが、冬になるとグリズリーのように穴ごもりして、ほかにもさまざまな交雑種ならではの特徴が、彼らの生存を助ける。地理的にも遺伝的にも親の種から隔離され、ついにはたとえホッキョクグマやグリズリーに出会っても、求愛に関心を示さないか、繁殖能力のある子を残せなくなる。いまのところ、こんなシナリオが実現するかどうかはわからない。もしそうなるとしたら、いまわたしたちの目の前で起こっていることは、種分化の最初のステップなのかもしれない。

インスタントスズメ

昔むかし、お腹をすかせた1羽の小さな茶色い鳥がいた。鳥が棲んでいたのは農業がはじまって間もない中東で、ちょうど耕された畑に作物が根をおろすところだった。鳥は作物の世話をする人びとを眺め、種もみがこぼれるのを見つけると、さっと舞い降りてあっという間に食べた。鳥たちはやがて、鈍臭くて無駄の多いヒトの近くにいたほうが、野山のなかを探しまわるより簡単に餌にありつけると気づいた。そして農耕民たちが肥沃な三日月地帯を旅立ち、農耕技術を周辺地域に広めると、鳥たちはそのあとをついていった。

現在、イエスズメとよばれているこの茶色の小鳥たちは、約８０００年前に農耕民を追ってヨーロッパに進出し、そこで自分たちに負けず劣らず魅力的な、別種の茶色い小鳥に出会った（口絵参照）。こちらはスペインスズメとよばれ、イエスズメによく似ているが、少しだけ大柄だ。オスの頭頂部は灰色ではなく栗色で、頬にも灰色ではなく白色の柄が入る。イエスズメとスペインスズメは互いに惹かれ合い、交配しはじめた。交雑個体は両方の特徴を備え、頭はヨーロッパ系、体はアジア系だった。顔の模様はスペインスズメに、体の模様は移民であるイエスズメに似ていたのだ。何より重要なのは、成長した子に繁殖能力があったことだ。時が経つにつれ、交雑種はどちらかの親の種よりも交雑種どうしと好んでつがいを形成するようになった。新たな種が誕生したのだ。彼らは両親の2種が初めて出会った場所であるイタリア半島にちなんで、イタリアスズメとよばれている。

この種が雑種に起源をもつことは、のちに遺伝学者によって裏づけられた。イタリアスズメは現在、イタリア各地と地中海沿岸の周辺地域に分布する。ヨーク大学の進化生物学者クリス・トマスは、ヴェネツィアのサン・マルコ広場で観光客からパンくずを盗むこの鳥に目を留めた。彼らの進化史を考察したクリスは、最初の遺伝的変化がもたらされたのは、異種の両親が初めてつがいになった最初の繁殖期だったと考えている。スズメは繁殖力旺盛で、1年に複数回ヒナを巣立たせる。そのため新種の系統は、200世代程度、つまりわずか数十年で確立された可能性がある。「従来の進化理論から予測されるより、少なくとも1000倍は速い種分化です」と、クリスはいう。「ほとんど一瞬にして新種が出現したといっていいでしょう」。

この逸話には驚かされる。大規模な進化的変化、すなわち新種の誕生が、種間交雑によって急速に生じた実例なのだ。1万年前、イタリアスズメはどこにもいなかった。人類が農業を発明し、農耕技術を輸出したからこそ、この種が誕生したのだ。「イタリアスズメがいまいるのは、ヒトが集落、農場、農業を生みだし、イエスズメとスペインスズメがヨーロッパで出会って交雑種をつくる機会をお膳立てしたからにほかなりません」と、クリスはいう。わたしたちはイタリアスズメの誕生の直接的要因なのだ。

クリスの地元にもっと近い場所には、さらに最近になって生まれた交雑新種がいる。ことの起こりは300年前、シチリアのエトナ山の荒涼とした山麓に咲いていた小さな黄色い花を、植物学者たちが善意でイングランドのオックスフォード大学植物園にもち帰った。この花はそもそも自然発生した交雑種で、栽培環境でよく育ったが、のちに植物園から漏出して市中に解き放たれると、さらに旺盛に成長した。街の石壁の裂け目や大学の敷石の隙間は故郷の火山性環境に近く、この植物の定着に適していた。１００年後、黄色い花は街中に広がり、もはや親である２種とは交配できないほど違う植物になっていた。こうして新種が生まれた。オックスフォード・ラグワート、学名*Senecio squalidis*だ。

この話にはまだ続きがある。１８４４年6月12日、オックスフォードに鉄道駅ができ、市民はほかの都市に容易に行けるようになったが、それは植物にとっても同じだった。オックスフォード・ラグワートの種子は線路に落ち、砂利道に根づいた。やがて成長して種をつけると、オックスフォードからほかの都市にもこの植物が拡散しはじめた。１８７０年代にヨークにたどり着いたこの種は、同じキオン属*Senecio*に分類される在来種ノボロギクに出会った。２種の相性はぴったりで、やがて交雑種が形成された。数十年後、交雑種は自家受粉性で独自の遺伝的特徴をもつ事実上の新種、ヨークワート*Senecio eboracensis*となった。学名は古代ローマ時代のヨークのよび名であるエボラクムにちなんだものだ。

このシナリオはさらに繰り返された。１８９０年代なかば、オックスフォード・ラグワートがウェールズ北部に侵入した。オックスフォードとレクサムを結ぶ鉄道路線に定着したあと、この雑草は在来のノボロギクと交雑し、また別の交雑種を生みだした。ただし今回、種分化はさらに急速だった。植物は時に、染色体のセットをまるごと取り込んだ倍数体になるのを覚えているだろうか？　ウェールズノボロギクはまさにその一例で、両親の染色体セットをすべてまとめてもっていて、染色体が合計60本もある。在来のノボロギクより20本、オックスフォード・ラグワートより40本も多いのだ。変異という意味では、これほど「大規模《メガ》」なものはそうそうない。ゴールドシュミットが生きていたら、「前途有望な怪物」の実例にあげたかもしれない。新たに形成されたウェールズノボロギクのゲノムは、どちらの親のものとも遺伝的にまったく違ったため、種分化は染色体が統合された瞬間に起こったといえる。

　こうして、過去３００年の間に三つの新種が、人間活動のおかげで誕生した。「わたしたちの活動は、ふつうなら起こり得ないような種どうしが出会い、繁殖する機会をつくりだしています」と、クリスはいう。人類の営みが、思いがけない進化の婚活パーティーにつながった。地球温暖化で北極圏の氷が融解し、ホッキョクグマはグリズリーと出会った。農業の拡大にともなってイエスズメがヨーロッパに進出し、イタリアスズメが誕生した。そして、イギリスの鉄道網は、オックスフォード・ラグワートの種子を在来のノボロギクの分布域へと運び込んだ。異なる種どうしの交流を妨げてきた地理的障壁をヒトが次つぎに取り払うなか、種間交雑は現在進行形で起こっている。何より、ヒトが生物種を地球上のあちこちに移動させた結果、交雑の機会が激増しているのだ。

外来種がつくる奇妙な世界

　スコットランドでは、在来種のアカシカと非在来種のニホンジカの間で交雑が起こっている。1世紀以上前にハイランド地方にもち込まれたニホンジカは、飼われていた鹿園から脱走し、野生に定着した。彼らはアカシカと交雑し、生まれた子には生殖能力があった。いまでもほとんどの交尾は同種どうしでおこなわれていて、アカシカとニホンジカが交雑するのは５００回に1回ほどでしかない。だが、これだけでも混じり合うには十分だ。地域によっては、生息するシカの40%が交雑種の場合もあり、新種が形成されつつあると考える人もいる。

　ヒトは、ものすごい速さで生物種を地球上のあちこちへと運んでいる。かつて陸生生物は、陸塊が衝突しないかぎり大陸間を移動できなかった。３億３５００万年前、世界の大陸が集まって超大陸パンゲアを形成したときが、数少ない例外だった。だがいまでは、あらゆる生物が航空機、船、自動車、自転車、あるいはわたしたちの靴の底に便乗して旅をする。微生物、菌類、植物、動物は、あっという間に本来の分布域を飛びだし、地球の果てまで移動する。

侵略的外来種は、数多くの生態系を破滅に追いやってきた。だが、恐ろしい物語の裏には、はるかに多くのハッピーエンドが隠れている。一般に、非在来種が問題を起こすケースでは、それらが在来の動植物とは生態学的にまったく異質の存在であることが多い。丸い穴に四角い釘を打ち込むようなものだ。たとえば、ニュージーランドに生息する野生動物は、数かずの外来哺乳類から身を守るのに苦戦している。ここには７００年前まで陸生哺乳類がまったく分布していなかったからだ。しかし、ほかの地域に目を向けると、違いがより小さい場所では、外来種はさほど大きな問題になっていない。より広い視野で変化を眺めてみると、敵対というより自由放任の印象だ。外来種は常に在来種に取って代わるわけではない。時にはただ落ち着いて、まわりに溶け込む。そして作物を受粉させ、土を豊かにし、種子を散布するなど、有益な生態系サービスを提供する。

ちょっと立ち止まって、外来種に対するわたしたちの態度がどれだけ非合理的で一貫していないか、考えてみるのも一興だ。たとえばイエスズメは、アジアから世界中に拡散し、イギリスでは愛すべき庭への来訪者とされているが、アメリカでは害鳥として不可解なほど忌み嫌われている。イギリスには３７００万頭を超えるアナウサギと１００万頭足らずのヤブノウサギがいる。どちらも約２０００年前にローマ人が導入したものだが、ヤブノウサギが国の宝とされる一方、アナウサギは害獣扱いだ。わたしたちは最近入ってきた種には不寛容だが、昔からいる移入種は受け入れがちだ。そのため、１９０１年に個人飼育からの脱走が原因で定着したオオヤマネ（在来のヨーロツパヤマネとは別種）はイギリスでは嫌われ者だが、新石器時代にやってきたハツカネズミは在来種とみなされる。1970年代に北アメリカからイギリスにもち込まれたウチダザリガニは、在来のホワイトクロードクレイフィッシュの減少を引き起こしていると敵視されている。だが、ウチダザリガニ以前にも非在来種のザリガニは5種もいたし、それどころか在来種とされていたホワイトクロードクレイフィッシュも、のちに移入種と判明した。

悪評に反して、非在来種が加わって生物多様性がむしろ高まった事例は数多い。遺伝子組換えオオカミである相棒のヒッグスと一緒に、わが家の周りの田園風景を散歩するだけで、たくさんの外来種と出会える。アナウサギやキョン[*11]が飛び込む茂みには、ブルーベル、ポピー、スノードロップ、ツツジなど、季節によってさまざまな非在来植物が咲き乱れる。秋には、ハイイロリス[*12]がヒッグスをからかい、ありあまるほどのドングリを小道からノウサギのひと跳ね[*13]のところに貯食する。リスは気に入らないことがあるとアメリカスズカケノキの枝に駆け込むので、いらだったおバカなヒッグスは、樹冠を見上げて吠えたてることしかできない。わたしたちはウシ、ヒツジ、ウマ[*14]とすれ違い、コムギとオオムギ[*15]でいっぱいの畑を見渡す。

イギリスには1875種の非在来種が定着しているが、わたしたちの知るかぎり、彼らによる在来種の絶滅は起こっていない。ニュージーランドには、2400種の在来の維管束植物[*16]に、2000種の非在来植物が加わった。新参者たちは、生物多様性を圧迫するどころか、ニュージーランドの地に育つ植物種の総数をほぼ倍増させた。大半の種は在来植物と平和に共存していて、負の影響の兆しはほとんどない。世間でどういわれていようが、すべての外来種が悪というわけではないのだ。クリス・トマスの推定では、外来種1種が新たに生態系に加わっても、代わりに1種の在来種が絶滅するわけではないので、その場所の正味の種多様性は増加する。外来種が取り返しのつかない大損害を引き起こす場合もあり、時には駆除も必要だが、全体で見れば外来種はむしろ生物多様性の高まりに貢献している。

種間交雑はその一例だ。「地理的に離れた世界各地に原産地をもつ、これほどたくさんの種が、これほど急速に混合される時代は、おそらく地球の生命史のなかで初めてです」と、クリスはいう。新たなつながりが形成され、異なる種どうしが交配し、いままでにない系統や種が誕生する。「交雑による種分化は人新世の特徴といえるでしょう」。

わたしたちの活動は進化を加速させている。その結果として誕生する生物を、軽視しすぎるのは考えものだ。自然保護活動家は、ハイランド地方を駆けるシカが外来種の遺伝子に「汚染されて」いると嘆く。ほかの多くの交雑種と同じく、「峡谷《グレン》の雑種」たちは遺伝的な純血ではないという汚名を着せられている。だが、種間交雑はそもそも進化のメカニズムのひとつであり、わたしたちヒトも雑種だ。野生下で起こる種間交雑はネガティブに捉えられがちだが、種間交雑は進化的新奇性の源泉であり、遺伝的適応度を増進させるひとつの方法だ。シーモンキーから得られる教訓があるとすれば、これがそうだろう。種間交雑は地球の生命の物語にも、ヒトと自然のかかわりの物語にも不可欠な章のひとつだと、そろそろ認めるべきだろう。

わたしたちは、生命はひとつの樹であるという考えから距離をおく必要がある。１８３７年、ダーウィンはひとつの分岐構造の雑なスケッチをノートに描いた。１本の直線が３本に枝分かれし、その一部がさらにいくつもの線に分かれ、以下同様に続く。彼はページの左上の隅に、ためらうように「わたしが思うに」と書き添えた。それ以来、このスケッチは進化理論を端的に表すものとされてきたが、ひとつ重大な欠点がある。樹の先端の枝のなかに、逆戻りしてほかの枝と融合しているものがひとつもないのだ。種間交雑がありふれたものなら、いや実際にそうなのだから、枝どうしの結合も描くべきだ。遺伝子は、種内の交配を通じて独立した枝の先へ先へと受け継がれるだけでなく、種間交雑により、ひとつの枝から別の枝にも移動する。進化を表現する図は、樹というより、いばらの茂みのようになるはずだ。

ダーウィンのスケッチは簡潔だが、生命はややこしい。生物は、わたしたちが押しつけた分類など気にもかけない。自分がどの種に属するかなど考えもしないのだ。繁殖という根源的欲求は、時に驚くほど荒々しく、行動を方向づける。わたしの友人宅では、彼女の愛犬が激しい腰振りをするせいで、リビングのカーテンがボロボロになっていた。ホッキョクグマがグリズリーに熱をあげるくらいで、そんなに驚くべきではないのかもしれない。

〔脚注〕

＊1　それに、反ユダヤ、ネオナチ、白人至上主義のヘイト集団であるアーリアン・ネイションズとハロルドのつながりも気にかけなかった。彼は発明品のひとつである、バネ式の警棒「キヨガ」で得た利益を同団体に寄付していて、この商品の広告もコミック本に掲載された。

＊2　これに関しては、わたしも有罪を認める。

＊3　属は種と科の間に位置する分類階級だ。

＊4　グリズリーというよび名は研究者には好まれず、代わりに北アメリカのヒグマとよばれる。

＊5　メンフィス動物園［訳注：エルビス・プレスリーの出身地］で生まれたためこの名がついた。

＊6　イッカクの英名はナーワルなので、ナルーガ、あるいはベーワル？

＊7　セミクジラ（right whale）とホッキョククジラ（bowhead whale）の交雑種だから、セッキョククジラ（righthead whiale）だろうか？

＊8　キタシロサイとミナミシロサイが別種か別亜種かについては諸説ある。亜種に明確な定義はないが、ふつう遺伝的には近縁だが地理的に隔離された分布をもつ生物集団を指す。最近の研究で、キタシロサイとミナミシロサイの間の遺伝的距離

は、確実に別種であるクロサイとの距離に匹敵することがわかった。この結果を考慮して、ここではキタシロサイを独立種として扱う。

＊9　安直なネタで、ネアンデルタール人のご先祖さまには申し訳ない。いまや膨大な証拠から、ネアンデルタール人がよくある誤解のような野蛮な暴徒ではなかったことがわかっている。彼らは死者を埋葬し、障がい児を育て、わたしたちとそう違わない複雑な文化をもっていた。

＊10　たとえば、色鮮やかなスズメガの一種 *Proserpinus flavofasciata* において、体と翅の色がもとのオレンジ色と緑色から、ハチに擬態した現在の黒色と黄色に「塗り替え」られたのは、ひとつのメガ変異によって起こった進化であることがわかっている。

＊11　中国から20世紀に移入された。

＊12　北アメリカから19世紀に移入された。

＊13　ノウサギも外来種なので、ここでは「目と鼻の先（hair's breadth）」という代わりにノウサギに登場してもらった［訳注：原文は hare's breath で、本来の慣用句と発音が同じになっている］。

＊14　いずれも青銅器時代にもち込まれた。

＊15　約1万年前に中東の肥沃な三日月地帯で栽培化された。いまではスーパーマーケットで手に入る。

＊16　わたしたちが思い浮かべる植物はたいてい維管束植物に含まれる［訳注：ただしコケは除く］。水や養分を循環させる維管束系をもち、シダもオークもヒマワリも、みなこのグループの一員だ。

第8章 ダーウィンのガ

Chapter Eight

第二次世界大戦中、善良なロンドンの市民たちは、ひとつの敵を逃れてたどり着いた先で、もうひとつの敵に悩まされた。ドイツの爆撃機が首都大空襲を仕掛けたとき、ロンドン市民は街の奥深くにある、地下鉄の線路やホームに避難した。戦時中、大都会の通りの下に広がる、この薄明かりの暗いトンネルに逃げ込んだ人は、およそ18万人にのぼった。だが、集まったのは彼らだけではなかった。降雨やパイプの裂け目の滴りが集積してできた地下の淀んだ水たまりは昆虫を引き寄せ、避難民たちはやがて、半狂乱で体をかきむしりながら、狡猾で人目につかないスパイを罵るはめになった。ただでさえ苦しかった彼らの生活はさらに悲惨なものになった。ちっぽけな蚊のせいで。

戦争が終わると、蚊について考える人はほとんどいなくなったが、遺伝学者のキャサリン・バーンは違った。1990年代、彼女は整備士たちに帯同してロンドンの地下世界を巡り、ただの通勤客には立ち入れない領域にも足を踏み入れた。蚊はしっかり生き延びていた。暗いトンネルのなかで、彼女は水のたまった汚水槽やシャフトから幼虫のサンプルを採集した。そしてロンドン大学の研究室にもち帰り、分析にかけた。

セントラル線、ヴィクトリア線、ベーカールー線の7カ所で採集した蚊を分析した彼女は、結果に驚いた。二つの路線の蚊は、それぞれ遺伝的に異なる系統に属していたのだ。蚊にとって、それぞれの路線はまったくの別世界に等しいと、彼女はのちに語った。電車が行き来するたびに蚊の集団は撹乱されるが、異なる個体群が混ざり合うのは事実上、不可能だった。唯一、そうした出会いがあるとすれば、オックスフォード・サーカスで別の線に乗り換えるときくらいだ。3路線の蚊はそれぞれ独立に進化しているようだったが、違いがあるのは路線間だけではなかった。バーンは、地下の蚊と地上の市街地の蚊にも、遺伝的な差異があることを突き止めたのだ。

ロンドンの地上で生活する蚊は、地下の親戚たちと異なるDNAと生活様式をもっていた。地上での主食はヒトの血ではなく、鳥の血だった。また、冬には冬眠し、大集団で交尾をおこない、産卵前には吸血が不可欠だった。ところが、その20メートル下では、地下の蚊たちが年間を通して活動し、狭いスペースで交尾し、血を吸う前から卵を産んだ。こうして、大空襲の最中にさらなる厄介ごとをもたらした地下の蚊は、地上に棲む親戚のアカイエカ（*Culex pipiens*）と区別され、チカイエカ（*Culex pipiens molestus*）とよばれるようになった。

あとから考えると、この新種の蚊が誕生したいきさつは想像にかたくない。作業員たちが地下鉄の建設を終えた1800年代なかば以降、トンネルは外界から切り離され、そこにいた蚊はとらわれの身となった。血を失敬する鳥がいないため、代わりにヒトとドブネズミを獲物にした。狭い場所で交尾しはじめたのは、ほかに選択肢がなかったからだ。さらに、地下では1年中気温が安定しているため、彼らは冬眠を止めた。100年以上にわたって物理的に隔離され、地上と地下の二つの個体群には、互いと交配する機会がなかった。キャサリンは研究室での実験で両者を配偶可能な状況においたが、どちらも見向きもしなかった。

100世代かそこらの間に、チカイエカは斬新な軌跡を描いて進化しはじめた。ユニークな生息環境に応じて集団は変化し、やがて地上集団とは交配できない別個の存在になった。研究者たちはいま、チカイエカを独立種として認めるべきかを巡って、論争を繰り広げている。

ロンドンの地下鉄の蚊は例外的なできごとではない。人類は都市を築き、都市は生物を変えている。わたしたちは地下にトンネルを掘り、道路を敷設し、ビルを建てるとき、同時にほかの生物が利用する生息環境と資源を劇的に改変している。２００７年、世界はひとつの転換点を迎えた。歴史上初めて、都市人口が農村人口を上回ったのだ。２０５０年には推定98億の総人口のうち、3分の2を都市生活者が占めると予測される。手つかずの自然の劣化が進むなか、野生動物は都市という新たなニッチに進出している。ドブネズミ、ドバト、ナンキンムシ、ゴキブリは都市生活を謳歌している。ナイロビのスラムではライオンがうろつくのが目撃された。モントリオールでは野生のシチメンチョウが増え、ブラジルの都市公園にはマーモセットが棲みついている。行き交う車の喧騒にかき消されないよう、都会で暮らすヨーロッパシジュウカラは、森に棲む親戚よりも速く、短く、高い音程でさえずる。昔はパバロッティのように歌っていたのに、いまやジャスティン・ティンバーレイクふうなのだ。動物たちは都市生活に合わせて行動を変化させる。だが、都市化がそれよりはるかに根源的な影響を及ぼしていることを示す研究結果がますます増えてきている。ロンドンの地下鉄の蚊が示すとおり、生物進化の道筋を変えつつあるのだ。

前の二つの章では、めまぐるしい人類の活動が、一方では個体数減少と絶滅を引き起こし、他方ではイタリアスズメやピズリーベアのような新たな交雑種を生みだしている現状を見てきた。だが、ヒトが巻き起こす大騒動の真ん中で、新たな進路へと舵を切る生物も少なくない。周りを見渡せば、生物進化はいつでもどこでも起こっているが、現代の人間活動が原因で、多くの種が超高速の進化を強いられている。彼らがこの章の主役だ。

ダーウィンは自然淘汰理論を提唱し、進化のしくみを説明した。その必須要素は次の三つだ。

第一に、変異がなくてはならない。同種の生物はみな基本的に似ているが、重要なのは個体差があることだ。一部の個体は、たとえばより大柄だったり、足が速かったりする。体色や、干ばつへの耐性、代謝率にも違いがあるかもしれない。多様性は進化を駆動する燃料だ。

第二の要素は淘汰圧だ。淘汰圧とは、個体が繁殖し遺伝子を残す能力に影響を与える、ありとあらゆる要因を指す。たとえば、イエローストーン国立公園では、オオカミが捕食によって、プロングホーンに淘汰圧をかけている。プロングホーンは木々のやわらかな新芽を食べるため、こうした植物がどれだけ手に入りやすいかも、彼らにとっての淘汰圧になる。

最後に、時にはなんらかの固有の特徴をもつ個体が、ほかの個体よりも優位に立つ。仮に伝染病が流行して、先のプロングホーンの大多数が死んでしまったとしよう。この病気に抵抗力をもつ個体は、生き延びて繁殖する可能性が高い。すると、病気への耐性にかかわる遺伝子が次世代に受け継がれる。つまり、ダーウィンのレシピの三つめの材料は遺伝だ。

環境変化は淘汰圧を生みだす。そして都市は、途方もない環境変化の中心だ。土と木の葉の代わりに、ここにはコンクリートとガラスがある。光害、騒音、化学汚染、それにもちろん道路と車の往来があり、概して緑は少ない。本来の生息環境が圧迫された結果、多くの種が都市に進出した。近年、こうした生物に起こった変化が、研究者を魅了している。

都市に適応する生きものたち

数百年前、現在のニューヨーク市にあたる地域は森林と低湿地に覆われていた。そこに暮らしていた多くの動物種のひとつが、つぶらな眼をした小さなげっ歯類シロアシマウスで、草地や森の下生えの合間をちょこまかと走りまわっていた。シロアシマウスは自由に移動し、好き勝手に交配して、連続的なひとつの個体群と、よく混ざり合った遺伝子プールを形成した。その後、つつましくはじまった街はビッグ・アップルへと成長した。超高層ビルが林立し、アベニューや大通りが発展する巨大都市を整然とブロックに切り分けた。草地は住宅、劇場、ショッピングモールに姿を変えた。本来の生息環境が破壊されるなか、シロアシマウスはわずかに残った緑地空間である都市公園に逃げ込んだ。

いまやニューヨークでは、シロアシマウスの孤立個体群がセントラルパークはもちろん、ブルックリンのプロスペクトパークや、もっと狭いクイーンズのウィローレイクなどの公園でも立派に暮らしている。こうした個体群を調査した研究により、ロンドン地下鉄の各路線の蚊と同様、別べつの公園に生息するネズミたちも、少しずつ異なる方向へと進化してきたことが明らかになった。どのシロアシマウスにも、すみかの公園に特有のDNAが見られたのだ。マンハッタンのネズミはブロンクスのネズミとは違う固有の遺伝的特徴を備えていて、クイーンズやロッカウェイ半島のものとも異なる。

ゲノムをさらに詳しく分析したところ、変異のパターンが明らかになった。ニューヨーク市立大学のスティーヴン・ハリスとジェイソン・マンシ＝サウスは、都市部と農村部のシロアシマウスのDNAを比較し、都市公園に棲む集団のゲノムには都市生活への適応の兆候があると示した。たとえば、セントラルパークのシロアシマウスは、消化と汚染耐性にかかわる珍しいタイプの遺伝子をもっていた。そのうちのひとつである*FADS1*遺伝子は、脂質に富む食料の分解を助ける機能が知られている。別の例として*ARK7*遺伝子は、湿った堅果や種子に生えるカビが生成する毒素アフラトキシンを中和する効果をもつ。ネズミたちは、セントラルパークに閉じ込められてからせいぜい120年かそこらで、ニューヨークの定番料理のピザやピーナッツを消化できるように進化したらしいのだ！

一方、2500キロメートル離れたネブラスカ州南西部では、サンショクツバメが新たに生じた重大な問題に立ち向かっていた。近頃、この鳥の多くは、せりだした崩れやすい斜面や砂質の崖にではなく、ハイウェイの橋、高架道路、路側の排水溝の下面に小さく丸い泥の巣をつくる。こうした営巣場所は構造こそ安定しているが、高速移動する車の間近を行き来する危険をともなう。メアリー・ボンバーガー・ブラウンとチャールズ・ブラウンは、サンショクツバメを40年以上にわたって研究してきた。彼らが研究をはじめた頃、生きているツバメの翼長は、交通事故で死んだツバメのものと同等だった。しかし2010年には、生存個体の翼長は、不運にも事故死した個体より0・5センチメートル短くなっていた。加えて、道路の交通量は変わっていないにもかかわらず、事故死する鳥の数は90%も減少していた。いったい何が起こったのだろう？

翼の短いツバメが生存したのは、そのほうが垂直に離陸しやすく、迫り来る車をうまく避けられたからだろうと、2人は結論づけた。時とともに、こうした鳥たちが繁殖し、「翼を短くする遺伝子」を将来世代に受け継いで、彼らの子も同様の強みをもって生まれた。一方、翼の長い個体はSUVにはねられて短命に終わる確率がより高く、「翼を長くする遺伝子」は、徐々に遺伝子プールから排除されていった。都市環境のダイナミクスが課した自然淘汰が、小さく丸い翼をもち、自動車を回避できるツバメの進化という結果を生んだのだ。

関心をもつ研究者が増えた結果、都市が進化に影響を与えた証拠は相次いで見つかっている。プエルトリコでは、都市に棲むトカゲの一種クレステッドアノールが、長い脚と接着力の強い指先を進化させ、ビルの壁面を這いまわっている。ウィーンのコガネグモは、街灯に照らされた歩道橋の手すりに巣をつくるように進化している。お目当ては明るい光に集まるガだ。イギリスのシジュウカラは、くちばしをより長く進化させ、餌台からピーナッツをかっさらう。都会のストレスに対処できる個体が生き残った結果、クロウタドリはますます大胆になってきている。植物も都市に適応している。モンペリエでは、舗装道路の裂け目に育つありふれたキク科の雑草 *Crepis sancta* が、親のすぐそばの地面に落ちる重い種子を進化させた。近くに落下する種子は、遠くに吹き飛ばされコンクリートの上に取り残される軽い種子よりも、発芽する見込みが大きいのだ。リストはまだまだ続く。

　ヒトは自然環境を改変し、生命はそれに応じて進化する。わたしたちは都市を築くとき、同時に生命を新しく予測不能なやり方でつくり変えている。都市空間は、適切な遺伝的特性をもつ個体には新たな可能性をもたらすが、誰にでも優しい場所ではない。都市生活に適応できず、よそに逃れることもままならないなら、遠からずその種は死に絶えるだろう。都市建設は進化の火遊びだ。だが、都市化はヒトがもたらすさまざまな淘汰圧のうち、最もわかりやすい例でしかない。そこまであからさまでなくても、同じくらい根本的な変化をもたらす人為的な淘汰圧は、ほかにもたくさんある。

ダーウィンのガ

　ロンドンの自然史博物館には、世界中から集められた１１００万点を超えるガとチョウの標本が収蔵されている。途方もない数の標本のうち、一般向けに展示されているのはごく一部だ。残りはしまいこまれているが、鱗翅目担当シニアキュレーターのジェフ・マーティンに丁寧にお願いすれば、少しだけ見せてもらえるかもしれない。

わたしがジェフに連絡したのは、1匹のガを探していたからだ。見たかったのは、とても珍しいガで、特定の種というだけでなく、その種に属する特定の個体だった。わたしがこのガを最後に見たのは30年以上前、ティーンエイジャーだった頃だ。ガは当時、すでにピンで刺されて固定され、立派なマホガニー材のディスプレイ棚に飾られていた。棚のもち主はわたしの大叔父のリチャード・ピルチャーで、彼はリンカーンシャーのサウス・ソアーズビーという集落の外れに住んでいた。わたしの知っている大叔父は、外科医を引退したあと、趣味の博物学に熱をあげ、多くの時間を費やしていた。リックおじさんと週末を過ごすのを、わたしはいつも楽しみにしていた。野鳥を観察し、イモムシを採集し、ケーキをたくさんごちそうになった。わたしは機会を見つけては、ガーデンルームに忍び込み、キャビネットの中身を眺めたものだった。

リックは生涯のうちに、イギリスに約900種が分布する大型のガのうち、かなりの数を収集した。同世代の博物学愛好家の例に漏れず、彼は採集した虫の一部を薬殺し、標本のコレクションをつくりあげた。正面にガラスがはめ込まれた浅い抽斗には何千という虫たちがずらりと並び、一つひとつが丁寧に展翅され、胸部を貫くようにピンが刺されていた。ドラマチックでカラフルなそれらは、細やかな季節の彩りを映しだしていた。手のひらに収まらないほど大きなものもいれば、じっと見ているだけで崩れてしまいそうなほど繊細なものもいた。

1990年に彼が亡くなったあと、リックの家族は自然史博物館にコレクションを遺贈した。それ以来、ジェフは同僚たちとともに、4577匹のリックのガすべての情報をデジタル目録に入力した。いまでは博物館を訪れ、このガが見たいと希望をいえば、ジェフが応じてくれる。

わたしたちは博物館の奥深くに足を踏み入れ、書斎のようにものが山積みになった部屋にたどり着いた。積まれているのは本ではなく、無数のガとチョウの標本を収めた箱だ。

「さて、オオシモフリエダシャクを掘りだしましょうか」。ジェフは親しげにいった。

彼には思うところがあったようで、いったん姿を消し、数分後に白色と黒色のガでいっぱいの標本箱ひとつを抱えてきた。ガは上翅と下翅を広げた状態で、整然と並んでいた。この箱だけでも１５０個体以上が、左側と右側で色違いになるように並んでいて、絵画のカラーパレットのようだ。左側のガはセピア色の地に、暗色の斑点や模様が入っている。右側のガはほぼ全体が真っ黒だ（口絵参照）。

「これらは全部、オオシモフリエダシャクです」と、ジェフはいった。彼によると、どのガももとは個人が収集したものだ。「遺言でご寄贈いただいたあと、わたしたちが種ごとに標本箱に整理しました」。彼は標本の隣にピンで留めてある、小さなラベルを読んだ。「リチャード・ピルチャーさんのは最後の列、下から四つめです」。

わたしは右下の隅に目をやり、そこから上に数えていった。１、２、３…４。あった、これが探していたガだ。すす色でちょっと傾いたこの標本を、わたしは何年も目にしていなかった。頼りない触覚は毛深く黒い体と直角をなして広がり、翅は暗色で汚れて見えた。目を惹く虫ではない。さほど大きくも小さくもなく、目立った模様もない。はっきりわかるようなしるしは何もないが、このガは紛れもなく、進化生物学のスーパースターだ。オオシモフリエダシャクは、現在進行形の進化を象徴する存在だ。都市生活と人間活動が、ひとつの生物種全体の進化の道筋に影響を与えうることを実証した、最も有名な例なのだ。

19世紀なかばまで、イギリスのオオシモフリエダシャクはすべて、この箱の左側にある標本に似た姿だった。クリーム色に黒色の斑点。ところが１８４８年、マンチェスターのある昆虫採集愛好家が、大叔父のリックと同じように、1匹のすす色の個体を捕まえた。その後、年を追うごとに暗色型の割合は増していき、世紀が変わる頃、マンチェスターやその他の工業都市では明色型に完全に取って代わった。

原因は汚染だった。産業革命の初期にせっせと燃やされた石炭はすすを生みだし、ガが日中の休息場所にしている樹皮を覆いつくした。黒化型のガは暗くなった背景にみごとにカモフラージュできたが、明るい色のガは目立ってしまい、鳥たちに捕食されやすくなった。黒化型の形質は遺伝するため、時が経つにつれ都市部ではすす色のオオシモフリエダシャクが増加し、明色型の個体は減少した。しかし、明色型は完全にいなくなったわけではない。空気のきれいな農村部では、相変わらず彼らが優勢だった。そして、20世紀なかばに大気浄化法が制定され、効果を発揮しはじめると、状況はまたもや変化した。都市部で黒化型が減りはじめ、明色型が再び優位に立ったのだ。

ダーウィンが知っていたら困惑しただろう。すでに述べたように、ダーウィンは、進化は途方もなく長い地質学的タイムスケールでゆっくりと起こると考えていた。『種の起源』で彼はこう述べた。「長い年代が経過するまで、ゆっくりと進むその変化にわれわれが気づくことはない」。進化はウサギではなくカメのように歩みを進める。少しずつ起こるその変化は、リアルタイムではとうてい観察できない。彼はそう考えた。ダーウィンは世代を超えて変化が起こるしくみを解明したが、その過程が急速に起こりうるとは想像もしなかったようだ。

オオシモフリエダシャクは大いなる謎だった。自然淘汰の過程を実証する完璧な実例で、「ダーウィンのガ」の異名をとるまでになったが、それにしても変化が急すぎた。なにしろ、産業革命の初期にはみんな白かったのに、終わる頃には残らず黒くなっていたのだ。この劇的な転換のきっかけとなった変異とそれが生じた時期が、2016年にようやく突き止められた。トランスポゾン、あるいは「跳躍遺伝子」よばれる小さなＤＮＡの断片が、色素沈着を制御する遺伝子の真ん中に潜り込んだのだ。この変異をもって生まれたガは、例外なく墨色の翅を発達させた。

跳躍遺伝子が挿入されたのは1819年のことだった。それから100年と経たないうちに、イギリスのオオシモフリエダシャクの個体群は生まれ変わった。ダーウィンが思い描いた地質学的タイムスケールで見れば、ほんの一瞬だ。

オオシモフリエダシャクの逸話が明らかになってからも、しばらくはこうした急速な変化は例外だと考えられていた。しかし、やがて生物学者たちは、ほかにも目まぐるしいスピードで変わりつつある種がいることに気づきはじめた。こうした変化の多くに遺伝性があり、進化はダーウィンが思っていたほどのろまではないのかもしれないという疑いがでてきた。

1950年、オーストラリアに溢れ返る移入種のアナウサギは、作物を荒らし、在来の野生動物を脅かしていた。甘言にそそのかされ、政府は過激な害獣駆除政策の採用を決めた。もっとアナウサギを輸入するのだ。ただし今度は、致死性でウサギだけに感染する、ミクソーマウイルスを保有する個体を。このウイルスに感染したウサギは、悪名高い兎粘液腫《うさぎねんえきしゅ》を発症し、数週間で死に至る。こうしてオーストラリア南東部のマレー渓谷に、感染したウサギが放たれ、ウイルスは拡散した。たった2年で、5億頭のウサギが死んだ。そしてここから、想定外の自然淘汰実験が、世界屈指の規模で展開することになる。

ウイルスとウサギの両方が進化しはじめたのだ。当初は非常に高い致死率だったミクソーマウイルスの病原性が低下した結果、ウサギが抵抗性を進化させるだけの時間的余裕が生じた。病気にかかっても生き延びられるような変異をもつ個体は、繁殖し、有益な遺伝子を将来世代に受け継いだ。アナウサギの個体数は回復しはじめ、それを受けてウイルスも対抗策を講じるようになり、両者の進化の激しい競争は今日まで続いている。

生物は環境変化に応じて進化する。このことは驚くにはあたらない。アナウサギを調べた研究チームを驚かせたのは、進化のスピードだ。ある場所では、10年と経たないうちにウサギがミクソーマウイルスへの耐性を獲得した。研究者たちは、進化は急速にも起こりうると理解しはじめた。だが、まだその考えを実験で検証する必要があった。解決策をもたらしたのはグッピーだった。

トリニダードのグッピーのすみかである山肌を伝う渓流は、滝と淵が交互に連なってできている。滝が自然の障壁となり、上流側と下流側に生息する魚は、さまざまに異なる環境条件を経験する。捕食者がたくさんいる場所もあれば、比較的少ない場所もある。現在、オーストラリアのディーキン大学に籍を置く、進化生物学者のジョン・エンドラーは、1970年代、ある淵のグッピーは色とりどりの斑点をまとい、別の淵の個体は地味でさえない配色をしているのに気づいた。彼は理由を明らかにしようと、捕食者がたくさんいる淵に棲むグッピーを捕獲し、捕食者がほとんどいない淵に移した。2年後に戻ってきて調べると、捕食者のいない淵に移植されたグッピーは、カラフルな斑点をもつ姿になっていた。ごく短期間に大幅に変化したわけだが、確かに筋は通っている。天敵が辺りをうろついているなら、おとなしくしているのが得策だが、そうでないなら目立ってもかまわない。メスがきらびやかな模様を好むなら、むしろそうなるべきだ。こうして、現在進行形で急速に起こる進化の動かぬ証拠が得られた。エンドラーはのちに、メスのグッピーの誘引と捕食者回避のトレードオフがグッピーのオスの模様を決定すると示したが、話はここで終わらない。

1990年代、アメリカの生態学者デヴィッド・レズニックは、同じような実験をグッピーの繁殖戦略に注目しておこなった。危険なシクリッドから逃れつつ生きてきたある淵のグッピーを、捕食者のいない淵に移し、また捕食者のいない滝の上で安全に暮らしていたグッピーのもとに、シクリッドを導入した。こうしてグッピーの世界はひっくり返った。新たな脅威に直面したグッピーは性成熟が早まり、逆に安全な場所に移されたグッピーの成長は遅くなった。これも道理にかなっている。捕食の脅威が日常茶飯事なら、できるだけ早く、できるだけたくさん子を残すことが最優先事項になる。平和な暮らしを送っているときは、繁殖努力を最大化する圧力は弱まる。

レズニックは、外来種（ここではシクリッド）が他種の進化の道筋を書き換える可能性があることを実証した。タブロイド紙の『*National Enquirer*』はこの研究を揶揄して、「アメリカ政府、グッピーの死亡年齢の研究に９万７０００ドルを浪費」と報じたが、レズニックはこのできごとを、自身の研究者人生での大きな自慢のひとつだと考えている。確かに死亡率も測定指標のひとつだったが、彼の論文が示唆することは、それよりはるかに重大だ。グッピーの繁殖形質は、わずか6～8世代、時間にして4年という短さで変化した。この変化率は、化石の記録から推定される数値の１００万倍にのぼる。もはや急速というより、瞬間移動レベルの進化だ。

同じ頃、対象種も環境も異なるほかの研究からも、同様の結果がではじめていた。ダーウィンフィンチも一枚噛んでいた。綿密な調査により、ダーウィンの自然淘汰理論を支えたこの鳥のくちばしと体の大きさも、環境変化に応じて世代をまたいで変化しているとわかったのだ。古いパラダイムは崩れはじめた。「進化はゆっくり起こると、ダーウィンは考えました」と、カナダのマギル大学の進化生物学者、アンドリュー・ヘンドリーはいう。「１４０年の間、誰もが彼のいうとおりだと思っていました。けれども、いまやそうではないとわかりました。進化はきわめて急速にも起こるのです」。

数年、数十年、数百年というヒトの時間枠で起こる急速な進化は、地質年代を通じてゆっくりとした時間の経過で起こる進化と対比して「同時代的進化（contemporary evolution）」とよばれる。決して例外ではなく、むしろありふれた現象だ。ヒトが自身を取り巻く世界を改変するなか、ほかの生物には、できるかぎり速く適応する以外に選択肢はないのだ。

耐性《レジスタンス》の台頭

今日、汚染の脅威から逃れられる場所はどこにもない。自動車の排気ガスや、工場や発電所由来の微粒子は大気中に放出される。農業肥料、家畜排泄物、洗剤、汚水は河川に漏れだす。1947年から1976年までの間に、アメリカを拠点とする巨大な多国籍企業のゼネラル・エレクトリックは、ハドソン川にポリ塩化ビフェニル（PCB）とよばれる化学物質500トンを廃棄した。当時、PCBは工業用冷却材として広く使用されたが、産業界にとって魅力的だった特性が、同時に悪夢のような環境汚染を引き起こした。PCBの分解には長い時間がかかり、また水溶性ではなく脂溶性のため、川に捨てられた廃棄物はそこに棲む甲殻類や魚の脂肪に蓄積された。そして、食物連鎖の上へ上へと伝わり、ついにはヒトの胃袋に収まった。これは悪いニュースだ。のちの研究で、がんや神経疾患など、さまざまな健康問題とPCBの関連が次つぎに明らかになった。こうして1970年代後半、PCBの使用は禁止された。

当時、PCBが周辺の野生動物に与える影響は調査されていなかった。のちに川の水質は改善したが、そこに棲む魚の体内にはいまだに高濃度のPCBが蓄積されている。ハドソン川で水揚げされたタラの仲間アトランティックトムコッドは、自然界で観察されたなかで最も高いPCB濃度を記録した。本来なら生きていられないレベルなのだが、驚くべきことに、この川のトムコッドはなにごともなく泳ぎまわっている。PCBへの耐性を進化させ、汚染されたままの水域で生きて繁殖しているのだ。さらに東では、アトランティックキリフィッシュという別種の魚が、PCB、ダイオキシン、メチル水銀への耐性を獲得した。これ以外の汚染物質に対しても、抵抗力をもつ魚が何種も発見されている。

わたしたちの無責任な行為が、急速な進化の引き金となった。たった半世紀、数十世代の間に、トムコッドやキリフィッシュは、たいていの魚を殺すほどの毒に耐性を獲得した。ただし、オオシモフリエダシャクと違って、魚たちにはたまたまタイミングよく変異が生じたわけではなかった。もとからあった健全な遺伝的多様性のなかに、使える部分があったのだ。研究により、トムコッドの生存を可能にした変異は、ゼネラル・エレクトリックが川を汚染しはじめる少なくとも10年前からすでに存在したことがわかった。一部の魚がこの変異を保有していたが、水質汚染が発生するまで、適応度上の利益につながるものではなかった。そこへＰＣＢが投棄され、変異をもつ魚たちは突如として優位に立った。彼らは、変異をもたない同種他個体よりも高確率で遺伝子を残した。その結果、耐性《レジスタンス》が広まった。

このような、専門用語でいう既存遺伝的多様性（standing genetic variation）は、多くの急速な進化を支える基礎だと考えられている。同様の現象は、小型で個体数が多く、迅速に繁殖可能な生物種で多く見られる。細菌が抗生物質耐性を獲得したり、農業害虫に殺虫剤が効かなくなったりするのがそうだ。

アブラムシは実にやっかいだ。とても小さな昆虫だが、植物の師管液を吸い、作物を弱らせて、有害なウイルスを媒介する。しかも繁殖力旺盛だ。有性生殖もできるのだが、たいていは交尾を慎み、代わりに自分自身のクローンをつくる。１匹のアブラムシは、交尾すらせずに1年で18世代もの子孫を生みだすことができる。もしこの子孫たちがすべて生き延び、自身も繁殖したら、その年の終わりには、わたしたちは厚さ１５０キロメートルのアブラムシの毛布にすっぽり包まれるはめになる。

誰だって毛布に包まれるなら、アブラムシよりウール素材のほうがいい。幸い、こんな悪夢のようなシナリオは現実しそうにない。たとえ天敵に捕食されなくても、アブラムシの寿命は数週間で、その後は死んで分解される。だが、地球を覆いつくすことはないにせよ、彼らの圧倒的繁殖力は二つの結果をともなう。第一に、アブラムシはたいていの昆虫よりも有益な変異を生みだしやすい。第二に、こうした有益な変異が、個体群中に山火事のように急速に広まる可能性がある。

イングランドのハーペンデンにあるロザムステッド研究所の昆虫学者スティーヴ・フォスターは、上下逆さまの巨大な掃除機でアブラムシを吸い集める。「アブラムシや甲虫はもちろん、その辺を飛んでいるものは何でも吸い込みます」と、スティーヴはいう。「ときどきコウモリや鳥も捕まります。ハムサンドイッチが入っていたこともありました。鳥が落としたか、学生が吐いたんでしょう」。

スティーヴたちは、アブラムシが殺虫剤への耐性を強めている事実を明らかにした。「ある年にはほとんど耐性がなかったのに、次の年には80〜90%の個体が耐性をもっているほどです」と、スティーヴはいう。アブラムシはまず、有機リン殺虫剤への耐性を進化させた。その後、この農薬がイギリスで禁止されると、代替品であるピレスロイドにも耐性を獲得した。「いまでは捕まえるモモアカアブラムシのほとんどにピレスロイドが効かなくなっています」と、スティーヴはいう。「彼らはいつでも反撃してくるんです」。

魚が汚染された川で生きられるように進化すれば、わたしたちはうれしいけれど、昆虫が殺虫剤耐性を進化させても感銘を受ける人は少ない。彼らは食糧安全保障と農家の生計に対する脅威だ。殺虫剤はきわめて強い淘汰圧になる。わたしたちは作物に殺虫剤を散布し、害虫を化学物質で毒殺するとき、同時に耐性進化を促している。叩いても叩いても、彼らは強くなって戻ってくる。いまや研究者たちは、打つ手がなくなることを心配している。新たな殺虫剤を開発するとき、研究者は特定のタンパク質を標的にする物質をつくるのだが、こうした標的タンパク質の数はかぎられている。「昆虫を殺す方法はあまり多くありません」と、スティーヴはいう。「わたしたちはそのほとんどを試してきました。有効成分は枯渇しつつあると思います」。

害虫と殺虫剤の激しい競争からは逃れられない。化学企業が新しい殺虫剤を開発したとたん、アブラムシは耐性を進化させる。ほかの害虫を見ても状況は似たり寄ったりだ。ヒトジラミ、トコジラミ、サシチョウバエ、ブユを殺すのは、ますます難しくなってきている。蚊はＤＤＴ耐性を進化させ、ドブネズミには市販の殺鼠剤が効かなくなっている。２００種以上の雑草が、少なくとも１５０種の除草剤への耐性を進化させてきた。すべて合わせると、５００種以上の有害生物がなんらかの駆除剤への耐性をもっている。ヒトが新しい殺虫剤や除草剤をつくりだすたび、標的である害虫や雑草は対抗策を進化させる。ほかでもないわたしたち自身が、彼らの急速な進化を引き起こしている。しかも、こうした反応を示すのは、小さく繁殖スピードが速い生物だけではない。

ビッグホーンがスモールホーンに

大型で繁殖に時間のかかる動物も、人間活動の結果として急速に進化している。カナダ・アルバータ州のラム山には、その名のとおり［訳注：Ram Mountain; ram は雄羊のこと。子羊を指す lamb ではない］ビッグホーン（オオツノヒツジ）が生息し、トロフィーハンターの垂涎の的となっている。たくましい体にみごとにカーブした角をもち、わたしには理解不能だが、一部の人は剥製を家に飾りたがる。大きければ大きいほどいいらしく、ハンターはふつう、最も立派な角をもつオスを狙う。その結果、ここ40年でビッグホーンの角は20％以上も縮小した。

もちろん、角の大きい個体をすべて撃ってしまえば、角の小さい個体の割合が相対的に大きくなるわけだが、ここでは起こっている変化は根本的なものだ。アルバータ州では、ビッグホーンのオスを撃つには狩猟許可が必要で、かつ殺していいのは角が一定の長さを超えた個体だけだ。「5分の4カール」とよばれ、角の先端が眼の高さにまで達しているオスが対象となる。問題は、角がこの長さの段階では、オスがまだ繁殖能力のピークを迎えていないことだ。そのため、8〜10歳前後で交配成功率が高まるであろうオスの個体が、4〜7歳のうちに殺されてしまう。彼らはあまり交尾できず、「ビッグホーン遺伝子」を次世代に残せない。その結果、トロフィーとして価値のあるオスはますます希少になり、狩猟許可証の発行数が、合法的に捕殺できるオスの数をはるかに上回ってしまっている。

同様に、ゾウも牙を小さく進化させ、牙をもたない個体も増えている。ザンビアのサウス・ルアングワ国立公園では、牙のないメスの割合が1969年の10%から、1989年には40%にまで増加した。原因は象牙目的の密猟だ。ここには小気味よい皮肉が効いている。ハンターはいつでも「最大」を求める。最大の角、最大の牙、最大の個体。だが、このやり方は短絡的だ。狩猟による淘汰圧は、長期的にサイズの縮小を引き起こす。大きく立派なものへのヒトの欲求が、小さくぱっとしないものを台頭させるのだ。負け犬たちに栄光あれ！

劇的な変化は海でも起こっている。強い漁獲圧にさらされた種が、繁殖開始を早め、小型化しているのだ。サケ、タラ、カワヒメマス、シタビラメ…これらは影響を受けた魚のごく一部だ。タイヘイヨウサケ類はたった20年で25%も小さくなり、タイセイヨウダラが性成熟に要する期間は8年から4年に半減した。デヴィッド・レズニックがグッピーでおこなった実験の実世界版であり、ここでの捕食者はシクリッドではなくわたしたちだ。

ヒトは比類なき捕食者だ。わたしたちは独特の方法で狩りをする。ふつう捕食者は弱く、若く、御しやすい獲物を狙うが、わたしたちのターゲットは強く、壮年の、立派な個体だ。たいていの捕食者は効率的で、ほとんどの場合、生きていくのに必要な分しか殺さない。それとは対照的に、ヒトは血に飢え、限度を知らない。わたしたちは大量殺戮《さつりく》の能力を備え、手にかける動物の生き死にだけでなく、種そのものの進化的な命運をも左右する。推定によれば、ヒトの狩猟圧は多くの種の形質進化の速度を通常の3倍に速めている。しかも、時には捕獲や殺傷をともなわないヒトの干渉でさえ、こうした効果をもたらす。

オオクチバスはオリーブ色をした大型の淡水魚で、北アメリカの湖に生息し、釣り愛好家たちに高い人気を誇る［訳注：本種に加え、コクチバス・フロリダバスなどの近縁種を合わせた総称がブラックバス］。貪欲な魚で、ルアーにかかると激しくファイトすることで有名だ。猛然と暴れて釣り人たちを振り回すため、バス釣りは汗とテストステロンにまみれた趣味となっている。

研究により、愛好家が最も重視するオオクチバスの特徴、つまりルアーへの食いつきやすさや攻撃性は、遺伝性の高い形質だとわかっている。そのため、時とともに攻撃的なバスが減少し、おとなしい個体が増えていったとしても不思議はない。いや、そんなはずはない。バス釣りは〝キャッチ&リリース〟が主体で、攻撃的な魚は捕まっても殺されない。それなのになぜ、一部の湖では、実際に攻撃的な個体が減っているのだろう？

理由のひとつとして、繰り返し釣られてリリースされた個体は、捕獲を逃れた個体よりも若いうちに死亡する傾向にある。ストレスの影響で、攻撃的な魚が残す子の数も少なくなる。さらに子育ても関係している。オオクチバスのオスは子煩悩で、孵化したばかりの稚魚を数週間にわたって防衛する。本来なら攻撃的な父親のほうが捕食者を首尾よく追い払えるのだが、釣り針に引っかかっていては子どもたちを守れない。留守の隙に現れた捕食者が彼らの子どもたちを丸呑みにして、攻撃的な父親の子の生存率は低下する。これに対し、おとなしい個体は釣られる確率が低いため、効果的に子を守り、結果的に将来世代により多く遺伝子を受け継ぐ。

キャッチ&リリースはいまも熱心に実践されている。メスが交尾して子をつくる機会を奪わないようにという発想はよかったが、このやり方でオスがダメージを受けることの間接的な影響までは考慮できていなかった。どうやら、わたしたちが意図して環境負荷を避ける対策をとったとしても、時には生態系に影響が及んでしまうようだ。

同じことが、世界中にある魚の人工孵化場にもいえるかもしれない。人工孵化場では、毎年、膨大な数の稚魚が育てられ、野外に放流されている。これもまた、よい結果を意図した活動だ。種や場所によって、放流は野生個体群の減少を補うものだったり、漁獲量の増加が目的であったりとさまざまだが、飼育下繁殖によって稚魚が有利にスタートを切れるはずだという大前提は共通している。しかし残念ながら、必ずしもそうとはかぎらないのだ。

研究者たちは、野生の降海型ニジマス（スティールヘッド）を捕獲して飼育し繁殖させたあと、生まれた子を放流してその後を調べた。成長して川をさかのぼった子たちは、野生で生まれヒトが育てた親世代と比べ、つくる子の数が40％も少なかった。「劇的な減少です」と、同時代的進化を研究するメイン大学のマイケル・キニソンはいう。可能なかぎり自然に近づけた環境で飼育しても、放流された稚魚は将来、苦難に見舞われる。

「人工環境と自然環境にどれだけ違いがあるかを考えれば、無理もありません」と、マイケルはいう。すでに述べたように、個体が将来世代に遺伝子を受け継ぐ能力に影響を与える要因は、すべて淘汰圧だ。ヒトには知覚できないほどの些細な違いも、淘汰圧の源になりうる。水温がほんの少し違うのかもしれないし、孵化場で与えられた栄養素に問題があるのかもしれない。変化がどんなに小さくても関係ないのだ。一貫した差異があるなら、結果は重大なものになりうる。「飼育下で生物の特徴を改良しようと積極的に選択交配をしていなくても、野外に放てば、結局は強い淘汰圧にさらされます」と、マイケルはいう。

実際には、淘汰のかからない環境を用意するのは至難の業だ。わたしたちはつい、蛇口をひねるように淘汰圧のオン／オフを切り替えられると思いがちだが、それは大きな誤解だ。「淘汰はひとつの手段であり、バランスの上に成り立っています。個体が生きていくうえで直面する、ありとあらゆる課題の間のバランスが問題なのです」と、マイケルは説明する。「そのため、淘汰のはたらかない環境をつくりたくても、できるのはバランスを変えることだけです。淘汰を完全に取り除くことは不可能です。システムの一部で作用している淘汰を弱め、自由度を高めたとしても、淘汰による進化は別のところで起こります」。

これは責任重大だ。魚を釣れば、魚の進化に影響を与える。釣った魚をリリースしても、やはり進化に影響を与える。同じことが、野鳥への餌やりを続けるか止めるか、川を汚染するか浄化するか、大気中の二酸化炭素を増やすか減らすか、地球の気温を上げるか下げるかについてもいえる。人類の影響力があまりに巨大になった結果、わたしたちが起こすどんな変化も、生物進化をひと押しして、それまでのコースから外れさせるのだ。

人口増加にともない、わたしたちが地球に与える影響は莫大なものになった。いまや人類は、とてつもなく効果の大きい進化的圧力だ。ヒトの活動は淘汰圧の源であり、地球上にくまなく存在する。わたしたちの行為がほかの生物の進化を過熱させている。新たな形質が生じ、わたしたちの目の前で、生命は変化している。わたしたちは都市を建設し、化石燃料を燃やし、海から資源を収奪するといった、大規模な集団的行為によって進化を操っているが、それだけではない。バス釣りや野鳥の餌やりといったささいな営みを通じても、変化を起こしている。わたしたちは荒れ狂う進化的変化の奔流をこの世界に解き放った。その結末は、いったいどんなものになるだろう？

表面的には、現在進行形の進化は人新世に叩きのめされた生物がすがりつく命綱のように思える。進化は生きものが変わりゆく環境に適応するメカニズムだが、進化に事前の計画はない。そこには先見性も全体構想も存在しないため、目先の状況に対処するのに役立つ適応が、将来の成功につながる保証はない。加えて、現在進行形の進化はしばしば代償をともなう。どんな生物も利用できるエネルギーは有限だ。何か新しい形質を生みだすのに資源を振り分ければ、ほかの重要な作用にまわせるエネルギーは目減りする。たとえば、ある種の殺虫剤に耐性を進化させたアブラムシは、寒さに弱い場合がある。殺虫スプレーは平気でも、霜が降りればひとたまりもないかもしれない。抗生物質耐性をもつ細菌は、時に移動能力に劣る。処方薬を跳ね返せたとしても、感染能力は弱い可能性がある。現在進行形の進化は、時に行ったり来たりし、回り道をたどる。

大量絶滅時代の瀬戸際に立ついま、どの種が繁栄し、どの種がドードーと同じ道をたどるかを予測するのは容易なことではない。環境変化の速さが、適応し進化する生物の能力を上回れば、その種の未来には暗雲がたちこめる。とくに旗色が悪いのは、大型で繁殖に時間のかかる動物だ。個体数が少なく、遺伝的多様性に乏しい種にとっても、状況は厳しい。

勝利を収めるのは、新たな生き方を見つけ、急速に変化する世界に適応できる生物だ。こうした適応と、それを可能にする遺伝的基盤が蓄積されるにつれ、新たな種が誕生する。ロンドンのチカイエカ、セントラルパークのシロアシマウス、殺虫剤耐性をもつアブラムシ、汚染に強いトムコッド。こうした生物は、いずれ独自の特徴を備えた新種へと変わっていくかもしれない。現在進行形の進化は種分化を加速させている。生命進化のいばらの茂みから、新たな小枝が次つぎに顔をだしている。リアルタイムで観察するわたしたちにはそれとわからなくても、この時代の化石記録を丹念に調べる未来の地質学者には、きっと一目瞭然だ。

ヒトが種分化をどれだけ加速させているかを数値に表すのは難しい。種間交雑であれば開始時点をピンポイントで特定できるが、遺伝的変化が徐々に蓄積して新たな種が形成される場合、どの時点で種分化が起こったかをはっきりと定めることはできない。この場合、種分化はできごとというより、進行中の過程だ。かつて生物学者は、新種の形成には数十万年〜数百万年の時間が必要だと考えた。しかし、人新世においては、数千年かそれより短いスパンで新種が誕生している。これほどの変化は見落としようがない。

進化的変化が起こるとき、それは決して孤立した単一事象にはならない。ある生物種が適応し、進化しはじめると、必ず周囲に影響が及ぶ。どんな生きものも、その地の生態系を構成する入り組んだ要素のひとつだ。「ちょっとした同時代的進化が見つかったところで、たいしたことではないと思うかもしれません」と、マイケルはいう。「でも、それが食物網にどう収まるかを考えたら…」。生態系のピースのひとつに手を加えれば、本質的な変化がほかの要素にも及ぶかもしれない。

100年前、タラは頂点捕食者だった。優美な流線型のこの魚は、コダラ、イカナゴ、カニなど、ほかの海洋生物を捕食していた。ところが70年前、タラ漁が一大産業として台頭しはじめた。巨大なトロール漁船が数十万トンのタラを根こそぎ獲りつくした結果、30年前、産業が崩壊した。そうして、タラの個体群は壊滅し、どうにか生き延びた個体は急速な進化をとげることになる。捕まる前に繁殖しなければならないため、以前より若い年齢で性成熟するようになったのだ。体は小さく進化した。こうして、かつて食物連鎖の頂点でいばり散らしていたタラは、突如として下層に転落した。捕食者が被食者になり、生態系は激変したのだった。

カナダのノバスコシア沖では、大型のタラがほぼ完全に姿を消した。その結果、彼らの獲物だった小型の魚や甲殻類が増加した。波及効果はさらに続いた。小魚による捕食圧が高まったことで、大型の動物プランクトンが減少した。そして動物プランクトンの餌である、微小な植物プランクトンは増加した。植物プランクトンはほとんどの海の食物網の根幹をなす。光合成によって太陽光をエネルギーに変え、その過程で硝酸塩やリン酸塩といった有機化合物を消費する。植物プランクトンが増えたことで、この海域の硝酸塩濃度は低下した。過剰漁獲が海の頂点捕食者の進化と生態を変化させ、最終的には海水の化学組成まで変えてしまったのだ。

この例では、一時的なタラの禁漁がポジティブな変化につながった。90年代前半に漁業の一時停止が施行され、ようやくタラに安息のときが訪れた。回復途上にあるタラは、依然として昔の個体より小柄だが、資源量は増えつつある。わたしたちの努力により、ここでは事態は好転したが、忘れてはいけない。過ちを正すのは簡単ではないし、不可能なことさえある。

わたしたちの行為が長期的にどんな影響をもたらすのか、予測するのは難しい。トカゲは指の接着力を強め、ガは色を変え、魚は縮み、ビッグホーンは名前負けしたスモールホーンになる。一見したところ、こうした変化はあまり重要そうには思えない。以前、わたしが科学誌*Nature*で働いていたとき、目新しくて意外だけれど、明確で重要な意義があるわけではない科学研究は、「ほら、これ見てよ」研究とよばれていた。現在進行形の進化の数かずの実例を「ほら、これ見てよ」だと片づけるのは簡単だ。けれども、それでは発見の意義が不当に貶められてしまう。進化、生態、環境変化は不可分につながり合っている。ここ数十年で、わたしたちは目の前で起こっている活発な進化的変化をはっきりと認識するようになった。そうした変化にともなって、ほぼ確実に生じるであろう生態系や環境への予期せぬ影響にも、もっと注目していく必要がある。

第9章　サンゴは回復する

Chapter Nine

偉業は時に、ありえないような場所でなしとげられる。そう、たとえばサウスロンドンの狭苦しい地下の廊下で。世界のサンゴ礁がトラブルに見舞われていることは、みなさんもご存知だろう。ここ数十年で、地球上のサンゴ礁の半分近くが消滅した。サンゴに非があるとすれば、進化のスピードが遅すぎて、気候変動についていけなかったことだけだ。あるとき、わたしは、建物の廊下でサンゴを救うための研究に取り組んでいる人物がいると聞いた。彼は進化を文字どおり手中に収め、人工授精（ＩＶＦ）によってサンゴの繁殖を手助けしているという。わたしの頭は疑問でいっぱいになった。どこで「原料」を手に入れるのだろう？　どんなふうにサンゴの人工授精をするのか？　そもそも、いわずと知れた不動の海洋生物であるサンゴは、どんなセックスをするのだろう？

ここからの章では保全に目を向けて、ヒト以外の生物を保護し、生命の営みを取り戻すために用いられている、過激で独創的な方法の数かずを取り上げる。生物学者が生きものを「保全」するとき、彼らは意図して進化を方向づける。問題は個体数の減少、あるいは遺伝的多様性の喪失で、両方のことも多い。自然保護従事者たちは、野生動物を管理し、重要課題を解決する冴えたやり方を考えだして、絶滅危惧種にとって、そして全世界にとっての、明るい未来を切り拓こうとしている。

数万年前にヒトが動物を家畜化し、のちに選択交配をおこなったのは、自分たちの利益のためだった。技術がわたしたちにもたらす恩恵は、食料や荷役動物といった有用な資源の形をとった。生物の遺伝子を操作する分子的手法が開発されると、人類はさらに種の改変を進めたが、それもほぼ例外なく自分たちのためだった。わたしたちは成長の速いサケや肉量の多いブタをつくった。病気の動物モデルや、暗闇で光る魚、マラリアの感染を抑止する蚊も生みだした。自己中心的に、ヒトという種のニーズをほかの種のそれよりも優先する、どうしようもなく近視眼的なやり方だ。地球の歴史のなかで大量絶滅は5回あった。それらはみな、火山の爆発や小惑星衝突といった、自然現象が引き起こしたものだった。大量絶滅が起こるたび、生物種の50～95%が死滅し、回復には数十万年を要した。そしていま、わたしたちは自覚もないまま、人間活動を原因とする第6の大量絶滅に足を踏み入れつつあると、研究者たちは考えている。

保全にかかわる人びとは、野生生物とその生息環境を保護することで、なんとか衰退を食い止めようとしている。ここでの焦点はヒトではなく、保全対象の野生種だ。生物多様性を豊かにすることは、自然環境にもわたしたちにもプラスに作用すると認識されている。つまりウィン・ウィンの関係だ。

この章の主役はサンゴだ。優雅で色鮮やかな、生態系の要をなす動物群だが、サンゴの生息海域は温暖化の脅威にさらされている。そんななか、進化の促進に焦点をあてて保全活動に力を注ぐ人たちがいる。ホーニマン博物館付属水族館の館長ジェイミー・クラッグスは、過去10年の大半を、人工授精によるサンゴの飼育下繁殖に費やしてきた。聞くところによると、彼らの研究チームは巧妙に進化を加速させ、世界のサンゴ礁を救う「スーパーサンゴ」をつくっているらしい。詳しく知りたくなったわたしは、ジェイミーにメールを送り、見に行っていいか尋ねた。わたしは彼のサンゴにも職場にも興味津々だった。

彼は快諾の返事をくれた。わたしが連絡したタイミングは、はからずもドンピシャだった。翌週に放卵・放精という大イベントが控えていたのだ。ジェイミーのサンゴは、まもなく大量の卵と精子を水中に放出する予定で、水曜日の午後1時～1時半の間に居合わせれば、わたしもショーを鑑賞できるという。その後、彼が人工授精をおこない、わたしは新しいサンゴ礁のはじまりの目撃者になれる。

こんなに正確に放卵・放精のタイミングを予測できるなんて、ジェイミーはサンゴの預言者か何かなのだろうか？　彼は自信満々だった。「この時間に来てもらえれば、すべてを見られますよ」。そこまでいうならと、わたしは電車のチケットを買い、当日を待った。

サンゴは4億年以上前から世界の海に生息していた。刺胞動物とよばれる、1万種以上のさまざまな海洋生物からなるグループに分類される。ここにはイソギンチャクやクラゲも含まれ、どれも「刺す」ことに特化した細胞をもつ。ただし、イソギンチャクやクラゲと違って、サンゴはコロニーを形成する。ひとつのサンゴは、それよりはるかに小さく、遺伝的に同一な数千個体の集まりで、ひとつひとつの個体はポリプとよばれる。ポリプの基本構造は筒状の胃袋で、上端に触手で囲まれた口がある。触手には刺胞とよばれる特殊な細胞があり、このなかにあるコイル状に巻いた有毒の繊維をミサイルのように射出して、プランクトンなどの餌を捕まえたり、なわばりを侵す隣のサンゴを攻撃したりする。動かないからといって、穏やかなわけではないのだ。

基本構造を進化させたあと、どこかの時点でサンゴは新たな特徴を獲得し、現在もその姿を保っている。サンゴの細胞内には褐虫藻という藻類が棲んでいて、サンゴに彩りを与えている。藻類は植物と同様、光合成によって太陽光をグルコースやアミノ酸などの有機炭素化合物に変換する。これにより日中のサンゴのエネルギー需要の大半が賄われ、代わりに褐虫藻は、圧巻のオーシャンビューを備えた安全なすみかを得る。動物の内部に生息する藻類は、美しい相利共生関係の一例だ。2種の生物は、相互に利益を提供しながら共同生活している。

世界には1000種以上のサンゴがあり、バービーピンクやシトラスグリーンからけばけばしいネオンイエローまで、ありとあらゆる色彩を体現している。分岐した巨大な葉状体をつくるものもいれば、平らな皿のような形のものもいる。ぎゅっと詰まってヒトの脳のように入り組んだしわをもつものもいれば、細長くひょろりとしたものもいる。レタスの葉にたとえられるものもあれば、硬いステッキ状のキャンディにたとえられるものもある。サンゴには軟体サンゴと硬体サンゴがあり、礁をつくるのは硬体サンゴだけだ。礁を形成するサンゴのポリプは、炭酸カルシウムを分泌して硬い外骨格を築き、隣どうしとつながって、長い年月をかけて礁構造をつくりだす。ヒトは建築の才を自画自賛しがちだが、その成果はサンゴが発明したものの足元にも及ばない。サンゴ礁は果てしない複雑さを備えた、地球上で最も巨大な動物由来の構造物だ。その頂点に君臨する、オーストラリアのグレートバリアリーフは、宇宙から見えるほど大きい。クイーンズランド州の沿岸に2300キロメートルにわたって連なるこのサンゴ礁は、サッカー場7000万個分の面積を誇る。そのすべてが、ひとつひとつは豆粒ほどしかないポリプによってつくられた。

ホーニマン・シャッフル

いよいよ記念すべきその日になり、わたしはロンドン行きの電車に乗って、寒々しい田園風景をあとにした。その2日前、イングランド中部は雪に見舞われた。夜には気温が氷点下に下がり、わたしは何枚も重ね着して暖かい格好をした。電車が南へと進むにつれ、気温が上がるのを肌で感じ、外の雪が融けていくのを眺めた。暖かさにほっとしつつ、今日はいったい何を見られるのだろうと、わたしは期待に胸を膨らませた。

ロンドンに着いたわたしは、駅から上り坂をとぼとぼ歩き、博物館の敷地に足を踏み入れた。慣れ親しんだ雰囲気が心地よかった。ここホーニマン博物館は興味深く多様な自然史コレクションを誇り、近くに住んでいた頃は足しげく通ったものだ。わたしは受付でジェイミーに出会った。長身ではつらつとして、親しげな笑顔とヒップスターふうのあごひげが印象的だ。すべて順調に進んでいて、もうすぐサンゴのショーがはじまると、彼はいった。

わたしたちは階段を駆け下りて博物館の心臓部へと進み、ジェイミーの世界へと通じる、閉ざされたドアを開けた。サポートする3人の研究者とともに、彼はここで日々サンゴの繁殖と世話に明け暮れている。

「放卵・放精水槽はここにあります。ちょっと手狭なんですが」と、彼は申し訳なさそうにいった。冗談でいっているわけではなかった。わたしたちが一列になって歩いた狭い廊下には、両側に長い大型水槽が並んでいた。そこここからモーターの回転音、濾過装置のうなり、ゴボゴボという水音が聞こえた。放卵・放精に使われる水槽は真っ黒な覆いをかけられていた。野生では、サンゴの放卵放精は光にきわめて敏感で、ほかにもさまざまな要因の影響を受ける。ジェイミーによると、シンガポールでは4月の満月の5日後、午後9時10分ごろから放卵・放精がはじまる。フロリダでは、8月の満月の3～5日後で、開始時間は午後10時45分だ。

水槽内の条件はマイクロプロセッサーで管理されていて、ボタンひとつで野生のサンゴが経験する環境とそっくりに調整することができる。この装置に加え、放卵・放精のきっかけになるパラメーターの解明に5年の歳月を費やしたおかげで、ジェイミーは自分のサンゴがいつ卵と精子を放出するか、確信をもって予測できるのだ。

礁を形成するサンゴの大半がそうなのだが、ここで飼育されている種も一斉散布型だ。多数のコロニーが同時に放卵・放精をおこない、無数の配偶子を同じタイミングで海中に放出する。たいていの動物と違って、サンゴは起き上がって動き回ることができないため、配偶相手を見つけて繁殖するのは容易ではない。そこで編みだされた答えが、同時に一斉に放卵・放精することだ。海流が卵と精子を押し流すので、サンゴ自身は動けなくても、異なる個体の配偶子どうしが出会い、結ばれる。ジェイミーのサンゴは雌雄同体で、どのポリプも卵と精子の両方をつくり、両方が入ったバンドルを放出する。

わたしは黒い覆いのうしろを覗き込んだ。ヘッドライトの薄気味悪い赤色光に照らされた、水槽のなかの底面に敷かれた格子の上に、手のひらサイズのサンゴが育っていた。ハイマツミドリイシ（*Acropora millepora*）という枝サンゴの一種だ。ジェイミーは許可を得て、このサンゴをグレートバリアリーフから輸入した。本来はピンク、緑、茶色のさまざまな色合いを示す種だが、ここでは暗闇と人工光のせいで、色の判別はつかない。

放卵・放精がはじまるまであと1時間ほどになった頃、サンゴの表面全体に小さなピンク色の斑点が現れた。この斑点は卵と精子の入ったバンドルで、ポリプの口のなかをせり上がってきて、コロニー全体がつぶつぶの見た目に変わった。「セッティング」とよばれるこの現象は、もうすぐ放卵・放精がはじまる確実な兆候だ。

順調に進んでいるのを確認し、わたしたちは廊下の先の研究室に向かった。この場所で人工授精がおこなわれる。途中、わたしたちは横向きになり、どうにかジェイミーの同僚の研究者とすれ違った。

「これがホーニマン・シャッフルです」と、ジェイミーは笑った。

研究室もやはりこじんまりして、階段下のスペースにつくられたトイレほどの広さしかなかった。作業台にはシンクと顕微鏡があり、３００ミリリットルほどの怪しく濁った液体が置かれていた。

「ビーカーに入っているのは昨日のサンゴの精子です」と、ジェイミーは何気なくいった。そんな単語の組合せをひとつの文として聞いたのは、生まれて初めてだ！　それなのにジェイミーの話し方ときたら、まるでサンゴの精子の残りがグラスに入っているのは、世界一ありふれた光景だといわんばかりだった。

失礼かと思って黙っていたが、わたしはこの狭い部屋が信じられないくらい暑いことに気づきつつあった。凍えるほど寒いわが家をでるとき、重ね着しすぎたのを後悔しはじめた。わたしの心を読んだのか、ジェイミーが謝った。

「ラジエーターを全開にしないと、人工授精をするまでに精子と卵が冷えてしまうんですよ」。玄関には黒い大きなプラスチックシートがかけられていた。「熱のロスを減らすためです」と、ジェイミーはいった。

この週、チームは超多忙だった。新メンバーとして、フロリダ水族館保全センターのサンゴ種苗場責任者、ケリー・オニールが来たばかりだったのだ。ケリーは客員研究員として、サンゴの預言者のノウハウを学ぶ予定だ。飼育下でのサンゴの放卵・放精の研究は昔からおこなわれてきたが、タイミングを操作するのはこれまで不可能だった。しかし、ジェイミーはコンピュータープログラムを駆使して、好きなタイミングでサンゴに放卵・放精させられるようになった。ホーニマン博物館では、放卵・放精がいつ起こるかを非常に正確に予測できるため、それに合わせてティーブレイクの予定を組んでいるほどだ。ケリーはこの研究室でサンゴの放卵・放精を制御する方法を学び、技術をもち帰って、地元フロリダのサンゴを救う取組みに生かすつもりだ。

白化の電撃戦

サンゴは全世界の熱帯海域に分布する。海底面積に占めるサンゴ礁の割合は0・1％にも満たないが、そこには既知の海洋生物の25％が暮らす。サンゴ礁は数百万種の生物のすみかであり、地球上で最も生物多様性の高い生態系のひとつだ。サンゴ礁は水中都市のように、ナマコや熱帯魚からコウイカや甲殻類に至るまで、ありとあらゆる生物に生息場所を提供する。サンゴ礁を失えば、それを頼りに生きる生物すべてを失うおそれがある。多大な波及効果が及ぶ範囲は、水中にかぎらないだろう。

陸上では、数億人の人びとがサンゴ礁から食料と収入を得ている。サンゴ礁は観光客をよび寄せ、また天然の防波堤としてはたらいて、何万キロメートルという海岸線を侵食から守っている。サンゴ礁がもたらす財とサービスの価値を合わせると、推定で少なくとも年間340億ドルにのぼる。だが、サンゴ礁が消滅すれば、高潮によって生じる年間の経済損失は毎年2720億ドルに膨れあがる。

ケリーは故郷のサンゴ礁の死滅を直接、目の当たりにしてきた。アメリカ東海岸に沿って270キロメートルにわたって連なるフロリダリーフトラクトは、グレートバリアリーフ、ベリーズバリアリーフに次いで世界3番めの規模を誇るサンゴ礁だ。近年、研究者たちがこの地域の最新の衛星画像と過去の海図を比較したところ、この250年でサンゴ礁の半分が消滅したことがわかった。あっという間に消えてしまったのだ！　かつてサンゴのコロニーが栄えていた場所は、いまでは泥とまばらな海草に覆われているだけだ。事態はこの数十年で急速に悪化した。「フロリダリーフトラクトの一部の、わたし自身が観察した場所では、かつてサンゴ被覆率が20〜30％だったのが、わずか1〜2％にまで減少しました。ほんの10年前にあったサンゴ礁がいまは見る影もない、という場所もあります」と、彼女はわたしに語った。

熱帯暴風雨や熱波といった自然災害が原因の部分もあるが、野生動物に降りかかる悲劇のほとんどがそうであるように、責任の大半がヒトにあるのは明らかだ。ここ数百年の間に、フロリダの人口は数万人から２０００万人へと激増し、アメリカで8番目に人口密度の高い州となった。都市が建設され、幹線道路が開通した。汚染が深刻化し、作物や芝生を育てるために使われた農薬は、否応なく大地から海へと流れ込んだ。一方、海水温度はどんどん高くなり、酸性度も増大した。サンゴとそのなかの褐虫藻はこうした変化に非常に敏感だ。暮らし向きが厳しくなると、褐虫藻の逃亡がはじまった。

サンゴの白化は、褐虫藻がストレスを受け、光合成を阻害されることで起こる。これにより、活性酸素種とよばれる有害な分子がつくられ、サンゴの組織内部に漏れだして、分子レベルの連鎖反応が起こり、最終的に褐虫藻がサンゴから排出される。褐虫藻を失ったサンゴは、亡霊のような半透明の白色に変わる。サンゴは短期間の白化であれば、新たに共生関係を構築して乗り越えられるが、近年は大規模白化が頻繁に発生している。１９８０年代前半には約25年に1度の頻度だったのが、いまでは6年おきだ。40年前には誰も聞いたことがなかったような、広範囲にわたる大規模白化現象が、１９９８年、２０１０年、そして直近では２０１４〜２０１７年の間に起こった。最後の事例は、記録にあるなかで最も長く、最も破壊的なサンゴの白化だった。いまや海水温が異常に高い海域は地球全体に広がり、いたるところでサンゴ礁を脅かしている。オーストラリアのグレートバリアリーフのサンゴは、わずか2年で半分が死滅した。

半世紀にわたって保護されてきた世界自然遺産がこれほどの壊滅的被害を受けたのは衝撃だ。サンゴは短期間の白化から立ち直れるとはいえ、回復には時間がかかり、そんな時間はほとんど残されていない。サンゴのゆっくりとした再生は、いまのペースで進む破壊にとてもついていけない。折れたかけらが岩石に付着して、新しいコロニーのはじまりになったとしても、遺伝子プールの補強にはならない。そのためには、サンゴが有性生殖できる環境が必要だ。遺伝的に独立のコロニーどうしが混ざり合い、精子と卵を結合させなくてはいけないが、場所によってはそれが困難だ。生き残っているコロニーがみな孤立してしまい、放出された精子と卵が近縁関係にないコロニーの配偶子に出会う見込みがゼロに等しいのだ。

「わたしにいわせれば、フロリダでの受精成功率はどう見てもゼロです。コロニー間の距離が遠すぎるんです」と、ケリーはいう。ジェイミーはいったん研究室をでて、放卵・放精がはじまっているか様子を見に行った。「だからこうした人為的介入がとても重要なんです」。

1、2分後、彼は満面の笑みで戻ってきた。「はじまりましたよ。見に来てください」。わたしは彼のあとを追って廊下を進み、大きな黒いプラスチックシートの裏を覗き込んだ。水槽のなかでは、まさに「斑点」が飛びだし、砂糖粒ほどしかない小さなピンク色の球が数百個、水中に放出されているところだった（口絵参照）。ひとつのボールには、およそ8個の卵と数万個の精子が、一緒くたになって詰まっている。卵は浮力に富む脂質分子を含むので、包みは水面に浮かぶ。わたしは時計を見た。預言者ジェイミーは正しかった。本当に1時と1時半の間、きっかり1時15分だった。

満員の廊下と狭い研究室はにわかに活気づいた。ジェイミーと研究チームの面々は、完璧に予測どおりにはじまった放卵・放精を受けて、作業に取りかかった。30分にわたって、ミドリイシ属（*Acropora*）の3種のコロニーが卵と精子を放出し続ける間、彼らはプラスチックカップで水をすくい、熱気のこもった研究室にそっと運び込んだ。次に、自然界の波や水流の動きを模して、中身を攪拌する。こうするとバンドルが破れて中身があふれだし、300

ミリリットル弱の精子の混ざった白濁水の表面に、ピンク色の卵が浮かんだ状態になる。

そのあと、2層を物理的に分離させるため、ジェイミーは長い「ストロー」を溶液に入れ、反対側から吸う。精子の入った乳白色の液体は二つめのビーカーに流れ込み、最初の容器には卵の浮かんだ表層だけが残る。こうして得たひとつのコロニーの卵を、別のコロニーの精子と混ぜて、人工授精がおこなわれる。卵と精子が出会って結合し、数時間後、受精卵の分裂がはじまる。新たな生命の誕生だ。ひとつのビーカーのなかで数千個の受精卵がつくられる。謙虚なジェイミーにいわせれば、「ただのおおざっぱな化学実験」だ。

24時間後、受精卵はジェイミーが「コーンフレーク期」とよぶ段階に達する。発生途中のサンゴが、ふくらんだ朝食シリアルのミニチュアのような姿になる時期を指す専門用語だ。もう少し成長した段階を、ケリーは「えびせん期」とよんでいる。こちらもしょっぱいおやつに形が似ているからだ。さらに数日経つと、胚は、ぱっとしないネーミングだが「プラヌラ」という段階に達する。ラテン語で「平ら」を意味する“*planus*”からついた名前だ。[*1] 少しつぶれた形の自由遊泳する幼生となったサンゴの赤ちゃんは、新しい水槽に移され、下まで泳いで底面に固着する。しばらくすると、そこへジェイミーがサンゴの成長に欠かせない共生藻類を加える。その後も彼は餌やりや世話を続け、サンゴの成長を見守る。

ダーウィンとサンゴ

ヴィクトリア時代、人びとはサンゴ礁とそこに棲む無数の生物に魅了された。彼らは当時の社会と政治の背景に合わせ、この水中生態系を寓話的にとらえた。貧しい労働者がすし詰めの工場で汗水たらして働くのと同じように、密集したポリプも全体の利益のため、礁形成という重労働を担っているのだろう。個のはたらきが社会全体に富をもたらす。サンゴは生命の調和の縮図だ。

しかし同時に、彼らはサンゴがもつやっかいな性質にも気づいていた。サンゴ礁は切り立った側面とギザギザした輪郭のせいで、水中に潜む巨大な氷山も同然だった。GPSや海底地図のない時代、航行する船はしばしばサンゴ礁への接近に気づくのが遅れ、船体に鋭利なサンゴの破片が突き刺さった。サンゴ礁に座礁する船はあとを絶たず、そのため1831年にビーグル号が出帆したとき、ダーウィンはサンゴ礁の分布図の作成を目標のひとつとしていた。取り憑かれたように博物学標本を収集したダーウィンは、折り取ったサンゴのかけらもコレクションに加えたが、採集は楽ではなかった。スキューバダイビングはまだ発明されておらず、しかもダーウィンは水が苦手だったため、接近は水中からではなく、水上からおこなわれた。インド洋のココス（キーリング）諸島では、サンゴ礁の最上部が干潮時に海面から見えるので、ダーウィンはこのタイミングを待って、慎重に上を歩いた。イギリスの海岸線は潮だまりと岩の裂け目でいっぱいだが、同じようにサンゴ礁の表面にも、あちこちに見えない溝や鋭い先端が潜んでいる。表面は崩れやすいため、ダーウィンは「幅跳び棒」を使って、丈夫な土台の間を移動した。その光景を想像するのは楽しい。ズボンをまくり上げて、サンゴ礁の上を棒を使って渡り歩く、進化理論の父の姿は、とても危なっかしくて人間くさい。偉大な彼がもし世界の海の現状を、あるいはサウスロンドンの地下室でのジェイミーの取組みを知ったら、どう思うだろうか。

かつて研究者たちは、サンゴの人工授精をしようと思ったら、海に飛び込んで特製の網で精子と卵をすくい取らなくてはならなかった。「簡単そうに思うかもしれませんが、実はたいへんです。*Acropora palmata*、いわゆるエルクホーンコーラルは自然の砕波帯の役割を果たします。荒波のなかのとても不安定な場所にあるのです。そのため、スキューバのフル装備をつけたまま、波に四方八方に引っ張られ、岩に打ちつけられながら作業をするはめになります」。作業を完遂するには10数人のチームが必要で、もしも何かをしくじれば、その年はゲームオーバー。放卵放精の決定的瞬間を、翌年まで待たなくてはならない。

ジェイミーのシステムがすべてを変えた。水の温度、化学組成、栄養レベル、それに光の強さと照射時間を調整することで、ジェイミーは指定の時間にサンゴの放卵・放精を促せるようになった。それだけではない。彼は、野生コロニーよりも頻繁に自分のサンゴに放卵・放精させ、人工授精の原料を量産することにも成功した。野生のサンゴは年に1回しか放卵・放精しない。だがジェイミーのサンゴは、過去12カ月で4回もビッグイベントを経験した。スペースと時間があれば、もっと詰め込むこともできるという。彼はいまや、サンゴの生活環のすべてを水槽のなかでスケジュールどおりに再現し、野生コロニーをはるかに上回る速さで、新しいサンゴをつくりだしているのだ。

「まさにゲームチェンジャーです」と、ケリーはいう。

輸送手段と法規制の高いハードルがあるため、ジェイミーのサンゴをそのまま輸出することはできない。代わりにケリーは、ここで得た知識をフロリダリーフトラクトの復元に生かすつもりだ。フロリダでは、ピラーコーラルとよばれる在来種が重大な危機に陥っていて、もはや100コロニーほどしか残っていない。自然繁殖には厳しい状況だ。「復活に必要な遺伝的多様性が、もはや個体群のなかに存在しない状態なのです」と、ケリーは説明する。「わずかに残った個体どうしを人工授精で掛け合わせる技術は、ピラーコーラルの存続に欠かせないものになるでしょう」。

ジェイミーの技術があれば、ケリーは野外で予測のつかない荒波にもまれながら、卵と精子をかき集めるという難題に挑まなくてもよくなる。代わりに、野生のサンゴのかけらを採取して、水槽内で育て、ジェイミーのやり方で放卵・放精させて、人工授精を実施すれば、新たな個体を生みだせる。成長して準備が整ったら、サンゴ礁に再移植できるだろう。フロリダ水族館に新設された保全センターには、四つの大型水槽がサンゴの再生専用に用意されている。ケリーたちはここで、遺伝的に多様なサンゴのコロニーを創出するのに必要な、材料づくりに取りかかる予定だ。「わたしたちのやってきたことを次のレベルへ発展させる、最高の舞台です」と、ケリーはいう。

お熱いのがお好き

わくわくするようなプロジェクトだが、わたしは考えずにいられなかった。水温が上がり続けるなら、サンゴ礁を復元して何になる？　大規模白化がますます頻繁に発生するようになれば、いずれサンゴが生きられる場所は野外のどこにもなくなって、半永久的に水槽に閉じ込めることになるのでは？

「そんなことはありません」と、ケリーはいう。「確かにフロリダリーフトラクトは、高温、陸上由来の汚染、病気が原因で、きわめて急速に失われています。それでも、まだ健康なサンゴが残っている一画はあちこちにあって、驚くほど綺麗なんですよ」。

ここがポイントだ。ストレスにさらされ、色褪せ、生命力を失うコロニーもある一方で、奇妙なことに、そのすぐそばには元気いっぱいに成長を続ける健康なコロニーもあるのだ。サンゴの墓場のど真ん中にも、時に生命が宿る。繊細と見られがちなサンゴだが、なかには信じられないくらいタフなものもいる。

たとえば、マイアミのガバメント・カットには、少なくとも16種のサンゴが生息している。この汚染された航路は、アメリカで最も船舶交通量の多い水路のひとつだ。毎年４００万人以上の船客と７４０万トン以上の貨物がここを通過する。穏やかな手つかずの熱帯の海とはほど遠い。そこは汚れた人工通路で、どんな生物にとっても過酷な環境だ。潮汐のたび、この隘路《あいろ》の水質、海面水位、水温、塩分濃度は大幅に変化する。にもかかわらず、不可解なことに、ここでサンゴが繁栄を謳歌しているのだ。

同じく奇妙なのがサウジアラビア沿岸のサンゴだ。ほとんどのサンゴは、海水温が数週間にわたってその地域の夏の平均最高気温を上回ると白化する。具体的にいうと、世界のほとんどの場所では、一定期間にわたって海水温が29℃を超えると致命的だ。ところがサウジアラビア沿岸を見ると、ペルシャ湾側では頻繁に海水温が36℃を超えるのにサンゴが生存していて、紅海側でも北端のアカバ湾のサンゴは水温が33℃を超える海域に分布している。問題は、これらがどうやって生きているかだ。こうした過酷な環境で、一部のサンゴはどのように生き抜いているのだろう？　お熱いのがお好きなものも、高温にまったく太刀打ちできないものもいるのはなぜなのか？

進行する地球温暖化を考えれば、丈夫なサンゴの発見は願ってもない幸運に思える。実験により、海水温は上昇しつつあるものの、アカバ湾のサンゴが耐えられる温度上限には、まだかなり余裕があることがわかっている。生まれつきタフな特性を備えたこうしたサンゴは、それほどたくましくないコロニーが消滅したあとも、長く生き残るだろう。

こうした高温耐性のあるコロニーを移植するのは、サンゴ礁復元の明白な選択肢のひとつだ。たとえば、ペルシャ湾とグレートバリアリーフにはいくつか同じ種のサンゴが分布する。それなら、西アジアの高温耐性サンゴをオーストラリア沖に移植できるのではないだろうか？　一見もっともな主張だが、保全従事者たちは慎重だ。彼らは病気の拡散を懸念し、また二つの生息地は表面的には似ていても、重要な違いがあるはずだと指摘する。塩分濃度、湧昇、日照、微生物の分布といった条件がわずかに異なるだけで、サンゴの移植は失敗に終わりかねない。

むしろ、このようなたくましいサンゴは、間接的に世界の海洋生態系保全に貢献する可能性が高い。研究者たちは耐久性を生みだす遺伝的基盤の解明に取り組んでいて、いずれサンゴに高温耐性をもたらす特異なＤＮＡ配列が特定されるだろう。こうした配列があるのは確実で、発見されるのは時間の問題だ。一部のサンゴが暑さに強くなったのは、数億年にわたって自然淘汰がゲノムを形づくってきたおかげだ。彼らの存在自体が、時間さえあればサンゴが進化を通じて水温上昇を克服できる証なのだ［訳注：サンゴの高温耐性には、地球が現在よりも温暖だった時期に獲得された遺伝子が関与している可能性がある。参照：https://www.oist.jp/ja/news-center/press-releases/35922 ］。

けれども、時は一刻を争う。人為的原因による気候変動は加速している。地球の平均気温は産業革命以前と比べて約１℃上昇した。専門家の共通見解によれば、あと１℃気温が上がれば、それにともなう海水温上昇と海洋酸性化によって、数十年のうちに広範囲でサンゴ礁生態系が破壊される。２０５０年には、もはや救うべきサンゴ礁はほとんど残っていないかもしれない。一方、サンゴはまだ進化の途中で、いまのスピードではとても間に合いそうにない。進化を加速させる方法はないのだろうか？

アクセル全開の人為淘汰

ルース・ゲイツはハワイ在住のロンドンっ子だ。彼女自身の言葉を借りれば、彼女はサンゴと共生生物たちが築く「親密な関係」に魅了されている。「サンゴは相利共生の特異な例です」と、彼女はいう。サンゴが関係をもつのは、細胞内に生きる藻類とだけではない。細菌、菌類、ウイルス、それにアーキアとよばれる単細胞生物ともつながり合う。「こうした関係はとてつもなく多様で、精巧に入り組んでいます。だからわたしはサンゴの研究をはじめたんです」と、彼女はいう。

共生関係のどの要素がサンゴにストレス耐性を授けるのかをメインテーマとして、ルースは研究実績を積み重ねてきた。そして少し前、彼女はサバティカルを取得した。

「大量の学術論文のレビューに手をつけてみて、誰もが同じことをいっていることに気づきました。〝この成果はサンゴ礁の保全と管理に直接関係する〟と」。ところが実際は違った。少なくとも、直接は関係していなかった。「いいアイデアは山ほどあるのに、だれも実現しようとしていなかったのです」。数千キロ離れたオーストラリア東海岸では、ルースの友人で同じくサンゴ研究者のマデリーン・ヴァン・オッペンが、同じように焦りを募らせていた。

そこへ２０１３年、マイクロソフトの共同創業者ポール・Ｇ・アレンが、「オーシャン・チャレンジ」と題したコンペを発足させた。気候変動の影響緩和につながる新しいアイデアをもつ海洋科学者たちが対象だ。アレンは独創的な発想を求めていた。世界の海に直接応用して、本物の変化を生みだせる、実践的かつ革新的なソリューションだ。コンペの存在を知ったルースとマデリーンは、ともにキャリアを通じて温めてきたアイデアを２０００語の小論文にまとめあげ、期日どおりに提出した。彼女たちの壮大なアイデアとは、いったいどんなものだったのか？

２人は、選択交配を含めたさまざまな方法で、もっと丈夫なサンゴを繁殖させ、その努力の結晶をもとに、衰退する世界のサンゴ礁を回復させせようと考えた。ある報告書で彼女たちは、このプロジェクトを「アクセル全開の人為淘汰」と評した。保全成果に直接つながる計画だ。重要な点として、彼女たちはサンゴのＤＮＡを分子的手法で改変しようとは提案しなかった。計画の内容はすべて、十分な時間さえあれば、自然界で起こりうるものだった。単純に進化を手助けしようと考えた彼女たちは、このアイデアを「援助つき進化（assisted evolution）」とよんだ。

オーシャン・チャレンジの審査員たちはこのアイデアに惚れこみ、2人は最優秀賞と副賞の助成金400万ドルを獲得した。こうして彼女たちはいま、長年の夢の実現に取り組んでいる。ルースが所長を務めるハワイ海洋生物学研究所は、オアフ島沖のカネオヘ湾に浮かぶモクオロエ（ココナッツ島）にある。60年代のアメリカのコメディドラマ『ギリガン君SOS』をご存知の人は、オープニング映像に使われたこの島に見覚えがあるだろう。美しい島だ。ヤシの樹、鬱蒼とした緑、熱帯の鳥。それらを取り囲む透き通る海には、サンゴの活気が満ちあふれている。「わたしたちの目の前のこの入江に、生きた実験室があるのです」と、ルースはいう。「生きたサンゴ礁を対象に、365日休みなく研究をしています」。

2015年、ルースの目の前で大規模白化が起こった。カネオヘ湾の数千のサンゴが、色鮮やかな共生藻類を失った。胸の張り裂けるような光景だったが、この事件はチャンスでもあった。多額の研究助成金を手にしたルースたちは、スキューバギアを装着して海に飛び込み、白化が起こらなかったコロニーすべてに標識をつけた。そして次の夏、彼女らは再びサンゴ礁に潜り、生存個体の卵と精子を集め、研究室で人工授精をおこなった。先行研究から、高い海水温に耐える性質は遺伝するとわかっていた。サンゴの親はこうした性質を子に伝える。そこで、ルースたちは次のステップとして、人工授精でできた「赤ちゃん」が、実際にこの価値ある形質を受け継いでいるかどうかの検証実験をおこなう予定だ。実験が成功したら、次は高い遺伝的多様性と高温耐性を備えたサンゴの種苗場をつくり、いよいよ野外への再導入が見えてくる。子どものできないカップルは、人工授精によって親になるチャンスを得る。同じように、援助つき進化はサンゴに子孫繁栄の可能性を授けるのだ。

一方、マデリーンのチームは、クイーンズランド州にあるオーストラリア海洋科学研究所（ＡＩＭＳ）で同様の実験をおこなっていた。ここでは、２０１６〜２０１７年にかけて発生したグレートバリアリーフでの大規模白化現象を生き延びたサンゴが使われた。カネオヘ湾とグレートバリアリーフにはいくつか同種のサンゴが分布しているが、大部分は別種であるため、こちらでも技術を確立させる必要がある。

両地域のサンゴの間にはもうひとつ、プロジェクトの成否にかかわる重要な違いがある。カネオヘ湾のサンゴは、セックスに関してわりあい奥手で、同種の個体どうしでしか子をつくらない。だが、マデリーンが研究をおこなうオーストラリアのサンゴのなかには、見境のないものもいる。ある種の卵や精子が、時に別種のそれと出会って融合し、交雑種の子をつくるのだ。大都市マイアミのすぐそばの、船の通行の多い汚染された海域に生きるサンゴを思いだそう。ここで見られるフューズドスタッグホーンコーラル（*Acropora prolifera*）は、実は同じミドリイシ属の2種、スタッグホーンコーラル（*Acropora cervicornis*）とエルクホーンコーラル（*Acropora palmata*）の遺伝的マッシュアップだ。この種がこれほど丈夫な理由のひとつは、種間交雑という出自にあるのだ。フレッシュな遺伝子が、使い古されたゲノムに新たな命を吹き込む。*Acropora prolifera* はまさにそんな例だった。自然発生したこの交雑種は、親にあたるどちらの種よりも、高温と局所的な水質汚染に強い。

マデリーンらのチームはいま、オーストラリアのタウンズヴィル近郊のケープ・ファーガソンにあるＡＩＭＳの付属施設、国立海洋シミュレーター（SeaSim）で、在来のミドリイシ属のサンゴのいくつかの種を掛け合わせ、交雑種を生みだしている。「進化的時間スケールで見て、ミドリイシ属のサンゴの種間交雑が散発的に生じてきたことはすでにわかっています」と、マデリーンは説明する。「わたしたちは単に、こうした自然に起こる作用の頻度を増やしたいだけです」。実験結果は期待のもてるものだ。成長途中の交雑種は、温度と酸性度の高い海水にさらしても、びくともしなかった。「交雑種は純血種と同等か、それ以上に適応度が高いとわかりました」と、彼女はいう。「このことから、異種個体どうしを掛け合わせることで失われた遺伝的多様性を回復させ、サンゴの適応能力を強化できる可能性が示唆されます」。

選択交配の形でおこなわれる進化の援助は成果をあげている。ジェイミーと同じで、ルースとマデリーンも、サンゴの人工授精には世界のサンゴ礁の未来を確かなものにするだけのポテンシャルがあると考えている。繁殖させる個体を慎重に選びだすことで、各研究チームは進化を誘導し、新しくたくましい「スーパーコーラル」の誕生を促している。

しかし、サンゴ礁を回復させる方法はほかにもある。マデリーンは「スーパー褐虫藻」の作出にも取り組んでいるのだ。

パートナー交換

褐虫藻はサンゴの細胞内に棲み、光合成をおこなう植物に似た小さな生物で、数百の異なる種類が知られ、それぞれ独自の特徴をもっている。たとえば、栄養生産に長けていたり、若いサンゴの成長を促したり、海水温の上昇に強かったりといったぐあいだ。注目すべきは、高温耐性のある褐虫藻をサンゴと組み合わせると、サンゴをある程度まで守ってくれることで、いわば細胞内の小さな耐熱シールドになる。生物学者は以前から、サンゴに高温耐性のある褐虫藻を植えつけるアイデアを検討してきたが、ひとつ問題があった。

高温耐性のある褐虫藻は、たいてい光合成効率が低いのだ。暑さには耐えられても、宿主であるサンゴにあまりエネルギーを供給できない。そのため、こうした種の褐虫藻と共生することがたとえ長期的にはサンゴを利するとしても、サンゴは拒絶し、代わりに目先の見返りの大きい種に乗り換えてしまいがちなのだ。気持ちはわかる。半年の休暇に使う日焼け止めを買うか、いま食べるチョコレートケーキを買うかのどちらかひとつを選べといわれたら、迷う人なんているだろうか？

けれどもマデリーンは、サンゴがケーキも日焼け止めも手に入れられるようにしたいと考えている。ここ数年彼女は研究室の培地で褐虫藻を進化させてきた。まずは栄養生産にそこそこ長けた株を選び、高い水温と酸性度にさらす。予想どおり、大部分の褐虫藻は死滅したが、生き残った個体の培養を何世代も繰り返した。偶発的に生じた、高ストレス条件をしのぐのに有利な遺伝的変異にも人為淘汰をかけた。こうして80世代後、過酷な条件を耐え忍ぶ褐虫藻が誕生した。「この褐虫藻をサンゴに導入してみると、サンゴにわずかながら利益があるとわかりました」と、マデリーンはいう。褐虫藻の株を耐性株と交換すれば、サンゴが過酷な環境に耐えられるようになるかもしれない。「唯一の問題は、サンゴに見られた効果が、試験管内での効果ほど大きくなかったことです」。研究はいまも続いていて、マデリーンのチームはいま、この差が生まれる理由の解明に取り組んでいる。「ともあれ、褐虫藻を進化させ、サンゴに取り込ませることができたのは朗報です」と彼女はいう。

別の保全手法は、サンゴのほかの共生関係を操作することだ。研究者たちは近年、わたしたちの体の内部や表面に棲む無数の微生物からなる群集である、微生物叢《マイクロバイオーム》の重要性に気づきはじめた。なかにはヒトに害をなすものもいるが、わたしたちの腸内細菌の圧倒的多数は有益な機能を果たしていて、消化を助け、毒素を分解し、病気と闘う。サンゴにも微生物叢が存在し、表面の厚い粘膜層は細菌でいっぱいだ。サンゴがストレスを受けたり、白化の初期段階に入ったりすると、共生細菌の「善玉」と「悪玉」の比率が変化し、病原性をもつ日和見細菌が多数派となる。これに気づいた研究者たちは、戦略的介入によって微生物たちの調和を回復させる方法を考えるようになった。

このような方法は、ほかの共生関係で前例がある。ヒトでは糞便微生物叢移植、つまり「うんち移植」が細菌の一種 *Clostridium difficile* の効果的な治療法として確立されている。また、農業に目を向けると、極限環境に育つ植物からとった細菌をイネに定着させて栽培すると、より干ばつや低温に強い株になることが知られる。つまり発想としては、健康で高温に強いサンゴから細菌を含む粘膜を採取し、病弱で不健康なサンゴに植えつける、うんち移植のサンゴ版だ。「こうした実験を現在、実施中です」と、ルースはいう。「どの細菌が重要なのかがわかったら、フリーズドライ化もできるかもしれません」。まさにサンゴ用プロバイオティクスだ。

スーパーコーラルにスーパー褐虫藻とスーパー細菌を与えれば、サンゴはヒトがもたらす最悪の厄災を生き延びられるかもしれない。ただし、最後にもうひとつ、援助つき進化に加えるべき仕上げのひと手間が検討されている。ルースとマデリーンは、サンゴをブートキャンプに送るつもりなのだ。

研究者たちは10年以上前から、白化から回復したサンゴがときおり、そのあとストレスを経験しても以前よりも白化しにくくなると知っていた。「サンゴにはなんらかの内在記憶があるようなのです」と、ルースはいう。個体のDNAは変化していないので、この自衛反応を制御するのは遺伝的機構ではない。白化から回復しても、個体は同じで、保有する遺伝子も同じだ。変化するのは遺伝子の発現パターンだ。サンゴはまるで、特定の遺伝子のスイッチのオン／オフを切り替えれば、白化から身を守れると知っているかのようにふるまう。この観察結果をもとに、ルースと彼女が当時指導していた大学院生ホリー・パットナムは、こうしたエピジェネティックな変化が親から子へと受け継がれる可能性を考えはじめた。サンゴの親が高ストレスな条件を生き延びる方法を記憶できるなら、その記憶を生まれる前の子どもたちに授けることもできるかもしれない。

彼女たちは、カリフラワーコーラル（チリメンハナヤサイサンゴ）とよばれる礁を形成する種を対象に選んだ。この種の幼生は親の体内で生育する。2人は「妊娠中」のサンゴを、地球温暖化から予測される高温・酸性の海水にさらし、幼生が発達したあと、それらを親と同じストレスフルな条件に置いた。この結果を、親がストレスを受けていない以外はまったく同じ方法で育てた対照群の幼生と比較したところ、前者の実験群の幼生のほうが生存率は高く、成長も速かった。それだけでなく、エピジェネティックな変化の指標であるメチル基という分子を調べたところ、両者に違いが見られた。「既存の分子機構に新たな役割が与えられ、次世代に受け継がれるのだろうと、わたしたちは考えています」と、ルースはいう。

そういうわけで、ルースとマデリーンはサンゴに愛のムチを打つことにした。それぞれの研究室にサンゴのブートキャンプを用意し、最も高温耐性の強い個体を選びだして「入隊」させ、ストレスレベルを徐々に上げていくこれもみな、サンゴが逆境に強い性質を子孫に授けることを期待してのものだ。ルースはこれをトップアスリートの訓練プログラムにたとえる。「わたしたちは見込みのある個体をスカウトし、ジムに連れていって、トレッドミルの上を走らせているのです」。研究チームは、「アスリート」たちに訓練の成果がでるのを心待ちにしている。

明るい未来へ

エピジェネティックな変化は失われやすいため、子に受け継がれた強みが永続する保証はない。また、訓練プログラムがどのサンゴにも有効とはかぎらない。むしろ、さまざまな手法を揃えておくことに意味がある。サンゴがきわめて多様な動物の一系統だからだ。成長した子を「産む」ものもいれば、卵と精子を放出するものもいる。特定の一種の褐虫藻としか共生しないものもいれば、たくさんの種と関係を結ぶものもいる。異なるサンゴ礁に共通する種もいれば、それぞれに固有の種もいる。これほどまでに複雑で多様な生態系に対して、「これひとつですべて解決」という手法は存在しないのだ。

サンゴ礁研究者のコミュニティは、積極的で独創的な人びとに溢れ、活気に満ちている。心が折れてしまいそうな途方もない規模の課題に直面しながら、彼らはひるむことなく、献身的で楽観的な姿勢を崩さない。彼らほど周りを感化する研究者にはそうお目にかかれないので、話を聞けたのは本当に幸運だった。想像してみてほしい。研究室で新しい株や交雑種を、逆境をはねのけるスーパーサンゴに育てあげ、スーパー褐虫藻やスーパー細菌を与えて、ブートキャンプで訓練する。成長したサンゴは野外の礁に植えつけるのだが、その前に小さなかけらを折り取って、研究室に戻す。これは保険だ。かけらを育て、適切なサイズに成長したら、ジェイミーがサウスロンドンの研究室でしているように、水槽内の条件を操作して、放卵・放精を促す。あらかじめ設定した時間になり、卵と精子が水中に解き放たれると、研究チームはそれらをすくい、人工授精を実施する。こうして生命の環が再びはじまり、研究者たちは新たな個体で実験し、礁に移植する。この繰り返しだ。これも進化の一形態だが、サンゴの将来を想う、見識あるヒトの手に導かれた進化だ。究極の保全活動といってもいい。

保全従事者たちは、サンゴの将来世代の育成に特化した、種苗場の国際ネットワークの構築を思い描いている。そこで実施されるのは、礁レベルでの大規模な育成プログラムだ。サンゴ細胞の冷凍保存施設を建設し、貴重な遺伝的多様性のバイオバンクとして、また人工授精の材料の予備として活用する構想もある。ルースは、航空機と人工衛星を使って空からサンゴ礁の健全性モニタリングをおこなうアイデアをもっている。最先端の画像技術を搭載し、コロニー単位で白化の初期徴候を検出して、手遅れになる前に人びとが介入するのだ。彼女はサンゴ礁に日陰を提供する洋上プラットフォームや、表面にジェット水流を起こして冷却する水中ポンプについても話してくれた。これらはすべて、遠からず実現する可能性がある。

いくら才気にあふれているといっても、このプロジェクトはルース、マデリーン、ジェイミー、ケリーだけのものではない。彼ら全員を合わせたよりもはるかに大きな、地球規模の計画だ。幸い、ほかの多くの研究者たちも、世界各地に点在するさまざまな種類のサンゴ礁を相手に仕事をしながら、同じ目標を共有している。わたしたちの大切なサンゴ礁を守り、未来を確かなものにすることだ。

もはや最大の課題は、気候変動を生き抜けるサンゴをつくる方法ではない。いちばん難しいのは、人びとにこれは緊急事態なのだと理解させることだ。サンゴ礁が事実上の消滅状態に陥ってからようやく新しいサンゴの系統をつくりはじめたのでは、遺伝的多様性の大半がすでに失われてしまっているため、健康で活力のあるサンゴ個体群を確立するのは難しいだろう。それなのに、こうした技術は必要ないと考える人がまだまだ多いのだと、ルースは憮然とした表情で話す。「問題のあまりの深刻さに、人びとは思考停止してしまっているのだと思います」と、彼女はいう。「彼らはいまある取組みを続けて、海洋保護区をつくって管理すれば、すべてうまくいくと思っています」。だが、それではダメなのだ。保護区をつくっても、気候変動の影響からは切り離せないし、逃れられない。

もちろん、気候変動を止めて、すべての問題が消え去ってくれるならそれに越したことはないが、そんなことは起こりえない。仮に地球温暖化を、多くの人びとがもはや不可能だと考えている、産業革命以前からプラス１・５℃の範囲に抑えられたとしても、熱帯の浅海域の水温上昇によって白化現象が頻発する。サンゴとそれに依存する無数の生物は、やはりリスクにさらされる。

２０１８年、国連環境計画の事務局長を務めたエリック・ソルヘイムは、世界のサンゴ礁を救うための闘いは、いまがまさに「生死を分ける瞬間」だと警告した。ガーディアン紙のインタビューで、彼は次のように語った。「今日ここで、わたしは地球上のすべての人に、力を貸してほしいと訴えます。わたしたちは濫用の文化を捨て去り、思いやりの文化をもたなくてはなりません」。いま行動しなければ、大惨事が訪れるだろうと、彼は警鐘を鳴らす。

援助つき進化で地球温暖化は解決できない。このプロジェクトはサンゴのトリアージだ。根本的な問題に対処するものではないが、わたしたちが気候変動抑制に取り組む間、サンゴ礁を存続させるための時間稼ぎになるはずだ。「援助つき進化によって、サンゴの気候に対する柔軟性を多少高めることはできるでしょうが、限界はあります」と、マデリーンは警告する。「気候変動をどうにかしないと！」。

ルースも同意見だ。「ここまできたら、失うものはありません。どんな成果もプラスになります」と、彼女はいう。「〝無理だ〟と諦めるのではなく、〝できる〟と断言するような、市民の行動を生みださなくてはなりません。個人的には、関心をもち現状を憂慮している人びとは十分に増えたと思います。わたしはただ座って何もせずにいるつもりはありません」。

〔脚注〕

＊１　わたしはこの段階を「ナン期」とよぶ案を推しているのだが、あまり支持を得られていない。

第10章　愛の島

Chapter Ten

これからお話しするのは、わたしが知るなかで最も謎に満ち、魅力的で珍妙な鳥のことだ。巨大化して太り過ぎたセキセイインコが、アイデンティティの危機に陥るところを想像してみてほしい。翼はあるが、飛ぶことはできない。オウムのくせに夜行性。さまざまな声を発するが、どれをとっても鳥のものとは思えない。ネコのようにゴロゴロ鳴き、ヤギのようにいななき、ぜんそく患者のようにゼイゼイあえぎ、ハウスミュージックのベースラインのように「ブーム」と低音を響かせる。ネコほどの大きさで、黒色のかぎ爪と青色のくちばしをもち、緑色の羽に身を包む。つぶらな黒い眼は、大皿に乗せたようにやわらかな黄色の羽毛に取り囲まれ、まるで1977年ごろのエルトン・ジョンの鳥バージョンだ。キア・オラ[*1]、カカポ（口絵参照）。彼らは地球上で最も希少で、最も集中的に保護管理された鳥といっても過言ではない。

　地球上のすべてのカカポの個体は、ニュージーランド本土の沖合に点在するいくつかの島じまに棲んでいる。辺境の生息地は息を呑むほど美しく、荒々しい吹きさらしの丘陵と鬱蒼《うっそう》とした森が交差する。渓谷はやわらかな緑の苔の絨毯に覆われ、シダやランが山道の縁を飾る。小説家で野生動物愛好家でもあったダグラス・アダムス[*2]は、

１９８９年にラジオドキュメンタリー『これが見納め（Last Chance to See）』の取材でカカポを追った際、好奇心旺盛なこの鳥は飛び方を忘れただけでなく、自分が飛べないという事実すら忘れていると評した。脅威を感じたカカポは、時に樹に駆けのぼり、ワールドクラスのベースジャンパー並みの度胸で枝から飛び降りる。翼を広げて重力に身を任せた次の瞬間に起こることを、「滑空」とよぶ人もいれば、「制御された自由落下」とよぶ人もいる。アダムスの言葉を借りれば、カカポは「レンガのように」飛ぶ。

アダムスが亡くなったあと、カカポは破廉恥な行為で有名になった。２００９年に『これが見納め』がＢＢＣのテレビ番組にリメイクされ、シロッコという名の性的欲求不満を抱えたカカポが、アダムスの友人の動物学者マーク・カーワディンに襲いかかったのだ。大胆不敵なこのオスは、のたのた歩いて森からでてくると、カーワディンの肩によじ登った。そして決然と恍惚の入り混じった表情を浮かべながら、狂ったように翼を羽ばたかせ、彼の耳のあたりに打ちつけた。文字どおりのヘッドファックだ。シロッコは不運な番組ガイドの頭にのしかかり、セックスに飢えてイカれた鳥型イヤーマフのようにふるまった。事件を目撃したもうひとりの進行役、コメディアンのスティーヴン・フライはこういった。「見てよ、この幸せそうな顔。きみはいま、レアなオウムに犯されているんだよ。ヒナが生まれたら、スティーヴンって名づけてよ」。

放送が決定的な転機となり、以来、このピュアで無邪気なオウムのポルノは、YouTubeで８８０万回以上も視聴され、人びとに笑いと興奮をもたらした（　）。比較のためにいうと、シロッコ以前にYouTubeで最も有名だったオウムはアルーキバタンのスノーボールで、彼がバックストリート・ボーイズの曲に合わせて体を揺らすだけの動画は、本書の執筆時点で６００万回視聴されている。シロッコは何もかもが規格外だった。動画の大ヒットで、カカポは野生動物ドキュメンタリーの歴史に名を刻み、シロッコは喜劇王の座についた。

わたしたちがカカポに注目するのは、進化のジェットコースターのような彼らの物語が、ブラックプールのビッグ・ワン[*3]よりも激しい高低差で感情を揺さぶるからだ。カカポはヒトの手で絶滅寸前まで追い詰められ、いまや保全従事者たちが生活のすべてをこと細かに管理しているおかげで、どうにか生き残っている。この島の未来をより確かなものにするため、生物学者たちは「射精ヘルメット」や「精子コプター」から、3Dプリント偽卵やハイテクなゲノム解析まで、ありとあらゆる手法を試してきた。彼らの仕事ぶりから、現在の絶滅危惧種の確かな未来も形づくるうえで、テクノロジーが不可欠な役割を担っていることがよくわかる。カカポの物語は、機転と創意工夫、希望と初志貫徹の大切さを教え、諦めさえしなければ人はどれほどの偉業をなしとげられるかを、わたしたちに実感させてくれる。

ミスター・オイゾへのトリビュート

かつてはニュージーランド全土に数十万羽のカカポが生息していた。鳥たちが支配するこの島（第5章参照）の原生林のなかで、彼らは栄光ある孤立のうちに進化した。数種のコウモリを除き、ここには陸生哺乳類は存在しなかった。そのため鳥類、爬虫類、昆虫が哺乳類の生態的地位を埋めるように進化した。ベリーや種子などの植物質を食べるカカポは、青いくちばしをもち、木登りが得意なウサギの役柄に収まった。

約700年前、最初のヒトの入植者たちがやってきたとき、カカポはどこにでもいる鳥だった。繁殖期になるたび、報われないオスたちが発する低くとどろく旋律が響きわたった。その音は、心臓の鼓動のようだという人もいれば、瓶の口を吹いたときの音に似ているという人もいる。ダグラス・アダムスは、ピンク・フロイドのアルバム『狂気』のイントロを思わせる、といった。わたしにいわせれば、ミスター・オイゾの「フラット・エリック」のベースラインにそっくりだ。[*4]

カカポのオスが歌を響かせる求愛専用のステージは「ボウル」とよばれ、高台の岩石露頭につくられる。ダウンを着たパバロッティのように体を膨らませて「ブーム」と鳴き、これをひと晩に数千回、日没から夜明けまで、数カ月ぶっ続けで毎晩繰り返す。ときおり、ぜんそく患者の咳のような「チン」をはさんだ、この低周波音のセレナーデは、谷を伝い、数キロメートル先にまで届くこともある。不思議な歌を聞いたメスは、アーティスト自身が踏み固め、几帳面に手入れした放射状の通路をたどって、奇妙なコンサート会場へと向かう。カカポは世界で唯一のレック繁殖システムをもつオウムだ。簡単にいえば、これはオスたちが誰よりもセクシーな歌を披露しようと競い合う盛大なコンテストで、勝者だけが交尾の権利を得る。リアリティ番組「Xファクター」の鳥類版だ。

マオリの人びとの日常生活に重低音のサウンドトラックを提供したカカポは、伝承にしっかりと刻み込まれた。初期のポリネシア人入植者たちは、カカポの繁殖が、大好物であるリムの木の果実の不規則な結実と同期する傾向にあることから、この鳥は未来を予知できると信じた。もちろんそんなことはなかったので、結局、マオリは彼らの羽をむしり、皮をはいで、せっせと料理するようになった。こうしてカカポの自然史には終止符が打たれ、彼らの運命はわたしたちの運命と分かちがたく結びついた。

カカポは捕食の脅威に対して救いようがないほど無防備で、簡単に餌食になった。マオリは罠やポリネシア犬を使ってカカポを捕獲し、羽を使って上着[*5]をつくり、肉をディナーにした。

1800年代前半にヨーロッパ人が到達するまでに、カカポの個体数は激減し、分布域は狭まっていた。当時すでに、北島の中央部と、森林に覆われた南島の一部でしか見られなくなっていた。ポリネシア人がもち込んだ非在来種はイヌとポリネシアネズミの2種だけだったが、ヨーロッパ人はありとあらゆる捕食者をもたらした。最初にやってきたネズミ2種、ポリネシアネズミより大型のクマネズミと、さらに大きなドブネズミは、カカポの卵とヒナをむさぼった。ネズミ捕獲のため捕鯨船に乗せられたネコは、停泊中の船から逃げだし、ニュージーランド固有の地上性鳥類を捕食しはじめた。カカポには土っぽいハチミツのような不思議な体臭があるため、捕食者に見つかりやすく、とくに痛手を被った。その後、入植者たちはブタ、シカ、ヤギ、ヒツジを連れてきた。彼らは地面を踏み荒らし、カカポの食料を奪った。ハンターがもち込んだウサギは、「ウサギのように」繁殖して手に負えなくなり、その対策のために移入されたフェレット、オコジョ、イイズナが、さらに在来鳥類を食い荒らした。

19世紀末には、ニュージーランド本土に残るカカポのほとんどが、南島の南西端にある岩だらけの山岳地帯、フィヨルドランドの急峻な斜面に追いやられていた。政府は、初めての公式なカカポ救出作戦を開始し、アイルランド生まれの自然保護活動家リチャード・ヘンリーの指揮のもと、数百羽のカカポが捕獲され、本土から捕食者のいない沖合の小島に移された。

いまでは一般的な保全手法だが、当時としては驚くほど時代を先取りしていた。ニュージーランドはおよそ600の島じまからなるため、鳥たちをもっと辺鄙《へんぴ》で非在来種のいない島に移すのは理にかなっていた。引越し先には国内で7番目に大きな陸地であるレゾリューション島（タウ・モアナ）が選ばれ、全域が自然保護区に指定されたが、悲しいかな、オコジョの侵入を許してしまった。本土から泳いで渡ってきた捕食者の犠牲になり、8年後にカカポは全滅した。リチャード・ヘンリーは失意に沈み、しばらくレゾリューション島に残ったが、結局、そのまま引退した。その後、カカポの声を聞いたり、姿を見たりした人はほとんどいなかった。積極的に保護活動をおこなう人が誰もいなくなり、保全プログラムは静かに幕を閉じた。

20世紀なかばには、大多数の人がカカポは絶滅したと考えていた。けれども、1950年代前半に新たに組織されたニュージーランド野生生物局は、確実な証拠を求めた。彼らは60回以上もカカポ生息調査を実施し、ついに報われた。捜索犬が、フィヨルドランドの最果ての不毛の地に隠れていた18羽を発見したのだ。士気はおおいに高まったが、祝賀ムードは長続きしなかった。捕獲した鳥たちを詳しく調べたところ、問題が露呈した。すべてオスだったのだ。ニュージーランドの人びとは諦めず捜索を続け、とうとう1977年、最初よりもはるかに大きな第二のカカポ個体群が、国内で3番目に大きな陸地であるスチュワート島（ラキウラ）で発見された。

この200羽の集団には幸いメスもいたため、種の存続の望みがつながった。だが、スチュワート島にオコジョとイイズナはいなかったものの、ノネコは生息し、カカポを次つぎに平らげていた。こうして、またしてもカカポの移住が決まったが、今度はすべての卵をひとつのかごに（つまりすべての鳥をひとつの島に）入れるのではなく、リスクを分散させることになった。スチュワート島の全個体と、フィヨルドランドの5羽のオスは、二つのグループに分けられて沖合の小島に移されたが、減少は止まらなかった。繁殖は不安定で、カカポの個体数は過去最低に落ち込んだ。1995年には、わずか51羽を残すのみとなった。

カカポは衰退まっしぐらで、ドードーと同じ道を猛スピードで突き進んでいた。この鳥には明らかにもっと支援が必要で、移住だけでは不十分だった。こうして1996年、カカポ回復プログラムが誕生した。それは世界に類を見ない、これまでになく徹底的で、創意工夫に富む保全計画のはじまりだった。

愛の島

カカポ回復プログラムは、セクシーな独身男女を人里離れた楽園の島で共同生活させる人気テレビ番組「ラブ・アイランド」の実世界バージョンだ。番組と同じように、ヒトはカカポを1羽残らず意図的に島に移しただけでなく、その生活環境を管理し、行動を監視した。鳥たちには豊富な食料、ハイスペックな滞在環境、そして遺伝的に適合したパートナーが事前に用意された。島には随所に隠しカメラや監視装置が仕掛けられている。小型マイクとワイヤーの代わりに、鳥たちにはバックパックと送信機が装着され、人びとは彼らのプライベートな時間に聞き耳をたてた。放蕩な女たらしもいれば、愛に恵まれない一匹狼もいた。しかも、カカポはもともと乱婚なので、パートナーの入れ替わりやどんでん返しに不足はなかった。どこかで聞いたような話ではないだろうか？　テレビ番組と同じように、羽づくろいに余念のないカカポたちも、カップルをつくって生き延びなくてはならないが、こちらには視聴率以上のものが懸かっている。すみずみまで監視された逢引の結果が、種そのものの存亡を決するのだ。

アンドリュー・ディグビーは、この島版「ラブ・アイランド」で科学顧問を務める。彼の仕事は、鳥たちの監視と調査をおこない、鳥たちのニーズを理解して、生存率を高める手段を考案することだ。いま彼は丘の上に立ち、眼下の光景を見渡している。足元に広がる緑の低木に覆われた斜面は、急に落ち込んで遠い南極海の灰色の水面と混じり合う。ようやく雨足が弱まってきた。ここ2週間ほど豪雨が続いたせいで、山頂に連なる山道はぬかるんで危険だった。いまや雲は途切れ、ブユがどこからともなく現れて、コッドフィッシュ島（ウェヌア・ホウ）は鳥たちの活気に満ちたさえずりに包まれれた。

カーキ色のセーターに短パンとゲートル姿のアンドリューはまっすぐに立ち、高く上げた右腕におんぼろの旧式のテレビアンテナのようなものをもっている。こうしてポーズをとる彼は、南半球の自由の女神のようだ。イギリス生まれの元天文学者で、かつてＮＡＳＡで系外惑星の探索にもかかわったアンドリューはいま、同じくらい見つけにくいターゲットを探していた。もちろんカカポだ。

カカポは鳥類界の隠遁者だ。マオリ語で「カカ」はオウム、「ポ」は夜を意味する。日中は眠っていて、見つけるのはほぼ不可能だ。苔色の羽毛は風景に溶け込み、ほぼ完全に姿を消す。位置を特定できるのは、バックパックから発信されたシグナルのおかげだ。

ほかのどんな野生動物にも見られない特徴として、すべてのおとなのカカポはバックパックを背負っている。この軽量アクセサリーは翼の間にぴったり収まり、内部の送信機から固有の無線信号を発していて、それをもとに研究者が個体識別をおこなう。この日、アンドリューが探していたのは、1羽の特別なオス、ブレイズだった。

ブレイズは大いなる謎だ。スチュワート島で発見された最初の集団のうちの1羽で、メスに圧倒的な人気を誇った。「彼はトップクラスの子だくさんです」と、アンドリューはいう。「理由はわかりません」。２００２〜２０１６年の間に、ブレイズは20羽のカカポの父親になった。これがどれだけの数かというと、２０１６年にはブレイズの子どもたちが、全世界のカカポの個体数の13%を占めたほどだ。1羽のオスが遺伝子プールを独占する事態を危惧したプロジェクトチームは、２０１７年に彼をメスがたくさんいるコッドフィッシュ島から、ずっとメスの数が少ないニュージーランド最北部のリトルバリア島（ハウトゥル）に移す決定を下した。「彼を追放するんです」と、アンドリューは皮肉った。

だが、彼を捕まえるのは一筋縄ではいかない。アンドリューが抱えていた「テレビアンテナ」は、実は無線遠隔装置で、ブレイズの固有周波数を検出するようチューニングされている。だからアンドリューは、高い場所に登って、受信機をもち上げ、シグナルに耳をすます「だけ」でいい。とはいえ、いうのとやるのとでは大違いだ。起伏が激しく、樹木や下層植生が生い茂る島のなか、棘だらけのやぶをかき分けながら、じりじりと距離を詰め、ようやく目当てのシャイな鳥の居所がつかめた。

ラタの木陰にいるところをついに発見されたブレイズは、抵抗することなく自分の運命を受け入れた。アンドリューは草むらから彼を抱え上げ、そっとペットキャリーに移した。その後、彼は海岸まで運ばれ、ヘリコプターで南島のインバーカーギル空港へ空輸されたあと、北島のオークランドに向かうニュージーランド航空に乗り継いだ。彼は一般客と一緒に客室に搭乗し、ほかにも3羽のカカポが旅路をともにした。オークランドからリトルバリア島まではあと一息だ。長旅がはじまってから24時間後、ブレイズと仲間たちは疲れた様子もなく、無事に新天地に放された。見慣れない光景に、ブレイズの眼には少しとまどいの色が浮かんだが、いつまでも途方に暮れたままの彼ではなかった。空飛ぶカサノバはペットキャリーからそろりと足を踏みだし、どんくさそうに草むらに駆け込んだ。こうして、カカポ・ラブ・アイランドの新しいエピソードがはじまった。

鳥たちの出席確認

カカポはあまりに魅力的で、擬人化せずにいるのは難しい。回復プロジェクトチームの伝統で、すべての個体に名前がついているため、よけいに感情移入してしまう。ブレイズは、チームに移動手段を提供した伝説的ヘリパイロット、ビル・「ブレイズ」・ブラックからとられた名前だ。彼はときおり、パイプに火をつける間、ヘリコプターをひざで操縦して、同乗者をヒヤヒヤさせた。シロッコは北アフリカに吹く暑く乾燥した風からとられた名前だ。ランギはマオリ語で「空」を意味する。リチャード・ヘンリーは、19世紀にカカポを救おうとした自然保護活動家にちなんで。ブラスター・マーフィーは、暴風《ブラスター》の夜に孵化し、のちにほかのオスに攻撃されて足の指を2本失ったが、ジョーン・ポール＝マーフィーという獣医に命を救われた個体だ。

わたしが初めてアンドリューと話した2016年、カカポは154羽になっていた。チームの懸命な取組みのおかげで、個体数はどん底だった1995年から3倍以上に増えた。心温まる数値だ。25年前、カカポは絶滅に向かって一直線だったが、いまでは彼らの進化の旅路はもう少し安全な道に入った。プログラムはゆっくりと地道に前進を続けてきた。もっと駆け足で進めないのかと、もどかしくなることも少なくなかった。

いちばん足を引っ張ってきたのは、おそらくカカポ自身だ。彼らはまったくもって非協力的で、自分たちの存続にほとんど貢献しようとしなかった。天敵のいない環境で進化した生物には、繁殖を急ぐ理由がない（第8章参照）ので、カカポは性成熟に少なくとも5年かかる。しかも、その年齢になっても、彼らはことを急ごうとはせず、とても条件にうるさい。成鳥の繁殖周期は不規則で、2～4年に1回、リムの木のベリーが豊作の年にだけ起こる。交尾が終われば、オスの仕事は終了だ。カカポのオスは父親としては役立たずで、子育てには一切かかわらない。そのためメスは、巣づくりから子育てまで、すべてを1羽だけでこなす。

巣の構造はとても簡素で、なかが空洞になった倒木や朽ちた切り株、絡まり合った木の根の下の空間を利用する。雨や捕食者の侵入を許すことも珍しくなく、自然保護従事者が世界で最も絶滅に近い鳥の卵を置いておこうと思えるような、安全な保育器にはほど遠い。メスは巣に2～4個の卵（もっと産んでくれればいいのに）を産み、約28日間抱卵する。シングルマザーの苦労が繁殖結果に響くのはここからだ。メスは餌を探すため、夜になると巣を離れなくてはならない。その間、卵や孵化後のヒナは誰からも守ってもらえず、無防備な状態だ。さらに悪いことに、現在のカカポは不妊の問題を抱えている。産み落とされる卵の約半数は無精卵で、ヒナが孵化後、まもなく死亡することも珍しくない。

そのため、いまでは壮大な回復劇の中心に科学が据えられている。「わたしたちの仕事はかなりテクノロジー重視です」と、アンドリューはいう。「本当にいろいろな方法を試しました。そのおかげで、保全のためにできることの選択肢が大幅に増えました」。

繁殖期の予測は大きな関心事だ。チームはその開始時期を、気温パターンを解析し、リムの木で成長中の果実を数えて予測する。リムの実は成長が遅いため、木の先端部の8%以上に果実ができていれば、翌年、実が熟したときにカカポの繁殖がはじまると判断できる。忙しくなる合図だ。

チームは通常、10人体制だが、このときは数人のボランティアを雇い、島に滞在する「巣の番人」の仕事を任せる。カカポは時に古い巣を再利用するので、荒れた巣は改修する。壊れているところは直し、雨漏りしていれば防水加工する。手の施しようがないときは、隣に快適な巣箱を設置する。奥行きがあって届かない巣もあるので、そのときは人工のハッチを取りつけ、巣の番人たちが内部に近づけるようにする。次は監視装置の設置だ。巣内に赤外線カメラをひとつと、スナーク[*6]とよばれる外部装置をひとつ。後者は送信機のシグナルを記録し中継する箱型の装置で、巣のすぐ外に置かれる。メスが採食のために巣を離れたら、スナークがシグナルを拾い、番人たちに通知を送る。

補助給餌のためのスマート巣箱は、島のあちこちに設置されている。チームの調査により、補助給餌を受けた母親は巣を離れる時間が短くなり、結果として健康なヒナを育てる確率が高いとわかった。そこで、カカポの頭の高さに設置されたこの餌箱は、事前にプログラムされたシグナルを認識したときだけ蓋が開くように設定されている。さらに賢いことに、この餌台から餌を取るには構造上、体重計の上に立たなくてはいけないので、チームは母親の体重を自動で測定し、必要に応じて給餌量を調整できる。

繁殖期はふつう1月か2月にはじまり、メスがオスたちの「ブーム」の競演に反応するようになる。「行為」そのものは闇に紛れてカメラに映らない場所でおこなわれるが、繁殖期のカカポの生活に、記録されない部分はほとんどない。オスのカカポのバックパックに入っている、「チェックメイト」とよばれる巧妙に調整された送信機が、交尾中のオスの熱狂的な羽ばたきを記録する。ご丁寧にもチェックメイトには、メスが送信する信号の受信機も内蔵されているため、どのメスと交尾したかもチームに筒抜けだ。しかも、さらにオスのやる気を削いでしまいそうだが、彼らの邂逅《かいこう》には自動的にスコアが付与される。「装置には、やりとりがどれくらい長く続いたかも記録されます」と、アンドリューは説明する。「交尾の質の指標まで算出してくれるんです」。

交尾からおよそ1週間後、メスは営巣する。チームはこのタイミングを、メスのバックパックに内蔵された特殊な送信機「エッグタイマー」で確認する。メスが動き回るのを止めて落ち着き、産卵態勢に入ったことを、装置が通知してくれるのだ。

ここで巣の番人たちがよびだされ、巣の近くのテントのなかで寝ずの番をする任務につく。テントには巣内の様子を伝えるライブ動画が送信される。メスが餌を探しに巣をでると、スナークの通知がドアベルのようにテント内に響く。これが番人たちへの出動の合図だ。彼らは寝袋から這いだし、ブーツを履いて、卵の確認に向かう。

産卵直後、成長中のヒナがまだ殻のなかにいる間は、巣から卵を取りだして「キャンドリング」する。もろい卵を光源の前にかざし、内部のシルエットを観察する作業だ。こうすることで、卵が有精卵か無精卵かがわかる。その後、健康な卵が孵化すると、チームは定期的に巣を訪れ、ヒナの体重測定と健康診断を実施する。ヒナに問題が見つかった場合、巣から引き離すこともある。介入をはじめてまもない頃、チームは病気のヒナや成長の遅いヒナを人の手で育てることで、新米の母親たちを手助けできると考えた。しかし、彼らはそこから苦い教訓を得ることになった。

シロッコの物語

シロッコは1997年にコッドフィッシュ島で生まれた。「孵化したばかりのカカポは、本当に小さくてふわふわです」と、カカポ回復プログラムの技術顧問を務めるダリル・イーソンはいう。「全身が短くて白い綿毛に覆われています。わたしたちは3日に1度、母親が採食のために巣を離れた隙に、巣に手を突っ込み、シロッコともう1羽のオスのきょうだいを測定しました」。しばらくは万事順調だったが、やがてシロッコの成長は遅れ、苦しげな呼吸をしはじめた。「まるでぜんそくにかかったようでした」と、ダリルはいう。そこで彼を巣から離し、人工保育する決定がなされた。

その夜、不機嫌なシロッコはバケツに入れられ、レンジャーの小屋に移された。チームは寝室のひとつを改造し、臨時の保育室にした。「わたしはシロッコを大きな赤い容器に入れて、すぐに給餌をはじめました」と、ダリルはいう。野生では、餌をねだるヒナに母親が素嚢から吐き戻した食べものを与える。だが衰弱していたシロッコは餌ねだりができず、ダリルはチューブを使って給餌をおこなった。「すぐに慣れましたよ」と、ダリルはいう。「彼は

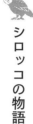

食事に積極的でした。翼を羽ばたかせて、子豚のようにブーブー鳴いていました」。シロッコは峠を越えた。呼吸の問題もなくなり、体重が増えはじめた。

生後3カ月を過ぎると、シロッコは小屋の外の飼育場に移された。ずっと飼育下におく予定ではなく、人の手での扱いに慣れさせておけば、将来、捕獲が必要になったときに作業が楽になるだろうという算段だった。「彼と過ごした時間はすばらしいものでした」と、ダリルは懐かしむ。「全身によじ登ってきて、ネコのように手にじゃれつくんです。わたしたちの誰も、それまでカカポとあれほど密に接触したことはありませんでした」。だが、それが問題の発端でもあった。シロッコはヒトに刷り込まれ、いまでも同じカカポよりも、ヒトと一緒に過ごしたがる。彼がマーク・カーワディンの頭に惹かれたのも不思議はない。

性生活に関していえば、マーク・カーワディンの一件は決して例外ではなかった。シロッコの性的嗜好はとんでもなく奔放だった。彼は気分が乗るたびに、頭や靴やセーターなど、人間に関係するものなら何とでも交尾しようとした。飼育場から放されたあと、彼は小屋の近くにボウルをつくり、なかにいる人びとに向かって歌った。小屋のなかの彼らを誘いだすつもりだったとしか思えないし、この作戦は実際うまくいった。といっても、人びとはシロッコに魅了されたわけではなく、ボウルのそばを通らなければ屋外トイレに行けなかったからなのだが。「人が通りかかると、彼は駆け寄って、背面から脚に飛びかかり、頭をめざしてよじ登りました。扱い方を心得ていない人は、かなりびっくりしていましたよ」と、ダリルは振り返る。「わたしたちが通路の脇に合板の仕切りを立てて、ようやく平和にトイレに行けるようになりました」。

その後、鳥版マイケル・ダグラスと化したシロッコには、過剰な衝動を抑えるための「セックスセラピー」が施された。プロの動物トレーナー、バーバラ・ハイデンライクが招かれ、彼女は正の強化とマカダミアナッツを使って、シロッコの「治療」をなしとげた。彼は、情熱をヒトではなく、無生物に向けるようになった。コッドフィッシュ島の小屋の近くに棲んでいたときから、シロッコはレンジャーがもっていたやわらかいプラスチック製のクロックス™を盗んでいた。もとからあったこの関心を利用して、彼の性欲の新たな対象にはクロックス™が選ばれた。

いまでは彼が人の頭に交尾を迫ることはなくなり、例のサンダルは「クロッカポス」と改名された。マーク・カーワディンがもしシロッコに再会したら、もはや自分が愛情の対象ではないと知って、ちょっとがっかりするはずだ。世界で最も珍しい鳥に交尾を迫られたのは、名誉なことに違いない。自分を捨てて選んだ相手がダサい靴と聞いたら、ひどく落ち込むのも当然だ。

カカポ回復チームはシロッコから教訓を得た。彼の物語は、人工保育の可能性と危険性の両方をよく表している。人工保育はいまもおこなわれているが、ヒトの介入は最低限にとどめるようになった。その結果、65羽を超える育ったヒナたちが、刷り込みの問題を抱えることなく成長しておとなになった。すべての個体の世話をしたダリルは、親しみを込めて「代理母」とよばれている。しかし、彼の才能はそれにとどまらない。彼は養子縁組もおこなっているのだ。

時が経つにつれ、チームはカカポの母親が寛容で、よその子でも分け隔てなく育てることに気づいた。そのため、いまでは巣が危険な状況にある場合や、ヒナが多すぎて実の母親が育てきれない場合、ヒナを人工保育するよりもっといい選択肢として、里親に世話をさせることも可能になった。

たとえば、クイアは本当に特別な鳥だ。フィヨルドランドで発見された18羽のカカポのうち、繁殖して遺伝子を後世に受け継いだのはたった1羽だった。彼の名はリチャード・ヘンリー。クイアはその娘で、フィヨルドランドの遺伝子をもっている。彼女がとても貴重な存在なのは、フィヨルドランドの個体として、スチュワート島の個体には見られない独自の遺伝的変異をもっているからだ。２０１６年、彼女は初めて繁殖したが、営巣場所がまずかった。オットセイのコロニーのすぐ近くで、無数のブユがいたため、いらついたクイアは自分の卵をひとつ割ってしまった。そこでチームはこの巣を撤去し、彼女の残りの卵を、もっと安全な巣をつくったが無精卵でヒナに恵まれなかったほかの数羽のメスに譲った。里親たちは孵化したヒナを自分の子として育て、一方、クイアは再び交尾してもっと立地のいい巣をつくり、今度は自分のヒナを育てあげた。

２０１９年の繁殖期のピーク（　）。クイアやほかの鳥たちを調べた結果、孵化前に卵を取り除くと、母親は再交尾して2腹目の卵を産むことがわかった。そこで、史上初めて、ダリルやアンドリューのチームは、最初の卵をすべて回収して人工保育することに決めた。メスたちが2周目の産卵をすると踏んだ作戦だが、「これは大きな賭けです」と、アンドリューも認める。「以前は12個の巣で卵を回収しました。今回はそれよりはるかに多くなります」。うまくいけば、この方法で今回の繁殖期に誕生するカカポの数は倍増するはずだ。四面楚歌の状況におかれた鳥には、大きな助けになるだろう。

加えて、チームは細心の注意を要するもうひとつの作戦も敢行する。人工授精だ。侵襲的なやり方に思えるかもしれないが、カカポの人工授精が妙案だといえる理由はいくつかある。第一に、人工授精はすでにアオコンゴウインコ、マナヅル、マゼランペンギンなど、たくさんの絶滅の危機にある鳥類に用いられ、成果をあげている。第二に、成功すれば、生殖能力はあるが恋愛運のなかったオスたちに、遺伝子を伝えるチャンスが与えられる。そうなれば、集団全体の遺伝的多様性は高まり、頑健で逆境に耐えうる個体群を創出する助けになるはずだ。第三に、カカポは乱婚性で、オスもメスも複数のパートナーと何度も交尾する。回復チームの研究によれば、メスは複数のオスと交尾した場合、より多く子を残せるようだ。そのため、人工授精によって遺伝的多様性が高まるだけでなく、メスが母親になれる確率も上がる。現在、自然におこなわれた交尾が不適切（近親交配、オスが若すぎる、あるいはそのオスの血を引く個体がすでに遺伝子プールのなかで過大な割合を占めているなど）だった場合、人工授精が検討される。そうなると、気になって仕方ないのが、どうやって鳥の人工授精をおこなうかだ。

アンドリューがチームに加わる前の90年代には、保全チームはかなり奇抜な方法でカカポの精液を集めようとしていた。おもちゃのジープにカカポのぬいぐるみをくっつけた、「クロエ」という名のラジコンカーがつくられた。翼を広げてお尻を突きだすポーズに誘われて、興奮したオスが飛びかかり、「乗り心地」を楽しむだろうと期待されたが、鳥たちは騙されなかった。クロエは拒絶され、彼女の機械仕掛けの下半身はゴミ箱行きとなった。次に試されたのは「射精ヘルメット」で、こちらは人工の総排出腔[*7]にぴっしり覆われた水泳帽のようなしろものだ。恐怖がりの人にはお見せできない外見のこのヘルメットをかぶり、チームの面々はセクシーさをアピールしようと、藪のなかをごそごそ動きまわった。こちらも同じく、シロッコがマーク・カーワディンの頭と交尾したように、見境のないオスが装置との交尾を試み、ヘルメットを覆う穴のあいたプラスチック容器に射精すると期待されたのだが、鳥たちは興味を示さなかった。こうして射精ヘルメットも歴史書のなかに追いやられ、チームはもっと巧妙な手法を採用して、ようやく成功を得た。

現在、人工授精をおこなう際は、無線遠隔装置でオスの位置を突き止め、優しく抱えて背骨、お腹、恥骨のあたりをマッサージする。あとは鳥が勝手に仕事をこなしてくれる。その後、待機中のメスを仰向けにし、卵管に小さなプラスチック管を挿入して、精子を送り込む。授精は迅速におこなわれ、数分のうちにメスは自由の身となる。

こう聞くと単純そうだが、ここにもやはり困難が立ちはだかる。「問題のひとつは、繁殖させたいオスとメスが、ときおりそれぞれ島の反対側にいることです」と、アンドリューは説明する。貴重な精液を徒歩で届けようとしたら何時間もかかってしまう。そこで２０１９年、チームは最新の発明品をテストした。その名も「精子コプター」。アンドリューがたまたま遠隔操作ドローンの操縦が得意だったおかげで、チームは島のある場所で採取した精子をドローンにくくりつけ、空に放って島の反対側に届けられるようになった。「徒歩なら１時間かかる道のりが、ドローンならたった４分で済みます」と、アンドリューはいう。

もちろん最大の課題は、どのオスが精子を提供し、どのメスが受け取るかを決めることだ。近親交配につながる血縁者どうしの組合せを避けるのは重要だが、カカポの個体どうしの血縁度はいつでもはっきりわかるわけではない。メスは複数のオスと交尾し、オスは子育てにまったくかかわらないので、父性は確実ではないのだ。こうした理由から、研究者たちはＤＮＡに注目している。

カカポの暗号を解読せよ

２００３年、ニュージーランドのオタゴ大学に所属するブルース・ロバートソンは、ＤＮＡの小さな断片に注目してカカポの「血縁度」を判定する検査を開発した。この検査は、ＤＮＡフィンガープリンティングとよばれる、ヒトの個人を特定する目的で開発された遺伝学的手法にもとづいていた。この分析手法は非常に精度が高く、刑事事件で有罪か無罪かを証明する証拠として、移民の永住権を巡る紛争解決の手段として、あるいは父性判定の手段としても使われるが、カカポに用いるには限界があった。２羽のカカポが血縁関係にあるかどうかは検査でわかったが、関係の詳細までは特定できなかったのだ。ペアがきょうだいでも、いとこでも、親子でも結果は同じだった。

世界でいちばん希少な鳥の縁結びをするには、こうした情報が不可欠だ。

アンドリューは、ＤＮＡフィンガープリンティングに使われるような断片ではなく、全ゲノムの完全な塩基配列がわかれば、霧に包まれたカカポの家系図が、疑いの余地なくはっきりするはずだと考えた。詳細な遺伝情報があれば、カカポの保全計画に役立つ可能性がある。

同様のデータベースは、ほかの種の鳥で前例があった。大柄ではげ頭の死肉食者、カリフォルニアコンドルだ。30年前、この鳥は動物の死体に残された鉛弾による中毒が原因で、絶滅寸前に追い込まれていた。１９８７年、保全活動家たちは残存する野生個体をすべて捕獲して飼育下に移し、繁殖集団をつくる試みを開始したが、まもなく計画は危機に陥った。致死的な発育不全を引き起こす遺伝性疾患が出現したのだ。そこでチームは、全個体数のかなりの割合を占める、36羽のカリフォルニアコンドルのゲノムの配列を決定し、この情報をもとに詳細な遺伝子マップを作成した。マップのおかげでカリフォルニアコンドルの家系図が明らかになり、病因となる遺伝子をもつ個体を特定して、繁殖プログラムから外せるようになった。現在、保全プログラムは順調に進展し、飼育下で誕生した多くの個体が野生復帰した。いまでは２９０羽のカリフォルニアコンドルが、上昇気流に乗ってカリフォルニア、ユタ、メキシコの空を舞っている。

似た方法のカカポ版を想像してみよう。この鳥版Match.comでは、ゲノム配列と生活史情報にもとづいて、仮想のペアに「適合性スコア」が付与される。ハイスコアなカップルは実世界でマッチングされ、繁殖のために同じ島に移されたり、人工授精がおこなわれたりする。一方、血縁度が高かったり、不妊の問題があったりしてスコアの低いカップルは地理的に隔離される。ＤＮＡデータにもとづいて、保全にかかわる実践的な意思決定をすることができるのだ。「実現すれば、カカポ回復の切り札になるでしょう」と、アンドリューはいう。

加えて、ゲノムの情報は、これ以外の基礎的な疑問に取り組むのにも役立つ。最初のカカポのDNA検査が1冊の本から破り取られたページの断片を調べるようなものだとしたら、全個体の全ゲノム情報は、図書館ひとつを丸ごと手にしたも同然だ。「とてつもない情報量になるでしょう」と、アンドリューはいう。「カカポについて、わたしたちはまだ知らないことだらけです。いまある疑問の答えにつながる、たくさんの手がかりが得られるはずです」。

解明すべき謎として真っ先にあげられるのは、カカポの不妊率の高さに遺伝的な原因はあるのか、なぜ一部の個体はほかの個体より病気にかかりやすいのかといったものだ。そのあとには、もっと基礎的な疑問にも手を広げられるだろう。たとえば、カカポの寿命は何年なのか? 70年代に発見された創始個体たちが何歳なのかは誰にもわからない。そのため、確実に40歳を超えている彼らが、あとどれくらい生きられるかを予測するのは不可能だ。「ぜひ知りたいですね。わたしたちは90歳までは生きられると思っていますが、確実とはいえません」と、アンドリューはいう。

もうひとつの疑問は、この鳥の進化史にまつわるものだ。研究によれば、カカポはオウム・インコの「基幹分岐群」、つまり現生のすべてのオウム・インコの共通祖先から最初に枝分かれしたグループの一員だ。ニュージーランドのほかの2種のオウム、ケア(ミヤマオウム)とカカもこの分岐群に属するが、カカポはこれらとも異質で、一種だけで独自の属(*Strigops*)を構成する。したがって、いまいるインコ・オウムのなかで最も古い種である可能性がある。カカポのゲノムを解読することで、なぜ一部の種の鳥はずば抜けて賢いのか、なぜオウムは声真似が得意なのかといった疑問にも、ヒントが得られるかもしれない。

ペリカン、デンキウナギ、ワラビーなど、研究者たちはさまざまな生物のゲノムを解読してきたが、こうした成果はたいてい、たったひとつの基準標本のＤＮＡの配列決定をおこなったものだ。たとえば、ゲノム10Ｋプロジェクトは、約６万６０００種の脊椎動物すべてについて、少なくとも１個体のゲノム配列の決定をめざしている。同様に、Ｂ10Ｋプロジェクトの目標は、約１万種の鳥すべてに関して、少なくとも１個体のゲノムを解読することだ。アンドリューが提唱する目標は、これとはまったく違う。彼は生死を問わず、できるかぎり多くのカカポの個体のゲノムを解読することを夢見ている。

幸い、学術研究の世界にはとても狭くニッチな関心をもった人びとがいくらでもいて、カカポのＤＮＡをもっと掘り下げたいと考えていたのは彼だけではなかった。デューク大学の遺伝学者ジェイソン・ハワードは、『カカポ・レスキュー』という絵本を愛娘に読みきかせたのがきっかけで、カカポに興味をもった。Ｂ10Ｋプロジェクトに携わるジェイソンはいう。「絵本を読みきかせているうちに、強く思ったんです。この鳥のゲノム配列を決定しなくちゃいけないって」。こうして彼はブルース・ロバートソンとカカポ回復チームに加わり、ジェーンという名のカカポの血液サンプルの提供を受けた。

ジェーンが選ばれたのは、不妊の問題を抱える彼女が、こうすることで種の将来に貢献できるよい方法だとチームが考えた結果だ。彼女の血液からＤＮＡを抽出し、シークエンシングをおこなったジェイソンに、アンドリューが声をかけた。ジェイソンは、ある生物種の１個体のゲノムが解読できれば、ほかの個体を対象に同じことを繰り返すのは比較的簡単だと知っていた。「問題は資金獲得です」と、彼はいう。

アンドリューにはひとつあてがあった。ちょうどその頃、遺伝的レスキュー基金という組織が、コンピューター科学者のデヴィッド・イオーンズによって設立された。基金は、遺伝子ベースの保全プロジェクトの支援をミッションに掲げていた。基金のウェブサイトができて３日と経たないうちに、アンドリューは電話をかけた。ニュージーランド出身でカカポを知っていたデヴィッドは、種の全個体のゲノムを解読するというアイデアに魅了された。こうして協定が結ばれ、クラウドファンディングページが開設され、新たなプロジェクトが誕生した。計画当初のカカポの個体数にちなんで「カカポ125」と銘打ったこのプロジェクトが発足し、アンドリューの夢が具現化しはじめた。

それ以来、アンドリューのチームはおとなのカカポの定期健康診断のたびに血液サンプルを集め、数年経ったいま、プロジェクトはほぼ完了した。先行する取組みでは、同じく絶滅寸前の鳥であるアオコンゴウインコが世界で初めて、種を構成するすべての個体のゲノムが解読された生物となった。カカポも同じ道を歩んでいて、いまでは169羽のゲノムが解読され、このデータがすでにいくつかの謎を解き明かしつつある。

2018年、スウェーデンの研究チームが現代のカカポと昔の歴史的標本のゲノムを比較した結果、過去200年で遺伝的多様性が大幅に低下していることがわかった。ここから、初期のポリネシア人入植者たちはカカポにあまり影響を与えず、個体数減少の原因は、おもにのちのヨーロッパ人入植者と、彼らが連れてきた侵略的外来種であると示唆される。

さらに、70年代に発見されたスチュワート島の個体群の起源も明らかになった。当初、カカポは19世紀にポリネシア人かヨーロッパ人の手によって島にもち込まれたと考えられていたが、分析結果はカカポが過去2000年の大半にわたり、スチュワート島に生息していたことを示唆するものだった。両方の筋書きが正しい（おおいにありうる話だ）とすれば、本土のカカポが移入される前から、スチュワート島にはすでにカカポが棲んでいたことになる。これはいいニュースだ。スチュワート島由来の個体の子孫たちは、これまで想定された以上に高い遺伝的多様性を保持している可能性がある。

ベビーブーム

２０１８年、サンタクロースが絶妙のタイミングでニュージーランドにやってきた。２０１８〜２０１９年の繁殖期の最初の卵がコッドフィッシュ島のある巣で見つかった日は、ちょうどクリスマスイブだった。カカポ回復チームには最高のプレゼントだ。

リムの木の果実が未曾有の大豊作を迎え、繁殖は例年より早くはじまった。希望に溢れたオスたちの「ブーム」が谷に響き渡り、チェックメイトの送信機が12月なかばから忙しく鳴りはじめた。３カ月後のいま、アンドリューたちはプログラム開始以来、史上最高の繁殖成果を記録している。

カカポ繁殖のホットスポットのひとつ、アンカー島（プケ・ヌイ）のレンジャー小屋では、冷蔵庫のドアにホワイトボードがかかっている。太い黒色マーカーで書かれているのは、50羽の成鳥メスのリストだ。パール、プーノム、ソルスティス、スー。貴重なフィヨルドランドの遺伝子をもつクイアもいる。名前の隣には卵が並び、各個体の繁殖成果を表している。笑顔のマークは有精卵、笑顔に翼と足が生えているのは孵化済みの卵を表す。卵の上に直線かバツ印があるのは、無精卵か発達中にヒナが死亡した場合だ。卵の列が２本あるのは、そのメスが再営巣し２腹目の卵を産んだ場合だ。２０１９年３月末の時点で、無精卵が１３２個あったものの、72羽のヒナが孵化し、１１７個の有精卵が孵化待ちだ。

「信じられないようなシーズンです」と、アンドリューはいう。「いままでに２４９個の卵を確認しました」。比較のために、１９８１〜２０１７年までのすべての繁殖期を合わせても、産卵数は合計で４１０個だった。この合計の６割にあたる２４９個が、たった３カ月の間に産みつけられたのだ。いよいよペースが上がってきて、チームは数十年来の多大な努力の成果を目の当たりにしている。

精子コプターが稼働を開始し、チームは10数回の人工授精をおこなった。産みつけられた卵が有精卵かどうかは、これから確認するところだ。最初の卵を人工保育し、メスに強制的に交尾をやり直させる作戦はうまくいった。30羽のメスが再営巣して2腹目の卵を産み、ヒナの数を大幅に増やした。クイアの1腹目の卵はすべて無精卵だったが、2腹目の三つの卵は孵化目前だ。一方、彼女の兄で同じくフィヨルドランドの子孫であるシンバッドも交尾を果たし、チームはいま、今シーズンのヒナの父性を判定するDNA検査の結果を待っている。シンバッドの血を引くヒナがいれば、最高のニュースだ。フィヨルドランド独自の遺伝子が、世代を超えて個体群のなかで受け継がれることになる。人工保育や養子縁組の数も史上最多となり、代理母のダリルは大忙しだ。一方、アンドリューは相変わらず機械いじりをしている。彼はウェタ・ワークショップスと手を組んだ。映像作品の特殊効果を手がけ、『ロード・オブ・ザ・リング』のクリーチャーや衣装を製作した企業だ。同社が今回製作した、史上最高傑作のよび声高い作品は、カカポの卵を正確に再現した3Dコンピューターモデルだ。これをテンプレートとして、アンドリューはほんものそっくりのカカポの偽卵を、3Dプリンターを使って製作する。巣にダミー卵が必要な場合、たとえばこれから里親になる予定のメスに準備させたいときに、中つ国クオリティの卵が活躍するはずだ。

ダリルの手で育てられてから20年、マーク・カーワディンの「例の事件」から10年が経過したいま、シロッコはすっかり更生した。回復チームは、彼がほかのカカポと交尾することはもはやないだろうと判断し、彼に別の任務を与えた。人目を惹く彼の図々しさを有効活用しようと、2010年、当時のジョン・キー首相がシロッコを、ニュージーランド環境保全省の正式な「スポークスバード」に任命したのだ。キー首相は会見でこう語った。「彼はメディアに精通していて、全世界にファンがいます。彼の一挙手一投足、くちばしから発するどんなわめき声も注目の的です。彼はスポークスバードとして、またニュージーランドの親善大使として、すばらしい仕事をしてくれるでしょう」。

まさにそのとおりになった。いまではシロッコは、あるときは孤島のわが家でくつろぎ、またあるときは国じゅうを巡って熱狂的なファンと対面して、ニュージーランドの絶滅危惧種に関する啓発活動に携わっている。皮肉なことに、彼はとうとう（ファーストクラスの飛行機で）飛べるようになったのだ。彼のTwitterアカウント@Spokesbirdには2万人のフォロワーがいるが、これもまた皮肉な話だ。実物の彼は「ブーム」や「バーク」や「スクラーーーク」など、ありとあらゆる珍妙なノイズを発するが、「さえずり《ツイート》」はできないのだから。

カカポは大きく、美しく、イヌのように吠え、バイオリンケースのような匂いのする鳥で、世界有数の手つかずの隔絶された環境で暮らしている。彼らの島に不時着して、繁殖期以外の姿を見れば、その何者にも束縛されない自由な生きざまに、きっと感動を覚えるだろう。けれども、彼らの「野生」の姿は、入念に管理された幻想にすぎない。カカポは忘却へと突き進む進化の軌道上にあった。そこへヒトが介入し、行き先を変えさせた。いまもカカポは、ヒトが積極的に管理する「愛の島」でしか生きられない。ここに捕食者がいないのは、ヒトが締めだしたからだ。保全従事者たちは巣に手を加え、食事を調整し、繁殖をお膳立てする。そこでは最新のテクノロジーが活用される。ゲノムプロジェクトが完了に近づき、カカポ回復チームの繁殖管理は、これまで以上に緻密になっていく。個々の鳥のＤＮＡが解読され、デジタルアーカイブに保存されて、コンピューターアルゴリズムの判断が種の将来に影響を与えるようになれば、カカポ回復プログラムはいっそう高度なものになるだろう。わたしは考えた。アンドリューたちのチームがカカポへの介入をやめ、一歩退いて見守れるようになる日はくるのだろうか？　鳥たちはいつかバックパックを脱ぎ捨て、自分の力で生きていけるようになるのか？　彼らは自身の進化の旅路を、再び自分たちで制御できるだろうか？

「それがわたしたちの長期的な目標です」と、アンドリューはいう。「現状では、カカポは保全活動に重度に依存していて、それは問題ではあるのですが、わたしは楽観的に見ています。結局のところ、やるべきことは害獣駆除で、カカポに適した捕食者のいない生息地を確保すればいいだけなのです」。ニュージーランド環境保全省が公約を実現し、２０５０年までに国内から捕食者を一掃すれば、カカポをはじめ多くの在来種が恩恵を受けるだろう。その間にも、回復チームは、保全のための集中的介入と、カカポ個体群をできるかぎり自然に委ねることの間で、危なっかしい綱渡りを演じている。

現在、カカポが分かれて暮らしているいくつかの島じまは、管理の程度もさまざまだ。ブレイズを思いだそう。種オスとして優秀すぎたせいでリトルバリア島に追放された彼は、いまではほかの問題児たちの小集団とともに、まだバックパックこそ背負っているが、ほとんど好き勝手に暮らしている。「まだテクノロジーに頼って経過観察はしていますが、かなり放任的な取組みです」と、アンドリューはいう。チームは管理の手を緩める試みを進めつつ、同時に将来の新たな生息地探しにも余念がない。２０１９年現在、レゾリューション島へのカカポの再導入が検討されている。大胆なアイデアだ。１８００年代後半に自然保護活動家リチャード・ヘンリーが同じことをしたときは、オコジョのせいで全滅に終わったのだから。獰猛な彼らはいまも島にいるので、完璧な選択肢とはいえないが、カカポの個体数が回復すればこうしたリスクを冒すことも可能になる。「興味深く、心配の絶えない実験になるでしょう」と、アンドリューはいう。カカポもいざとなれば戦えるので、きっとやっていけると彼は考えている。もしも生き残れたら、レゾリューション島でのカカポの繁栄を夢見たリチャード・ヘンリーに宛てた、この上ない贈り物になるだろう。

時代が6度目の大絶滅へと加速するなか、地球の反対側のどこかにある孤島で、巣の番人たちが薄っぺらなテントに寝泊まりして、次世代のカカポを見守っていると思うと、胸が熱くなる。カカポ回復チームの仕事は、どんなに見通しが暗くても、決して絶滅を既成事実と認めてはいけないと教えてくれる。25年前、プログラムがはじまったとき、チームに成功の保証はまったくなかったが、彼らには希望と固い意志、それに底なしの発明家精神があった。彼らは科学とテクノロジー、それにカカポ自体と同じくらい突拍子もないアイデアを大切にした。彼らの献身は実を結びつつある。鳥たちは野生に生きているが、その世界はヒトの管理下にある。いまやわたしたちは、カカポの巣の番人であり、保育士であり、食事の配達人であり、出会いの仲介人でもある。ヒトは、カカポの進化の運命を手中に収めた。そのおかげで、鳥類界のはみだし者は崖っぷちから戻ってこられたのだ。

〔脚注〕

＊1　マオリ語のハロー。

＊2　ダグラス・アダムスを知らない方へ。「嘘でしょ?」。『銀河ヒッチハイク・ガイド』シリーズで知られる彼は、史上最も才能とユーモアにあふれた作家のひとりだ。2001年に惜しまれつつ世を去った。

＊3　ブラックプール・プレジャー・ビーチにある「ザ・ビッグ・ワン」は、イギリスで最高最速のジェットコースターだ。

＊4　どうして人気なのかさっぱりわからない、1999年のハウスミュージックのヒット曲。のちに制作されたテレビCMでは、黄色くて口が大きい、死んだ眼をしたぬいぐるみが車に乗り、ビートに合わせて手でリズムをとる。永遠に。

＊5　1着に1万枚を超える羽が使われたカカポの上着は、当時の究極のステータスシンボルだった。いまでも「カカポのケープを着てるのに、まだ寒がってる」といったいい回しがあり、ダイヤの靴を履いていながらきついと不平をいうような愚痴っぽい人を指す。

＊6　スナークはルイス・キャロルの長詩『スナーク狩り』にちなんだ名前。こちらも発見が困難な謎の鳥を捕まえる話なのでぴったりだ。

＊7　総排出腔とは、メスの鳥が排便、排尿、交尾、産卵をする「穴」のことだ。

第11章　ブタと紫の皇帝

Chapter Eleven

姿を見る前に、音で存在に気づいた。低くしわがれたうなり声が、下草の間から響いてきた。音量からしてかなり大きな動物のものだが、脅威は感じなかった。これは喜びの声だ。わたしたちはみな笑顔になり、足取りを早めて耳障りな騒音の発信者を探した。

暖かい夏の日だった。わたしたちは伸び放題のネコヤナギとリンボクの茂みを通り抜けた。乱雑に生い茂るイヌバラとサンザシの隙間から、若木がめいっぱい枝を伸ばし、空をめざしている。隙あらばむち打とうとする底意地の悪いいばらを避け、わたしたちは悪戦苦闘しながら、やぶのなかに消えたツアーガイドのあとを追った。「こっちです！　ここ！」声は聞こえるが、姿は見えない。

ときおり、茂みが途切れ、日差しが降り注ぐ開けた場所が現れる。わたしたちはそこで立ち止まり、再び集合した。野花がひざの高さまで伸び、かぐわしい花々の合間をチョウが舞い、風は鳥の歌の活気に満ちていた。何の前触れもなく、ダマジカが茂みから飛びだしたのには肝を冷やした。特徴的な黒色とクリーム色のお尻がほんの一瞬見えたかと思うと、シカはまた行方をくらました。

どのくらい歩いただろうか。こんなふうに乱雑で魅惑的な未開の地にいると、時間感覚や方向感覚は容易に失われる。だが、ガイドの足取りは確かだった。チャーリー・バレルは、この変化と活力に富む地形を、空き地も草地も、樹も水路もやぶも、すみずみまで知りつくしているようだった。彼は、初夏にアフリカから渡ってきたコキジバトの営巣木を指差した。草食獣が踏み固めた獣道をたどり、イギリスでは希少種となったチョウが産卵する植物の葉を見せた。妻で作家のイザベラ・トゥリーとともに、チャーリーはこのエキゾチックな野生の地をつくりあげた。自信満々にわたしたちに見せびらかすだけの資格が、彼にはある。

数人の報道関係者と一緒に、わたしはイングランド南部サセックスにある、面積14平方キロメートルの宝物、ネップ・エステートを訪れていた。半分は農地、半分は野生生物保護区であるこの場所は、人と自然がどうすれば平和に持続可能なかたちで共存できるかを示す実例だ。ネップでは、野生動物と家畜がすぐそばで暮らし、相互に利益をもたらしている。ここでは野生と飼育下、農地と自然の境界線はあいまいだ。ネップは、家畜動物の工業的飼育に代わる方法があること、そしてわたしたちが頭と心と土地のなかに、野生動物の存在を受け入れれば、誰もが恩恵を得られることを教えてくれる。

前の2章では、特定の種やグループの生物に着目して、進化を望ましい方向に向かわせようとする保全従事者たちの取組みを紹介した。ハワイやオーストラリアでは、研究者たちは選択交配によって強靱なサンゴを生みだそうとしている。ニュージーランドでは、保全チームがカカポを集中的に管理している。いまはそうするほかに方法がないからだ。しかし、本章ではまったく違うタイプの保全手法である、再野生化《リワイルディング》を取り上げる。ここではヒトは一歩引いて、自然のなすがままに任せる。特定の種に注目せず、事前の目標設定もほとんどしない。再野生化の支持者たちはむしろ、成長の余地を与えさえすれば、自然はわたしたち抜きでも繁栄すると考える。再野生化は比較的新しい概念で、賛否両論あるものの、ネップ・エステートの物語は明るい展望を見せてくれる。時にはただ見守り、あえて他人と違うことをするだけで、もっと明るく、恵み多く、生物多様性豊かな未来をつくりだす助けになる。これが、チャーリーとイザベラの活動から得られる教訓だ。

わたしたちがうなり声に気づいたのは、手に負えない茂みを抜け、ほこりっぽい乗馬道に入ったあたりだった。音源は近いが、ついさっきどうにか脱出してきた屈強な植生に隠れて、姿は確認できない。いつなんどきも紳士的なチャーリーが棘だらけの枝を押さえてくれて、その間に彼の横を通り過ぎると、イラクサと倒木に囲まれ、日陰になった広い水面が見えた。その泥まみれの窪地に、探していた騒々しい獣たちが休んでいた。幸せそうに丸々と太った、2頭のタムワース種のブタだ（口絵参照）。黄褐色の体が、土をかぶった低木層にみごとに溶け込んでいる。1頭は朽木に頭を乗せてうたた寝していて、もう1頭は満足げにうろついている。昔からいうように、「泥のなかの豚より幸せなものはない」のだ。

「このあたりにいると思いましたよ」と、チャーリーはいう。「真っ昼間はたいてい寝ていますからね」。見られているのを気にする様子もなく、ブタたちは幸せそうに鳴いた。「この子たちは昔からいるんです」と、彼は続けた。「ここに棲んで長いので、誰に会っても動じません」。

たいていの養豚農家なら、このような高齢で子を産めなくなったメスは屠殺するだろうが、ネップでは違う。ここではブタの価値は、どれだけベーコンがとれるかではなく、生きて提供する生態系サービスによって決まる。年を取ってもブタは変わらず土を掘り返し、泥だらけのぬた場をつくる。タムワースブタはこの能力を買われてここにいる。タムワースブタはほかの草食獣たちとともに、ネップを生物多様性のホットスポットに変え、絶滅危惧種の生命線を守る手助けをしているのだ。

チャーリーがブタを連れてきたのは2004年のことで、自身の農場を崩壊の危機から救うための実験の一環だった。彼は1987年に祖母から邸宅を相続し、家族の伝統にのっとり、土地を農場として利用してきた。ホルスタイン種とフリージアン種のウシ、それにまっさらな農業機械を導入した。コムギやオオムギを育て、大地に肥料や殺菌剤や合成ホルモンをぶちまけた。経営の集約化と多角化を進め、イギリス版ハーゲンダッツとよべるような、チャーリー・バレルのキャッスル・デイリー・ラグジュアリー・アイスクリームを創業した。利益をあげていた頃もあった。けれども市場のグローバル化が進み、牛乳と穀物の価格が下落したうえ、チャーリーはこの農場の永遠の宿敵と戦うはめになった。重い粘土質の土壌だ。サセックスの古い方言に、泥を意味する言葉が30以上もあるのには理由がある。ガバー（gubber）、アイク（ike）、パグ（pug）、ストーチ（stoach）は、どれもぐちゃぐちゃした泥の別名だ。この回避不能の敵が農業機械を故障させるせいで、チャーリーとイザベラがよい土に恵まれた農場と競合するのは難しくなった。

ミレニアムが終わる頃、ネップは大赤字に転落し、危機に陥っていた。「わたしたちは長い間、資金を失ってばかりでした」と、チャーリーはいう。「真剣に将来を思い悩み、変化が必要だと考えました」。

ほぼ同じ頃、チャーリーはオランダの生態学者フランス・ヴェラの仕事に目を留めた。ヴェラの功績として最もよく知られているのが、アムステルダムから車で30分のところにあるオランダの自然保護区、オーストファールスプラッセンの再生だ。50年以上前にゾイデル海を埋め立てて造成されたこの土地は、当初は工業用地として開発されたが、不況のせいで計画が頓挫し、野生動物が忍び込んだ結果、図らずも自然保護区に姿を変えた。大きく浅い湖の周囲には湿地の植物が生い茂り、豊かで多様な湿地の鳥たちをよび寄せた。その多くが希少種だった。

1989年、オーストファールテルスプラッセンはラムサール条約に登録され、自然保護の観点から国際的に重要な湿地と認められた。

この土地のいきさつは、人間が身を引いて、自然に仕事を委ねれば、野生動物のにぎわいが戻ってくることを裏づけた。だが、ヴェラは保護区の将来を案じていた。当時の標準的な考えにしたがえば、なんらかの介入を続けないかぎり、湖を取り囲むヨシが中心部へと進出し、やがては開けた水面を覆ってしまう。そうなれば、若木が芽吹き、いずれ湖は森林に置き換わる。「彼は研究者から、自然のなりゆきに任せれば、この場所は樹冠の閉じた疎林になるだろうと聞かされていました」と、チャーリーは説明する。「でも、そうはならなかったのです」。

代わりに、オーストファールテルスプラッセンはハイイロガンに大人気の「行楽地」となり、ヨーロッパ全土から数万羽が集結するようになった。ガンは換羽に要する1カ月の間、ヨシやその他の湿地植物を食べあさり、湖が育ち過ぎた植物に覆われるのを防いだ。ガンのおかげで、際限なく広がるヨシ原ではなく、ヨシ原と浅い水塊が入り組んだ複雑な風景が形成され、それがさらに多様な野生動物をよび寄せた。「自然が復活しはじめたのです」と、チャーリーはいう。

ここまではよかったが、まだ問題は残っていた。換羽期が終わったハイイロガンに滞在を延ばしてもらい、彼らがもたらす利益を長期的に確保するには、どうすればいいだろう？　ヴェラは、ガンがふだん利用する生息環境、つまり草原を湿地の近くにつくれば、鳥たちはとどまるかもしれないと考えた。だが、草原の創出のために人は動員しない。ヴェラには考えがあった。ヒトの労働は高くつくが、動物はタダで働いてくれる。そこで彼は、丈夫なヘックキャトル、がっしりしたコニックポニー、順応性にすぐれたアカシカをもち込んだ。これらの草食獣たちが湿地の周辺を手入れしてつくりだした緑豊かな草原を、ハイイロガンはすぐに気に入った。

いまでは、北西ヨーロッパ個体群の約半数に相当する3万羽のハイイロガンが、毎年、オーストファールテルスプラッセンを訪れる。四つ足の仲間たちとともに鳥たちがつくりだした、異質な環境が入り組んだ寄せ集めの生息地は、野生動物の楽園だ。ビーバー、キツネ、ノウサギ、ミズハタネズミ、オコジョ、イイズナ、ケナガイタチ、ヨーロッパヤマカガシ、それに無数の甲虫やチョウが、みなこの聖域にたどりついた。湿地の鳥たちは繁栄を謳歌している。サンカノゴイ、ヘラサギ、ダイサギ、オジロワシが観察され、すべて合わせると250種以上の鳥たちの来訪が記録されている。隆盛をきわめるオーストファールテルスプラッセンには、いまやこんなあだ名までついた。「オランダのセレンゲティ」だ。

オーストファールテルスプラッセンでのヴェラの実験から、チャーリーは二つの教訓を得た。中枢種《キーストーン》の価値と、放任の価値だ。中枢種とは、個体数のわりに周囲の生態系に不釣り合いなほど大きな影響を与える種のことだ。ハイイロガン、ヘック・キャトル、コニックポニー、アカシカはいずれも、行動を通じて無数の他種の生物が繁栄する環境をつくりだすため、中枢種といえる。彼らはある土地に加わると、自身にとって居心地のいい生態系を創出し、維持し、結果的に生物多様性を高めさせる。彼らが改変した生息環境が、新しい種を惹きつけるのだ。手助けはほとんど必要ない。オーストファールテルスプラッセンの逸話からは、適切な材料（ここでは中枢種）さえ環境に加えれば、ある意味で、自然が自ら問題を解決してしまうとわかる。時にはただ、手綱を緩めるだけでいい。チャーリーは、ネップでの農業はもはや不毛だと認めた。同時に、今度は中枢種を使って、サセックスに私設自然保護区をつくりだせないかと考えるようになった。

新たなミレニアムに入る頃、チャーリーとイザベラは農業機械を競売にかけ、農場をゆっくりと自然に明け渡す手続きを開始した。敷地内のフェンスを撤去し、畑に在来の草や野花の種をまき、さらに慎重な検討の末、自由生活する大型動物を導入しはじめた。「解放」をスローガンに掲げ、チャーリーとイザベラは放し飼いできる丈夫な品種を選択し、ダマジカ、アカシカ、昔ながらのイングリッシュ・ロングホーン種のウシ（口絵参照）、エクスムーアポニー、タムワースブタが迎え入れられた。

タムワースブタが選ばれたのは、古代品種であり、多くの現代品種よりも野生の原種のイノシシに近縁であるためだ。泥のなかでくつろぐメスたちの姿はただの太った怠け者にしか見えないが、タムワース種は驚くほど俊足で、成獣は短距離ならウマに匹敵する速さで走れる。これならきっと、危険を避けて自力で生きていけるはずだ。

エクスムーアポニーもまた古代品種だ。がっしりしたウマで、密生したたてがみ、強靭な脚、広い背中をもつ。冬には撥水性のトップコートの下にウールのような保温性の高い毛の層を発達させ、まぶたの周囲にある脂肪のパッドは雨雪を跳ね返すのに役立つ。こちらも自給自足の能力は折り紙つきだ。

同様に、イングリッシュ・ロングホーンも順応性に優れている。野生の祖先であるオーロックスと同じように、ヒトの助けなしに出産でき、一年中野外で生活することをいとわない。選択交配によって生まれた茶色と白色の分厚い被毛をもち、背中の中心に特徴的な一筋の白の縦縞が入る。威圧的な長い角に反して、性格は穏やかだ。

これら3種の中枢種は、いまではネップの景観創出に、それぞれに異なる重要な役割を果たしている。「どれも違った行動を示し、食べ方も異なります」と、チャーリーはいう。口、消化管、好みの食料が異なるうえ、別べつの時期に別べつの餌を食べる。たとえば、アカシカは、春と夏には草を食むが、秋から冬にかけ、こうした植物が硬くて噛めなくなったり見つかりにくくなったりすると、樹皮をはがすようになる。ウシも草を食べるが、自由に行動させると、彼らは小枝やいばらや若木も摘み取る。「ウシは草よりも生垣が好きなんです」と、チャーリーはいう。草食獣たちは行動を通じて、さまざまな形で植物にダメージを与え、移動させ、新たな生息環境を創造する。推定によれば、ウシの体毛、ひづめ、消化管、糞には200種以上の生物が便乗している。ブタも植物を食べ、運搬するが、ウシと違って彼らの食性に制約は少なく、雑食性に近い。タムワースブタはぽっこりお腹の日和見主義者だ。うたた寝していないとき、彼らはせっせと土を掘り返し、無脊椎動物、根茎、根といったおいしいおやつを探す。ブタはほかの草食獣が手に入れられない、あるいは食べられない植物も口にする。たとえば、アメリカオニアザミの根や、有毒のシダの葉状体などだ。秋にはオークの枝から降り注ぐドングリをむさぼる。

草食獣が最初に導入されてからおよそ20年が経過し、ネップは見違えるほどの変貌をとげた。かつて乳牛の群れを柵が囲い、不毛なトウモロコシの単一耕作がおこなわれていた場所に、いまでは動物たちが自由に行き交い、異質な生息環境がパッチワークのように入り組んだ、複雑で壮麗な景色が広がる。生垣が畑を侵略し、牧草地と灌木地と疎林の境はあいまいだ。とくに灌木地は野生動物の憩いの場になっている。世間では生産性の低い不毛の地と誤解されがちだが、イヌバラ、キイチゴ、サンザシ、ネコヤナギといった灌木は、大型草食獣の採食の場であり、彼らのあとを追って進出してきた野生動植物が棲みつく新たな生息環境だ。灌木の絡み合った枝に守られて、オーク、セイヨウトネリコ、カエデバアズキナシ、カバの若木は茂みを種苗場として成長する。いまでは若木が茂みから顔をだし、無脊椎動物のすみかとなって、それを餌とする動物にも生きるすべをもたらしている。

解き放たれた大型哺乳類たちは、野生動物にとっての新たな機会を創出した。彼らが水辺で渇きを癒すと、ヨシが踏み倒され、ほかの水生植物が育つ余地が生じる。彼らが立ち止まり、低く張りだした大枝で体をかくとき、粘土質の地面がひづめで踏み固められる。雨が降るとその窪みに水がたまり、無脊椎動物の新たなすみかになる。ブタが地面を掘り返すと、土が露出した部分に穴居性のハチが集まってくる。耕されたばかりの土塊にアリが巣をつくり、これらに誘われてハシグロヒタキやアオゲラといった昆虫食の鳥がやってくる。夏には、コモチカナヘビやベニシジミが蟻塚の上で日光浴し、バッタが表面に産卵する。アリが土のなかを掘り進めるにつれ、土壌の化学組成が変化し、酸性度が低下した。これにより、いままで見られなかった菌類、地衣類、コケ、草本類が育つようになった。しかし、タムワースブタがもたらした数かずの効果のなかで、最も驚くべきは、「紫の皇帝《パープルエンペラー》」ことイリスコムラサキの帰還だ。

ブタの魔法

イリスコムラサキはイギリスで最も希少なチョウのひとつだ（口絵参照）。イギリスで2番目に大きなチョウ[*1]であり、オスは象牙色の斑点と暗いベルベットの目玉模様を散りばめたアメジストの衣をまとい、メスはマホガニー色で同じ模様をもつ。息を呑むほど美しく、繊細で、悲しいことに数を減らしつつあるこのチョウは、ずっと前からわたしの「絶対に見る」リストにあった種で、現在、ネップでこの種が増えていると知ったとき、わたしはぬた場に浸かるタムワースブタのように大喜びした。イリスコムラサキは6月下旬～7月中旬にかけて羽化する。わたしの訪問は7月18日だから、見られるチャンスはありそうだと、期待に胸をふくらませた。

その日の早いうちに、チャーリーはわたしの期待を打ち砕いた。「残念ですが、イリスコムラサキのシーズンは終わってしまいました」と、彼は申し訳なさそうにいった。「いまは見られないでしょう」。さらに追い討ちをかけるように、彼はつい1週間前、敷地内のグランピングサイトの宿泊客のひとりが、屋外シャワーの使用中にイリスコムラサキを間近で目撃した話をしてくれた。

オスのイリスコムラサキは肝が据わっている。イギリスのチョウのなかでは珍しく花蜜を食べず、代わりに発酵した樹液が好物で、酔っ払いどうしの喧嘩に多くの時間を費やす。敵対するオスたちは、なわばりをめぐってオークの大樹のてっぺんで取っ組み合って争う。ヒトの汗や臭いチーズのにおいに集まることで知られ[*2]、例のシャワーのオスがどうしてそこに惹かれたのかは知る由もないが、チャーリーは正しかった。わたしがネップを訪れた日、イリスコムラサキは1匹も見られなかった。そこでわたしたちは、彼らの「保育所」を訪ねた。

イリスコムラサキはかつて疎林の種と考えられていたが、ネップでチョウの図鑑を書き換える発見があった。この種が初めて敷地内で観察されたのは2009年のことで、場所は林冠の閉じたオークの森ではなく、わたしが悪戦苦闘しながら通り抜けてきた荒れた灌木地だった。こんがらがった茂みのなかを先導するチャーリーは、ネコヤナギに囲まれた空き地で足を止めた。ネコヤナギはヤナギの一種で、疎林、灌木地、生垣によく見られる。ネップに自生するネコヤナギには2系統あり、それぞれコモンサロー（またはグレーウィロー）、グレートサロー（またはゴートウィロー）とよばれる。[*3]時に2系統は交雑し、葉の特徴がばらばらな中間的な苗木ができる。チャーリーは近くの樹から葉を1枚むしり取り、手の上で裏返した。彼の親指くらいの長さで、両端が先細りになっている。「イリスコムラサキはこういう交雑種の若木に産卵します」と、彼は説明する。「若木にはいろいろなタイプの葉がつきますが、まさにこういう形でないとだめなんです。柔毛もワックスも多すぎず、小さくも大きくもなく、長くも細くもないような」。彼は手の上に葉を乗せてわたしたちに見せ、「この葉はドンピシャです」と力強くいった。

たいていの赤ちゃんの例に漏れず、イリスコムラサキの幼虫も食べものの好き嫌いが激しい。交雑種ネコヤナギの若木の葉のなかで、幼虫の好みに合うものはごくわずかだ。ネップでは灌木地とネコヤナギがおおいに繁茂しているため、イリスコムラサキの目撃数はうなぎのぼりだ。2017年6月のある1日だけで、148個体が観察された。ごくまれにしかお目にかかれない種としては、信じられないような数だ。ネップはいまや、このチョウのイギリス最大の繁殖地となっている。だが、ブタがどう関係しているのだろう？

チャーリーが説明してくれた。交雑種のネコヤナギは若くなければいけないので、新しく発芽する植物体の絶え間ない供給が必要だ。「ネコヤナギの種は5月の数週間に大量に降り注ぎますが、発芽するのは開けた土地に落ちたものだけです」と、彼はいう。「ブタは鋤《すき》のようなものです。地面を掘り返して、開けた空間をつくります」。ブタがいなければ、あるいは何かほかの撹乱がなければ、交雑種のネコヤナギの若木の更新は起こらず、そうなるとイリスコムラサキは生きていけない。

「魔法みたいでしょう」と、チャーリーの語りにも熱が入る。「わたしたちは最初のうち、イリスコムラサキとブタにつながりがあるなんて考えもしませんでした。でも、実際につながっているんです！」。ブタはイリスコムラサキの繁栄のきっかけをつくった。同じように、ブタが耕したあとの環境条件は、夏の間、コキジバトが好んで食料にする、いくつかの雑草の生育にぴったりだ。かつて絶滅寸前だったコキジバトが、いまやネップで平和に暮らしている理由の少なくとも一部は、これで説明がつくだろう。ネップのコキジバト個体群は、イギリスで最も急速に個体数を増やしている。従来の自然保護のヒーロー像には似つかわしくないかもしれないが、タムワースブタはサセックスの地で、ヒト以上に絶滅危惧種の救助に貢献してきたといっても過言ではない。

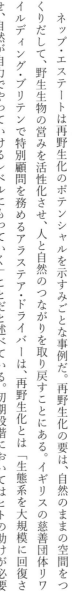

自然のなりゆきに任せて

ネップ・エステートは再野生化のポテンシャルを示すみごとな事例だ。再野生化の要は、自然のままの空間をつくりだして、野生生物の営みを活性化させ、人と自然のつながりを取り戻すことにある。イギリスの慈善団体リワイルディング・ブリテンで特別顧問を務めるアラステア・ドライバーは、再野生化とは「生態系を大規模に回復させ、自然が自力でやっていけるレベルにもっていく」ことだと述べている。初期段階においてはヒトの助けが必要だ。たとえば、目的が疎林をつくりだすことなら、植樹が必要だろう。遡河性《そかせい》の魚の通り道を確保することを目指すなら、ダムを撤去しなくてはならない。農地を再野生化するつもりなら、まずは土壌から駆除剤を除去することだ。けれども、年月が経過し、自然の作用が回りはじめたら、ヒトの介入を削減し、自然が自力でどうにかするのに委ねることができる。「再野生化は継続的な活動です」と、アラステアは語る。「最初は介入からはじまり、長期的には活動と管理の削減をめざします。目標の達成には、数十年〜数百年、あるいはもっと時間が必要です」。長期的な投資だが、見返りは大きい。再野生化は、劣勢にあるたくさんの種の分布域を拡大し、個体数を増加させ、進化の道筋にポジティブな影響を与える可能性がある。わたしたちが与えた自然環境への損害の一部を帳消しにして、この星をもっと緑あふれる生物多様性豊かな未来へと導くチャンスだ。いまや世界各地で再野生化プロジェクトがはじまっている。

動物の再導入は、再野生化に欠かせない手順のひとつだ。その種が局所的に絶滅してしまっている場合、時にはほかの場所の集団に白羽の矢が立つ。たとえば、2009年、ノルウェー生まれのビーバーが、スコットランドに400年ぶりに再導入された。[*4]いまや彼らはダムづくりに精をだし、この地域でおなじみの湖《ロック》の周りの疎林環境をつくり変えている。種そのものが世界から消えてしまっているために、専門家が近縁種を代役に抜擢《ばってき》することもある。ニュージーランドのプッタウヒヌ島に導入された小さな鳥スネアーズムジシギは、近縁で絶滅したナントウムジシギの代替種だ。ネップでも、チャーリーとイザベラが絶滅種の代わりに現生種を起用した。イングリッシュ・ロングホーンとエクスムーアポニーは、それぞれ絶滅したオーロックスとターパンの代役だ。だが、代わりが務まりそうな近縁種もいない場合、再野生化の支持者たちは、種の生態にもとづいて代替策を検討することがある。ポリネシア人が入植するずっと昔、ハワイのカウアイ島にはモアナロとよばれる巨大な飛べないカモがいた。近年、保全従事者たちは島の生態系回復をめざすなかで、この飛べないカモの絶滅が生態系に穴をあけたことに気づいた。大型でおとなしい草食動物が必要だと考えた彼らは、大型のリクガメを導入した。カメたちは外来植物の拡散を抑え、在来植物の生育を促すことに貢献している。

欧州本土では、再野生化のアイデアが広く受け入れられている。リワイルディング・ヨーロッパという団体は2020年までに1万平方キロメートル（キプロスの面積に相当）の土地で再野生化を実施する目標を掲げ、さらに他団体による成果も含めて、10万平方キロメートル（ハンガリーの面積に相当）規模の再野生化の実現をめざしている。イベリア半島西部の疎林サバンナでも、ドナウデルタのヨシ原でも、ラップランドの森林でも、ロドペ山脈の岩だらけの山肌でも、ヨーロッパはますます野生に戻りつつある。こうした地域には、大型で注目度の高い動物たちが戻ってきている。クロアチアのヴェレビト山脈にはタウロス・キャトルが導入された（第2章参照）。かつて中央ロシアからスペインまでをのし歩いていた堂々たる巨獣ヨーロッパバイソン（ヴィーゼント）は、ドイツ、スペイン、オランダ、デンマークと東ヨーロッパの一部に戻ってきた。ビーバーの導入は150カ所以上で実施された。ヨーロッパから一度は駆逐されたイヌ科のキンイロジャッカルは、いまやブルガリア、ハンガリー、バルカン諸国で繁殖している。20カ国以上にヒグマが棲み、オオカミはほぼ大陸全土に分布する。

野生動物への影響は驚異的だ。何世紀にもわたって積み重ねられた生態系へのダメージが少しずつ癒えるにつれ、広範囲に住む人びとにも恩恵がもたらされている。樹木が二酸化炭素を吸収し、酸素を供給するのは周知の事実だが、樹は大量の雨水も吸収する。ウェールズでおこなわれている植林計画では、樹木がある場合、草だけのときと比べて土壌に浸透する水の量は実に67倍にのぼるとわかった。森林には洪水を防ぐ機能があるのだ。ビーバーにも同じことがいえる。イギリスの農家の懸念とは裏腹に、一般にビーバーがつくる水路とダムは、スポンジのように余剰な水を吸い取り、洪水リスクを抑制すると考えられている。ダムは細かな堆積物を捕捉して淡水を浄化する役割も果たし、この水はしばしばわたしたちが利用する貯水池に行き着く。

ビーバーのダムや、めったに姿を見せないオオヤマネコを、見たいと思わない人なんているだろうか？　野生が大幅な復活を果たした土地は、観光客を魅了し、雇用と観光収入を生みだす。世界の国立公園や自然保護区を訪れる人は毎年およそ80億人にのぼり、地元経済に約5650億ドルもの貢献を果たしている。さらに、自然には心を鎮める作用もある。自然との触れ合いは、人と地球のつながりを維持するのに役立つ。こうした幸福感は、人工構造物に囲まれていては得られない。イギリスのメンタルヘルス慈善団体マインドの調査では、たいていの人が感覚的に理解していたことが裏づけられた。自然とのかかわりは、気分の安定や自尊心の回復に効果があるのだ。

もちろん、自然の居場所をとっておくという考えそのものは、目新しいものではない。人びとは1世紀以上にわたり、生物種とその生息環境の保護活動を続けてきた。再導入もずっと昔から実践されてきたが、再野生化は従来の保全手法と一線を画す。これまで自然保護活動家は、野生状態の土地を切手のように収集することに執心してきた。自然保護区などの開発から守られた土地区画は、たいてい管理され、フェンスで囲まれている。こうした土地はもちろん重要だが、これら単独では、茫漠とした都市砂漠に点在する小さなオアシスでしかない。一方、再野生化の支持者たちは、広大な土地のネットワークを自然のままに残すという、別のシナリオを思い描く。議論をよぶのは、まさにこの部分だ。

再野生化を批判する人びとは、オオヤマネコ、バイソン、ビーバーなどの動物の再導入は想定外の結果を生む可能性があると指摘する。再導入された種が増えすぎれば、問題を起こすかもしれない。在来の野生動物を育むどころか、押しのける結果になったら？　農地から再野生化への転換がおこなわれるなか、農家は生計手段に危険が及ぶことを心配している。彼らは、オオカミやオオヤマネコといった再導入された捕食者が家畜を襲ったり、ビーバーのダムによって作物が水没したりするリスクをあげる。2013年、再野生化派は激しい非難の矢面に立たされた。オーストファールテルスプラッセンの大型草食獣たちが、過酷な冬を自力で乗り切る試練に直面したためだ。オランダの自然保護区のレンジャーたちは、再野生化の原則を忠実に守り、一切の補助給餌をおこなわなかったため、結果として数千頭の動物たちが餓死した。これに対して抗議行動が巻き起こり、人びとがフェンス越しに保護区のなかに干し草の束を投げ込む、緊迫した光景が繰り広げられた。生態学者やレンジャーには殺害をほのめかす脅迫状が届き、保護区をアウシュビッツにたとえる批判者まででるほどだった。論争が続くかたわら、保護区のアカシカ、コニックポニー、ヘック・キャトルの半数以上が、やむを得ずオランダ林野局の手で殺処分された。

オーストファールテルスプラッセンの対応には賛否両論ある。動物たちがやせ細って餓死するのも本来の生命の循環の一部だと考える保全従事者もいれば、ここまでの強硬な手段に薄ら寒さを思える人もいる。人類による自然界の管理が進むいま、わたしたちはどの程度の介入なら許容できるのか、線引きを決めなくてはならない。時にはよくいわれるような、かぎ爪と牙を血に染めた無慈悲な自然の裁きに任せるべきなのか、それとも人類はすでに、地球に残る野生の土地の永世管理者なのだろうか？

再野生化を巡る論争はこれだけではない。ビーバーやシカやウシを土地に戻すくらいならかわいいものだが、もっと大きな動物を導入するとなると、ハードルは一気に上がる。さあご注目、いよいよ部屋のなかのゾウの話をするときがきた［訳注：elephant in the room（部屋のなかのゾウ）は、誰もが存在を認識していながら言及を避けている大きな問題を指す、英語の慣用表現］。

ゾウの解放

「初めてアイデアを人に話したとき、反応はさまざまでした」と、デンマークのオーフス大学の生態学者、イェンス・クリスチャン・スヴェニングはいう。「はっきりいってイカれてる、と思う人は大勢いました」。「笑い者にされることもありました」と、共同研究者で同じくデンマークのラナース・レインフォレスト動物園の園長、オーレ・ソマー・バッハも口を揃える。「ただの冗談か、ある種の挑発だと思われたのです」。けれども2人はいたって真剣だった。イェンスとオーレはにわかに渦中の人となった。デンマークにゾウを導入しよう、と提唱したせいだ。

２０１３年、2人は提案の概要を示す共著論文を発表した。彼らが想定したのは、デンマーク北部へのアジアゾウの小集団の導入で、ゾウたちはフェンスで囲まれた巨大な屋外飼育場で生活する。「ですが、ただ放すだけではありません」と、オーレはいう。「綿密な管理をおこなうことを前提としています」。オーレはただの思いつきでいっているわけではない。彼には再野生化の実績がある。２０１０年、彼はデンマークへのバイソンの再導入の責任者を務め、8000年ぶりの帰還を成功に導いた。彼はいま、ゾウこそが文字どおりの「次なる目玉」だと考えている。「飼育場はできるかぎり大きくするべきです」と、彼は説明する。「牧草地と森林が入り混じる環境が望ましいでしょう」。ゾウたちとその行動は逐一監視され、市民の合意が得られれば、いずれゾウの個体数を増やし、行動圏を拡大する。動物園やサファリパークでの飼育と違うのは、ゾウに広大なスペースを与え、野生のままの生活を保証する点だ。どこへ行き、何を食べ、どんなふうに時を過ごすかは彼らの自由で、狭い空間での制約の多い暮らしとは無縁だ。援助が必要になれば、ヒトが適宜介入することも強調されている。オーストファールテルスプラッセンの飢餓は暗い影を落とした。ゾウが餓死する事態は避けなくてはならない。「一切の人為的介入を断つべきだという人もいますが、わたしは甘ちゃんです。動物園の人間なので、動物を餓死させては意味がないと思います」と、オーレはいう。

デンマークにゾウなんて場違いだと反射的に思うかもしれないが、ちょっと考えてみてほしい。わたしたちは自分が生きてきた間に起こったことや、近現代の歴史といった、近い過去の視点からものごとを考えることに慣れている。けれども、地質学的時間を遡れば、ゾウはユーラシア大陸にありふれた存在で、ほとんどいつでもいたといってもいいくらいだ。「ヨーロッパの大陸部分には、ほんの1万年前まで、1800万年の間ずっとゾウがいました。ヨーロッパの温帯生態系の常連だったのです」と、イェンスはいう。一方、現代人がヨーロッパにやってきたのはつい4万年前だ。場違いな存在はわたしたちのほうなのだ！

ゾウは長きにわたりヨーロッパに棲み続けたが、「ヨーロッパゾウ」がいたわけではない。アジア生まれのゾウたちが、繰り返し大陸全土に拡散したのだ。「大型動物にとって、ヨーロッパはアジアから突きでた半島のひとつにすぎません」と、イェンスはいう。東のゾウは西のゾウとの競合に勝利し、彼らに取って代わった。現代の地理的障壁は、この動的過程の妨げにはならなかった。アジアゾウをデンマークに輸入するアイデアに度肝を抜かれた人は、覚えておいてほしい。アジアのゾウたちは、数千万年にわたり、自力でヨーロッパ進出を繰り返してきたのだ。

生態系の視点に立つと、ゾウの導入がプラスの効果をもたらすと考える理由はいくつもある。ハイイロガンやタムワースブタと同じく、ゾウも中枢種であり、環境に絶大な影響を与える。ゾウは草を食べ、木の葉をむしり、種子を散布し、ブルドーザーのように土を掘り返す。樹木を引き裂いて倒すことで、疎林の拡大を防ぎ、広大な草原を維持して肥料を与える。更新世末にヨーロッパからゾウが消えたとき、彼らが提供してきた生態系サービスも消滅した。現代の景観には、ゾウの形の見えない大穴があいている。もしもデンマークにゾウが復活し、こうした作用が回復したら、ほかの生物の活気ある営みも蘇る可能性がある。

デンマークには、ゾウが自由に生活できるだけの広大な草原がある。いまはヒトと従来の草食獣が維持管理を担っているが、多大な費用と時間を要する。「現在、デンマークの自治体による自然の管理はコストと認識され、しばしば問題視されています」と、オーレはいう。「ゾウを使えば、商業的農業に適した家畜品種や機械を使うより、もっと簡単に、安価に、壮大に（景観の維持管理が）実現できると、わたしたちは考えています。問題を生みだすのではなく、可能性を創出するのです。これまでになかった一大観光産業が花開くかもしれません」。

「同時に、グローバルな視点でも意義があります」と、オーレは続けた。密猟、人間との軋轢、生息地破壊により、世界の大型陸生哺乳類は危機的状況にある。アジアゾウの個体数はわずか3世代の間に半減し、いまでは5万頭未満しか残されていない。つまり問題は、ゾウを救うための取組みをアフリカとアジアだけに任せていいのかどうかだ。「それではだめだと思います」と、オーレはいう。「ゾウが絶滅すれば、それは地球規模の問題です」。アジアでもアフリカでも、ゾウの安住の地は減る一方だ。そろそろほかの場所に「野生」個体群を創出すべきときなのかもしれない。そうすれば、現在の分布域からゾウが姿を消したとしても、バックアップが残される。

このシナリオには前例がある。バンテンという、東南アジア原産の野生種のウシだ。1849年、イギリス軍は食肉用として、オーストラリア北部のコーバーグ半島にバンテンをもち込んだ。のちに前哨基地は放棄され、バンテンは野に放たれた。それ以来、彼らは在来生態系の隙間に収まり、個体群が定着したガリッグ・ガナック・バール国立公園に、以前と変わった様子は見られない。バンテンはいまや在来種のミナミガラスと共生関係を築き上げ、被毛についたダニをカラスがついばんでいる。在来種と非在来種の間に相利共生関係が形成された事例の発見は、これが初めてだった。

一方、東南アジアではバンテンは絶滅危惧種であり、保全従事者たちはオーストラリアのバンテンを利用して個体数を増やす方法の是非を検討している。150年前にオーストラリアのバンテン個体群がこれほど重要な存在になるとは、誰にも予測できなかった。いまでは在外集団が予期せぬ再野生化の成功例となり、絶滅危惧種の本来の分布域が問題だらけである場合に、「保険」の個体群をつくることの重要性を物語っている。

ゾウを移住させるべき理由はほかにもある。タスマニア大学の生態学者デヴィッド・ボウマンは、侵略的外来種の抑制にゾウを利用することを提唱した。2012年、彼は*Nature*に掲載されたオピニオン記事で、アフリカゾウをよりによってオーストラリアに導入するアイデアを示した。わざわざ「よりによって」といったのは、オーストラリアが周知のとおり、すでに数かずの侵略的外来種に蹂躙された大陸だからだ。在来のメガファウナが5万年ほど前に崩壊したあと、日和見主義の外来種が空白のニッチを奪った。ひとつの外来種の対策のために別の外来種を導入するのはいかにも大胆なやり方だが、ガンバグラスはそれほど深刻な問題なのだ。

ガンバグラスは巨大でふさふさしたアフリカ原産のイネ科植物で、牧草として1930年代に初めてオーストラリアにもち込まれた。1986年、ノーザンテリトリーの一次産業省は、彼らの言葉を借りれば「定着が容易」で「生産性が高く」、「干ばつに強い」うえに「さまざまなタイプの土壌に適した」ガンバグラスの新品種を開発した。彼らは試験場に播種し、封じ込めを約束したが、もちろんガンバグラスは漏出した。牧草に適した性質は、雑草としての侵略性に直結していた。いまやこの草は、世界で最も急速に分布域を拡大する侵略的外来植物のひとつに数えられる。ノーザンテリトリーでは、1万5000平方キロメートルに及ぶ範囲で在来のサバンナ植物を打ち負かし、土地に影響を及ぼしている。これは大問題だ。ガンバグラスは草丈4メートルに成長し、オーストラリアの在来植物の5倍のバイオマスをつくりだす。原野火災の増加により大損害を被っている大陸で、この草は事態をさらに悪化させた。オーストラリアのサバンナ原産の樹木は、地面に近い位置で起こるあまり激しくない火災には耐えられるように進化してきたが、ガンバグラスを焼き尽くす猛烈な業火には太刀打ちできない。燃えるのは樹木だけではなく、そこに逃げ込む在来の有袋類も生きたまま焼かれ、絶滅が危惧されている。原野火災の猛威のあとは、やがて疎林が草原に姿を変える。生態系そのものが深刻な機能不全に陥っているのだ。

ゾウならガンバグラスを食べて拡散を遅らせ、事態の改善に役立つかもしれないと、ボウマンは考えている。オーストラリアにすでにいる、カンガルー、ウシ、スイギュウといった在来・非在来の草食獣にこの仕事は務まらないし、除草剤やヒトの手による刈り取りといった代替手段はコストがかかり、繊細なサバンナ生態系を損なう恐れがある。大型草食獣を使ったガンバグラスの抑制は過激に思えるかもしれないが、実はほかの方法よりも現実的で低コストになりうると、ボウマンは主張する。

おおがかりな公共事業計画には一般大衆の広い支持が必要であり、いまのところゾウの導入計画は構想段階にとどまっている。オーストラリアやデンマークに近い将来、ゾウが放たれる見込みはないが、こうしたアイデアは少なくとも、考えてみるだけの価値はある。ゾウが生物多様性の増大に寄与し、侵略的外来種の雑草を抑える可能性は否定できない。ゾウがいることでエコツーリズム収入が生まれ、現在の自然分布域が安泰とはいえない種に安全な避難場所を提供するかもしれない。それに、アジアからヨーロッパにゾウを移動させるのはやり過ぎだと思うなら、ほかにも選択肢はあると、オーレはいう。

「デンマークにはいまだにサーカスにゾウがいます」と、彼はいう。彼らを自由にしてやれたら、すばらしいことではないだろうか？　「問題は、わたしたちがこうした動物たちをどうしたいかです。小さな飼育場に押し込め、じろじろ眺めてポップコーンを投げつけたいのか、それとも大型草食獣の帰還を待ちわびている広大な土地の管理に使いたいのか。もしもゾウたちが選べるなら、何というかは明らかだと思います。最後のサーカスゾウを、最初の再野生化計画に起用するのは、なかなか冴えたやり方です」。

デンマークにアジアゾウを放ち、オーストラリアにアフリカゾウを導入するのは、そこまでイカれた発想ではないのかもしれない。でも、これがケナガマンモスならどうだろう？　シベリアでは、セルゲイとニキータのジモフ親子が、メガファウナの力を借りて、凍える北の大地を野生に戻そうとしている。彼らは、再野生化が、現代における最大級の課題、すなわち気候変動に対処するための、世界的な取組みに貢献しうると考えているのだ。

マンモスが地球を冷やす

ケナガマンモスが大地を闊歩していた頃、シベリアはいまとはまるで違う場所だった。毛むくじゃらの巨獣はユーラシアと北アメリカの大部分を覆う、緑豊かな開けた草原で草を食んでいた。マンモス、バイソン、トナカイ、ウマの大集団が平原を駆け、ホラアナライオンやオオカミがそれらを虎視眈々と狙った。マンモスステップとよばれるこの生態系は、高い生物多様性を誇り、活気に満ちていた。「いわば北極圏のセレンゲティでした」と、ニキータはいう。「当時の現生人類に食料不足の心配はありませんでした。むしろ、踏み潰されないように気をつけていたくらいでしょう」。

ところが、1万1700年前の更新世の終わりとともに、生態系がまるごと消え失せた。マンモスステップは、荒涼とした不毛のツンドラに姿を変えた。ケナガマンモスやオーロックスなど、メガファウナのほとんどは絶滅し、彼らが棲んでいた草原は永久凍土に埋まった。研究者の推定では、北半球の4分の1を占める、表土直下の土と氷と岩からなる凍りついた層である永久凍土の下には、1兆4000億トンもの有機炭素が眠っている。大気中の炭素の約2倍、世界の森林に含まれる炭素の約3倍だ。温暖化の進行により永久凍土が融けだしているいま、微生物がこの有機炭素をメタンと二酸化炭素に変換しはじめている。これらの温室効果ガスが大気中に放出されれば、地球温暖化はいっそう加速し、それがさらに凍土融解と微生物の活動を亢進すると懸念されている。炭素の時限爆弾と形容されるほどだ。「北極圏の永久凍土がいたるところで融けはじめる臨界点が近づいています」と、ニキータはいう。「大惨事になるかもしれません」。

ジモフ親子は、大型草食獣を極北の地に戻せば、温暖化の進行を遅らせることができると考えている。セルゲイは1988年、旧ソビエト連邦の学術誌上で初めてこの考えを提唱した。彼は論文で、更新世の間、マンモスステップ生態系がそこに生きる大型動物によって形成され維持されてきたメカニズムを説明した。大型草食獣は、夏には草を食べ、種子を散布し、土壌に栄養を与えて草原を維持した。樹木を倒して樹皮を食べ、森林の進出を抑制した。草原は森林よりも明るい色をしているため、太陽光をより多く反射する。そのため、巨獣たちは草原の維持を通じて冷却効果をもたらした。同様に、冬になると動物たちは雪を掘り返して草を探し、土壌を北極圏の酷寒の風にさらした。端的にいえば、大型草食獣は北極圏の寒さを保ったのだ。彼らが復活すれば、地衣類に覆われたツンドラは生産性の高い草原に戻り、永久凍土は凍ったままに保たれるのではないかと、セルゲイは空想した。

１９９６年、彼は実験用の自然保護区をつくり、仮説検証に着手した。北東シベリアのサハ共和国のコリマ川沿いに位置する、面積20平方キロメートルのこの保護区を、彼はジュラシック・パークをもじって「更新世《プライストセン》パーク」とよんでいる。外部資金を得られず、はじめのうち、彼はぎりぎりの状態で情熱だけで保護区を運営した。まずはシベリアの先住民族が食肉用に飼育する、がっしりした半家畜のウマを手に入れたが、フェンスがなかったためすぐにいなくなってしまった。そこで彼はフェンスを立てた。

現在、更新世パークには30頭のヒツジ、30頭のトナカイ、９頭のヤク、数頭のジャコウウシ、１頭のバイソン、数十頭のウマが暮らしている。いずれも更新世のシベリアに生息していた種だ。かつて人を覆い隠すほど伸びていた灌木は、いまでは刈り込まれて腰より低くなっている。優占種はタソックとよばれる成長の遅い普通種の草から、牧草としておなじみのナガハグサに変わった。ゆっくりだが着実に、マンモスステップ生態系が復活しはじめている。「長くかかる変化のはじまりにすぎませんが、心強い兆候です」と、ニキータはいう。

更新世パークでの実験により、大型草食獣が利用した場所では、利用しなかった場所と比べて土壌の温度が数度低くなることがわかったのは注目に値する。ジモフ親子の手法が、実際に永久凍土の保冷に役立つことを裏づける、期待のもてる結果だ。また、導入した動物たちの炭素貯蔵能力は、動物自身の炭素排出量をはるかに上回るものだと、彼らは主張する。

もしもケナガマンモスの脱絶滅（第4章参照）が実現したら、ジモフ親子は喜んで更新世パークに迎え入れるだろう。マンモスがほかの更新世の草食獣と違うのは、樹木を掘り返し、踏み倒し、疎林を直接破壊する能力をもつことだ。森林は草原よりも温室効果をもつ太陽放射を多く吸収するため、森林の進出を食い止めるのは、ジモフ親子の重要目標のひとつだ。これを達成するのに、マンモスはうってつけの存在だ。

一方、永久凍土はゆっくりと散発的に融解しはじめていて、シベリアではその影響が顕著にあらわれている。巨大な陥没穴が出現し、大規模な地盤沈下が発生しているのだ。この地域の建造物のほとんどは永久凍土の上に建てられているため、土台がゆっくりと融けるにつれ、住宅が丸ごと泥に飲み込まれる。更新世パークから最寄りの町チェルスキーは30年以内に崩壊し、2500人の住民全員が移住を強いられるだろうと、ジモフは予想する。

「現段階で永久凍土から失われた炭素はまだ多くありません」と、マサチューセッツ州にあるウッズホール研究所で永久凍土を研究するマックス・ホルムズはいう。「ですが、事態はその方向に向かっています」。現在のペースで化石燃料の燃焼を続ければ、今世紀を通じて年間15億トンの炭素を永久凍土から放出させ続けることになる。「アメリカがもうひとつ増えるようなものです」と、マックスはいう。更新世パークに加え、数かずの氷河期自然保護区からなるネットワークを構築すれば、損失を抑制できるかもしれない。「更新世パークは効果があると思います」と、ホルムズはいう。「それで気候変動問題が解決するわけではありませんが、解決策の小さな一部分になりうるでしょう」。

だが、ジモフ親子は、脱絶滅によってマンモスの群れが森林管理を務められるようになるまで、計画を棚上げする気はない。彼らはマンモスステップ生態系を、マンモスなしに再現しようとしている。

かつてセルゲイとニキータは、マンモスの行動をまねて、ウクライナから輸入した古びた旧式戦車で木々をなぎ倒した。がたがた揺れるカーキ色のデカブツに乗って、国境からパークまでたどり着くには2カ月かかった。「昔はフェンスを立てるときや、ジャーナリストを喜ばせたいときに戦車で木を倒していました」と、ニキータはいう。「でももう壊れてしまいましたし、それに戦車で生態系を変えたいとは思っていません」。戦車は環境に優しくないし、効率的でも持続可能でもない。ニキータは動物に仕事をさせたいのだ。

彼らはいま、バイソンに希望を託している。ケナガマンモスと同じく、バイソンも中枢種だ。彼らは地面を踏み固め、草を刈り取り、排泄により肥料を与えて、生態系全体をつくりあげる。バイソンは木を殺すこともできる。倒すのではなく、樹皮を食べて枯らすのだ。つい最近まで、更新世パークにはヨーロッパから来た1頭のオスしかいなかったが、いまではそこにデンマークから長旅の末にたどり着いた少数の群れが加わった。ジモフ親子が思い描くのは、バイソン、ウマ、ウシといった大型草食獣がひしめく多数の自然保護区が相互につながり合う巨大なネットワークだ。「広大な土地が必要な、１００年計画です」と、ニキータはいう。膨大な数の動物を輸入することになるし、草食獣の個体数を抑える捕食者も必要だ。「クマ、クズリ、ホッキョクギツネはいますが、オオカミが必要です。もしかしたらアムールトラも」と、彼は目を輝かせる。

ジモフ親子は気候変動との闘いの貴重な戦力だ。彼らの構想は壮大で大胆だが、世界が破滅的な気候変動の危機に直面しているいま、どんな手も試してみて損はない。北極圏は辺鄙でほとんど人が住んでいないため、このような再野生化実験をおこなうにはぴったりの場所だ。そこから得られる価値ある教訓は、ほかの場所で実施される再野生化にも生かせるはずだ。

飼い慣らされし者たちを野生に

時が経ち、プロジェクトが進展するにつれ、わたしたちはデンマークでゾウが自然のままに生き、北極圏に大型草食獣が溢れることが、どんな価値を生むかを知るだろう。同時に、ネップやオーストファールテルスプラッセンなどの進行中の再野生化実験からは、ヒトが介入し、自然に手を貸すことで、野生動物の繁栄を実現するヒントが得られる。こうした肩の力の抜けた保全手法は、大きな恩恵をもたらす。チャーリー・バレルとイザベラ・トゥリーが農業機械を売り、再野生化の挑戦をはじめてから20年後、ネップは野生動物のメッカとなった。リラックスした放任的な方針と、中枢種の導入によって、この土地はいまや在来種と移入種が入り混じる、驚くべき多様性を実現した。絶滅危惧種のコキジバトやナイチンゲール（サヨナキドリ）をはじめ、ハヤブサ、ハイタカ、コアカゲラ、タゲリ、キアオジ、ヤマシギもここで繁殖する。イギリス在来の5種のフクロウすべてが観察でき、在来のコウモリ17種のうち13種が確認されている。ふつうはヒースの荒地の鳥とされるヨタカも定着し、時には西ヨーロッパで最も珍しい鳥のひとつであるナベコウも姿を見せる。キツネ、ケナガイタチ、オコジョ、アナグマ、ハリネズミ、ミンクも生息している。殺虫剤や殺菌剤の攻撃にさらされないため、菌類、コケ、甲虫も繁栄している。「ひとつの牛糞から27種の糞虫を見つけたこともあります」と、チャーリーは誇らしげに語る。「何もかもがものすごい数に増えています。希少なすばらしい生きものもたくさん見られます」。何より驚かされるのは、ネップはロンドンからたった80キロメートル、イギリスで2番目に大きなガトウィック空港からは30キロメートルしか離れていないのだ。

チャーリーとイザベラは、大型草食獣を好きなようにさせてやれば、すばらしい成果をなしとげられることを示した。彼らはネップで、イギリスの野生動物を衰退から蘇らせるのに一役買った。同時に、チャーリーとイザベラは持続可能なビジネスの設立にも成功した。2人はいま、野生動物観察サファリツアーとチョウの楽園でのグランピングに加えて、群れが大きくなりすぎたときは、ロングホーンの余剰個体を人道的に飼育された高品質なオーガニック・ビーフとして売却している。集約的で、駆除剤と抗生物質を湯水のように使い、在来野生動物を圧迫するだけが農業ではないことを、ネップは証明した。慎重に選んだ少数の中枢種を導入するだけで、豊かで美しい景観への遷移を促し、高品質で倫理的な畜産と、野生動物の繁栄を両立できるのだ。わたしたちは数万年にわたり、野生を飼い慣らしてきた。しかしいま、ネップをはじめとする数かずのプロジェクトからは、飼い慣らされし者たちを野生に戻すことの価値が明らかになりつつある。

〔脚注〕

＊1　イギリスで最も大きなチョウは、翼開長10センチメートルに達するキアゲハだ。イリスコムラサキの翼開長は約8センチメートル。

＊2　熱狂的なイリスコムラサキ愛好家は驚くほどたくさんいて、このはかなげな虫をおびき寄せるにはどの餌がいいか、みなそれぞれに持論がある。使用済みおむつ、キツネの糞、魚のペースト、轢死した動物、イヌの糞、腐った魚…どれも使われるが、成功率はまちまちだ。イリスコムラサキは塩分とミネラルに惹かれて集まると考えられている。

＊3　両系統とも、おなじみの総称であるネコヤナギ（pussy willow）とよばれる。

＊4　ビーバーは密な毛皮だけでなく、海狸香《かいりこう》も目当てに乱獲された。これは尾のつけ根にある臭腺からとれる黄色っぽい分泌物で、かつて香水や薬の原料とされた。

第12章　新しい方舟

Chapter Twelve

過去30億年の大半を通じて、地球上の生命はヒト以外の力によって形成されてきた。進化はふつう、ゆっくりと起こり、新たな種は数千年の歳月をかけて生じた。そこへ突如として、「ヒト」を自称する過激な二足歩行の霊長類が現れた。地球の自然史は終わりを迎えた。後釜に収まったのは、ポスト自然の時代。生きとし生けるものの命運はすべて、わたしたちのそれと分かちがたく結びついた。

約75万年前、わたしたちの祖先は大型動物の組織的狩猟をはじめた。約50万年前には、鋭く成型した石を棒の先端に取りつける、柄つけ（hafting）とよばれる技法を習得した。新たに槍を手にした彼らは、狩りの腕前をあげ、獲物を容易に手中に収めるようになった。約30万年前、わたしたちの種ホモ・サピエンスがアフリカで誕生し、世界に拡散しはじめた。5万年前には火遊びをはじめた。炭と花粉の記録を調べた研究から、ボルネオとニューギニアに到着した初期人類は、火を使って土地を開墾したことがわかっている。これらの介入はすべて環境変化をもたらしたが、次に起こったことの影響力は、それ以前のできごととは比較にならないほど大きかった。

4万年前、オオカミがわたしたちにお腹を見せたとき、ヒトと自然環境との関係は新たな局面に突入した。人類は、ともに暮らすほかの生物種を意図的に改変しはじめたのだ。オオカミの家畜化は決定的な転機だった。ヒトが初めて、ある種の動物を意図して異なる姿に変えた瞬間だ。オオカミのあとにほかの種が続き、栽培作物と家畜動物がつくられた。数百年前、農家たちは動物の選択交配を開始し、それが現代の特殊化した品種の数かずを生みだした。70年前、ブリーダーは人工授精を通じて、望ましい遺伝子を家畜の集団内に広めるようになった。いまやこの手法は、遺伝子検査やクローン作成によってさらに高度化している。そして分子ツールの台頭にともない、わたしたちは生物のゲノムをますます精密に改変できるようになった。いまや生物の遺伝的組成のなかの特定部位を正確に操作することが可能になり、わたしたちがつくりだす生物は洗練の度合いを増している。

家畜化は文明の発展を支える基盤だ。家畜化された種は、都市、貿易、定住生活といった、現代の生活様式の発達を促した。家畜と栽培作物は世界の人びとの腹を満たした。わたしたちのために働き、わたしたちのそばで暮らし、わたしたちに皮革、ウール、綿といった産物をもたらした。人類は長毛モルモットや巨大ウサギ、ハンドバッグに収まる超小型犬をつくりだした。装飾的なひれをもつ金魚や、虹のあらゆる色を体現する家禽を作出した。ポロ用馬をクローン化した。交雑をもてあそび、異種の生物どうしを掛け合わせて、目新しい個体を産ませた。動物たちは生体反応装置《バイオリアクター》につくり変えられた。研究者たちは哺乳類、魚類、ショウジョウバエのＤＮＡに手を加え、病気の動物モデルをつくりだした。それらは重篤な疾患の新たな治療法の開発に役立ってきた。

わたしたちはいま、自ら創造した生物との複雑な関係に苦労している。形勢はあまりに一方的になってしまった。ヒトは動植物を彼ら自身のためではなく、自分たちのために改変しがちで、時にそのために彼らが苦痛を背負い込むはめになっても知らん顔だ。現代のブロイラーはたっぷり肉をつけるが、立ち上がるのもおぼつかない。乳牛は大量のミルクを供給するが、しばしば歩行困難になる。家畜品種のなかには、大型化しすぎて自然分娩できないものも珍しくない。わたしたちの家庭のペットも、選択交配が原因で、多くが先天性疾患を抱えている。

これは自然淘汰の対極だ。自然淘汰においては、生存と繁殖に有利な形質とその遺伝的基盤が個体群中に広まる。一方、無用な形質とその遺伝的基盤は選択されず、時とともに失われる。ところが現代に目を向けると、あまりに極端で、個体に何の利益ももたらさない形質をもつ生物が、当たり前のように人為的につくられている。こうした変化は中立的ならまだましで、ひどいときには有害だ。人類はいついかなるときも、自分たちのニーズや欲望や好みを優先し、面倒を見てやるべき動物たちの福祉をないがしろにしてきた。こんなやり方は優しくないし、持続不可能だ。

畜産業において人工授精を利用すれば、重用された個体が遺伝子プールを独占する。その結果、一部の商用品種は遺伝的に均質になり、近親交配が進んでいる。長期的に見て望ましくない状況だ。一方、ホルスタインなどの生産性の高い品種が広く普及した結果、伝統品種の人気は凋落した。原始的な家畜品種がもつ独自の遺伝子変異は、将来的に有用とわかるかもしれないが、いまや多くが消滅寸前で、それをはるかに超える数がすでに絶滅してしまった。わたしたちは貴重な資源を捨て去り、自らの首を絞めている。

地球上には700億頭の家畜が存在し、大部分は工業的畜産で飼育されている。自由に草や葉を食べさせ、餌を探させる代わりに、わたしたちはとてつもない広さの土地を飼料作物の栽培に捧げている。まったくいびつな状況だ。あちら側の野生動物の生息地を破壊して、こちら側の家畜に食べさせる作物をつくっている。いまや全哺乳類の4種に1種、鳥類の8種に1種、両生類の3種に1種が絶滅の危機にあり、毎日30種以上の生物種が絶滅している。原因はもちろん人間活動であり、なかでも工業的畜産が大きくかかわっている。ヒトがいまのやり方で家畜を管理していることが、6度目の大絶滅の主要因のひとつなのだ。

わたしの子どもたちがまだ小さかった頃、誰かからおもちゃの方舟をもらった。わたしたちは無神論者だけれど、子どもたちは気に入って遊んでいた。よくあるおなじみの方舟だった。どっしりした木製の船で、甲板にも船倉にも広いスペースがあった。ご存知のとおり、動物たちはみなペアで乗っていた。セットにはゾウ、キリン、サル、ラクダ、シマウマ、ライオン、ワニのつがいが付属していた。おっと、ハトの夫婦もだ。動物たちはぐらぐら揺れる道板を渡って乗船し、子どもたちは2人の聖書の登場人物の木彫り人形に声をあてて、誰もほかの動物を食べてはならないと説いた。「めちゃくちゃになっちゃうからね」。

いまの地球上の動物たちを思い浮かべてみよう。現在の動物の個体数の比率を正確に反映した、新しい方舟をつくるとしたら、この昔ながらのおもちゃの方舟とはまったく違う構成になる。地球の生命のバランスは、現代人の登場以来、劇的な変化をとげた。1万年前、世界の陸生哺乳類のバイオマスの99・9%は野生動物で占められていた。いまでは96%が家畜とヒトで構成され（比率は2：1）、野生動物は残りのわずかな部分にすぎない。家畜はそこここに溢れ返り、野生種は探し回ってようやく見つかる程度だ。新しい方舟の乗客に順番に乗船許可を与えるとしたら、点呼は「ゾウ、キリン、ラクダ、シマウマ、ライオン、ワニ」とはならない。きっとこんな具合だ。「ニワトリ、ニワトリ、ニワトリ、ニワトリ、ニワトリ、ニワトリ、ウシ」。こんな生命の構成は、持続可能とはいえない。

ヒトと自然界の関係の変化にともない、後者がどれほどの激変をとげてきたかを理解するのは難しい。理由のひとつは、自然界の大部分が遠い存在になってしまったためだ。目に入らなければ、気にかけなくなる。多くの種は静かに、騒がれることなく、正式に記載さえされずに消えていく。加えて、わたしたちは、世代を超えた長期的変化に鈍感だ。この現象は「ベースライン遷移症候群（shifting baseline syndrome）」とよばれる。わたしたちは、いま自分のまわりにある生態系を見渡して、それを自分が知る唯一の基準である、自分が若かったときの世界と比較する。わたしはよく、庭にチョウがいないことを嘆き、昔は伸び放題のフジウツギにいくらでも昆虫が集まっていたのにと、子どもの頃を懐かしむ。過去の経験に根ざした個人的なベースラインは初期状態と認識されるが、実際にはわたしが子どものときからチョウの減少ははじまっていた。つまり、野生動物の減少に気づいたとしても、喪失を認識するのに用いた基準そのものが、すでに劣化した状態だったことまで考えが及ばないのだ。

ベースライン遷移のせいで、わたしたちは1世代以上前の世界がどんな場所だったか、なかなか理解できない。多数の大型動物で満ち溢れた状態が、ほとんどの生態系の標準だなんて、想像もつかない。19世紀、ロンドンのトラファルガー広場で工事がおこなわれた際、建設作業員たちは、カバ、まっすぐな牙をもつゾウのパレオロクソドン、オオツノシカ、オーロックス、ライオンの化石を発見した。いまはハトと観光客でいっぱいの場所に、10万年と少し前の現代に近い気候だった頃は、巨獣たちがのし歩いていた。トラファルガー広場にゾウを放て、というつもりはない。けれども、デンマークの国立公園でゾウが自然のままに生き、バイソンの群れがシベリアを駆ける光景は、本当に突拍子もない妄想なのだろうか？　こうした中枢種が復活すれば、莫大な恩恵が生態系にもたらされるはずだ。

ネップやオーストファールテルスプラッセンのような再野生化プロジェクトは、大型草食獣を景観に取り入れることの生態的価値に光をあて、集約的でなくても畜産業の収益性を保てることを実証した。家畜を野に放てば、すごいことが起こる。ネップ・エステートでは、タムワースブタが湖に潜り、沈泥層にいるシラトリドブガイを掘りだすところが観察された。イングリッシュ・ロングホーンは出産の際、丈の長い草むらに姿を隠して仕事をやりとげる。その後、母親はあたりのイラクサを食べるのだが、これは失われた鉄分を補うためと考えられている。自然のままにさせてやれば、家畜も野生の行動をとる。すばらしい光景だ。動物たちは明らかに満ち足りた様子で、自然環境とみごとに調和している。彼らは最低限の人為的介入で、あるがままに中枢種としてふるまい、ほかの生物に繁栄の機会をもたらす。生物多様性の衰退が急速に進むいまの時代に、これほどゆったりした保全手法がうまくいくなんて、魔法のようだ。

150年ほど前、自然保護思想が体系化されはじめたことで、人類の自然への向き合い方は根本的な変化をとげた。ヒトが自分たちよりも他種の生物の利益を優先したのは、これが初めてだった。わたしたちは自然にどんな価値があり、野生動物が何を必要としているかに思いを馳せるようになった。1800年代後半、ニュージーランドの自然保護活動家リチャード・ヘンリーは、愛するカカポを離島の保護区に移した。彼がそうしたのは自分のためではなかった。この鳥たちは助けがなければ生きられないと、彼は気づいたのだ。彼と同じ利他的精神が、現代のカカポ回復プログラムのメンバーをはじめ、世界中で自然保護に携わるすべての人を動機づけている。

わたしたちは不穏な時代を生きているが、奇妙なことに、生物多様性の喪失を食い止める手段はかつてないほど手元に揃っている。再野生化は選択肢のひとつでしかない。ウマのクローンをつくり、サンゴの人工授精をおこない、カカポの全個体のゲノムを解読できるなら、近い将来、ほかに何が可能になるか、想像してみてほしい。わたしたちは科学界の巨人の肩に立っている。技術が進歩すれば、いまは手の施しようがない環境問題にも、きっと解決策が見つかるはずだ。研究者たちは分子的手法を用いて家畜の遺伝子を組み換え、おおいに成果をあげてきた。どうしてここで止めるのか？　人類の利益のために動物を改変する代わりに、そろそろ動物自身に利益をもたらす改変をはじめてもいいのではないだろうか？　だいそれた考えだといわれるかもしれないが、状況次第では野生動物の遺伝子に意図的に手を加えることも認められると、わたしは思う。

クロアシイタチを例にとろう。この北アメリカの小型肉食獣は、伝染病により絶滅寸前にまで追いやられた。飼育下繁殖プログラムの成功により、数千頭のクロアシイタチが育てられ、野生に帰されたが、これらはみなたった7頭の創始集団の子孫だ。近親交配は深刻で、そもそもの危機の原因である病気には脆弱なままだ。研究チームは繁殖できずに死亡した2個体の細胞を保存していて、これらからクローンを作成し、成長した個体を現在の繁殖集団に加えることをめざしている。実現すれば、創始集団を7頭から9頭に増やすのと同じ効果が期待でき、近親交配の悪影響の解消に役立つ［訳注：2021年2月、クロアシイタチの初のクローン個体「エリザベス・アン」が誕生した。クローン作成には、1980年代に死亡した個体の凍結細胞が利用された］。加えて、彼らはCRISPR-Cas9を使ったゲノム編集により、大敵である森林ペストへの抵抗性を授けたいと考えている。

いわば、現在おかれている激動の進化的環境に、絶妙のタイミングで有益な変異という隠し味を加えるようなものだ。オオシモフリエダシャクが産業革命を乗り切れたのは、新たに獲得した変異のおかげで、すすに汚れた環境に適応できたからだった。ラッキーなことに、ランダムな遺伝的事象が最高のタイミングで発生したのだ。ほかの生物にこんな幸運は期待できない。クロアシイタチが同じように運よく変異を獲得するのを待っていたら、いつになるかわからない。CRISPR-Cas9を使えば、一夜にして遺伝的解決策を授けることができる。

もちろん、恩恵はそれ以外の種にも及ぶ。カカポ回復プログラムはこれまでも、技術と大胆な発想の価値を証明してきた。いつかCRISPR-Cas9を利用して、回復途上にあるカカポの個体群に病気への抵抗性を授けたり、失われた遺伝的多様性を復元したりする日がくるかもしれない。種の存続に役立つ可能性があるなら、どんな方法でも検討の余地はある。

確かに注意は必要で、軽々しく扱える技術ではない。これは保全のトリアージだ。わたしたちが初めから自然界を気にかけてさえいれば、こんな議論はただの蛇足でしかなかった。だが、現実は現実だ。遺伝子編集はそれだけで生物多様性の衰退を食い止める手段にはなり得ないが、解決策の一部にはなるかもしれない。自然保護にはもっとたくさんのツールが必要なのだから、少なくとも考えてみる価値はある。再野生化、援助つき進化、集中管理といった戦略も、すべて全体像の一部だ。ヒトがもたらす進化的圧力のひとつを別の圧力に置き換えるだけに見えるかもしれない。それでも、裏にある意図と同じくらい、結果もポジティブなものになったら、喜ばしいことだ。

「手つかずの」野生動物に遺伝子操作を施すというアイデアにまだ抵抗があるという人も、考えてみてほしい。わたしたちは何万年も前から、野生動物の遺伝子操作をおこなってきた。わたしの忠実な遺伝子組換えオオカミ、ヒッグスを見てのとおりだ。家畜動物はすべて野生種の遺伝子組換え版であり、違いはハイテクな分子的手法ではなく、アナログな選択交配で生まれたことだけだ。それに、人間活動が地球を支配するこの人新世においては、身近なものから縁遠いものまで、ありとあらゆる生物のＤＮＡにヒトの影響が及ぶ。南極の氷に棲む微生物のなかには、人新世の幕開けを知らずにぬくぬくと生きているものもいるかもしれない。だが、世界の気温が上昇し、氷が融けはじめれば、彼らとて変化と無縁ではいられない。いまや人間活動はあまりに大規模化し、地球全体に淘汰圧をもたらす原動力となった。そして、外的環境から課される難題に生物が反応し、進化が加速している。極論すれば、ヒトは意図的にではないものの、地球上のすべての生物の遺伝子を操作しているともいえる。「手つかずの」種など存在しない。すべての生命に、なんらかの形でヒトの痕跡が残されている。

わたしたちは家畜に過度に依存し、野生動物を過小評価するようになった。わたしの考えでは、こうした傾向が進むほどに、ヒトとそれ以外の動物の二項対立が煽られた。家畜は商品となり、売買され、移出入され、操作された。野生動物は資源となり、無視され、乱獲され、すみかを追われた。ヴィクトリア時代の人びとは、自らを野蛮で信仰をもたない自然界の生きものよりも上位の存在と位置づけた。こうした価値観は現代まで生き延び、自然界を軽視し、放ったらかす風潮を助長している。おかげでわたしたちは、極端な選択交配や、それにともなう家畜の遺伝子プールの劣化に鈍感でいられる。家畜を工業的肥育場に閉じ込めることや、それに付随するさまざまな動物福祉上の問題に抵抗を覚えないのも、残された自然を資源とみなし、誰にとがめられることなく濫用できると信じているのも、こうした価値観が原因だ。

ヒトは自然界から切り離された特別な存在だと、わたしたちは信じたがる。だが実際には、すべての生物は絡み合うひとつの系統樹の小枝にすぎない。みなが同じ空気を吸い、同じ惑星で共同生活している。自然界なくしてヒトという種は存続できないが、わたしたちの活動はその存在基盤を脅かしている。ヒトは長い間、家畜にばかり注目してきたが、いま家畜と野生動物の両方がわたしたちの助けを必要としている。好むと好まざるにかかわらず、わたしたちはこの惑星の支配者兼管理者の立場にある。地球はわたしたちの星であり、維持管理はわたしたちの責任だ。生命は常に変化している。だが、その舵取りをするわたしたちが、豊富な知見にもとづき、科学を指針として、自分たちが生きていける唯一の環境を守りぬくという揺るぎない意志をもって取り組むなら、生命をいい方向に変えていく手助けができるはずだ。

謝辞

本書の執筆中にわたしを助けてくれたたくさんの方がたには、いくら感謝してもしきれない。次のみなさんに、心からありがとうと伝えたい。

チーム・ブルームズベリーのジム・マーティン、アンナ・マクディアーミッド、ジュリア・ミッチェル、キーリー・リグデンとは、いつもどおり楽しく一緒に仕事をさせてもらった。サポートとランチ、それに最高のクリスマスパーティーをありがとう。あまり外出をしないわたしにとって、大切な最高の時間だった。

有能なイラストレーターのエイミー・アゴストン。あなたには天賦の才能と優れた知性がある。この本に命を吹き込む仕事に献身的に取り組んでくれてありがとう。あなたとあなたの作品が大好きだ。これからもすばらしい仕事を見せてくれると確信している。

わたしと話し、Eメールをやりとりし、写真を提供し、原稿確認につき合ってくれたすべての人へ。あなたたちは最高だ。みなさんのおかげでこの本はよりよいものになった。以下の方がたに感謝を伝えたい。マイケル・キーソン、ロナルド・ゴデリー、クリス・トマス、ルーク、アルフィー、マデリーン・オッペン、アレホ・メンチャカ、ジム・レイノルズ、ジョン・イーウェン、グレガー・ラーソン、ミチェ・ジェルモンプレ、フランチェスカ・ドゥーリー、ジェフ・クレイグ、ブレナ・ハセット、ジュリアン・カミンスキー、アンナ・クケコワ、ラブ・デイレン、ジョージ・サイデル、ランディ・ルイス、ガブリエル・ビチェラ、アンドレアス・ガンビーニ、ミンダ・デイビス＝モレル、カトリン・ヒンリックス、フラビオ・フォラボスコ、マーク・マセラティ、アドリアン・ムット、メレイン・ロドリゲス、ピエール・タバレ、マーセル・ニークス、ハーマン・スウォルヴ、ガイ・グリーン、アダム・ハート、オースティン・バート、ケビン・エスベルト、ピーター・ディアデン、ゲイリー・ルイス、ジェフ・ウォーカー、ルイス・モントリュー、マルティナ・クリスポ、エリック・ハラーマン、デイヴ・コンリー、クリス・フソン、ゴン・ジーユアン、ロス・バーネット、ヤン・サラシエヴィチ、フィリップ・リンベリー、マックス・ホルムズ、リチャード・ハリントン、スティーヴ・フォスター、アンドリュー・ヘンドリー、スコット・ハケット、マーティン・フィリップ、アレック・コライ、フィリップ・ジョン・ロビンス、リー・テイラー＝ウィール、ロバート・ブルッカー、ジョージ・ペリー、ケン・トムソン、クエントン・タケット、ルース・ゲイツ、ブルース・ロバートソン、ダリル・イーソン、ジェイソン・ハワード、イェンス・クリスチャン・スヴェニング、オーレ・ソマー・バッハ、アラステア・ドライバー、モリー・メロー、ティム・バークヘッド、ブルース・ホワイトロー、セルゲイ・ジモフ、ニキータ・ジモワ、アリ・カートライト。

わたしのためにすばらしい博物館のバーチャルツアーをしてくれた、ポスト自然史センターの館長、リチャード・ペルには特別な感謝を捧げる。いつか必ず実際に訪れるとここに約束する。ジェイミー・クラッグスとケリー・オニールは、ホーニマン博物館への訪問の手はずを整えてくれたうえ、仕事を片づけようとしているところに面倒な質問を次つぎに投げかけるわたしに我慢してくれた。エマ・ヒルズ、ジム・クラブ、ジェイミー・クラブは、ヘイスロップ動物園にわたしを温かく迎え、ギンギツネのグレーシャーと時間を過ごさせてくれた。チャーリー・バレルとイザベラ・トゥリーは紅茶を淹れ、ネップ・エステートのガイドつきサファリツアーに連れていってくれた。再訪して、今度こそ幻のイリスコムラサキを見たいと思う。ロンドン自然史博物館のジェフ・マーティンは、大叔父のリックのオオシモフリエダシャクを見つけてくれた。ありがとう。わたしにとって大切な思い出だ。カカポ回復プログラムの主任研究者アンドリュー・ディグビーは、たび重なるわたしのスカイプ通話に、陽気にユーモアたっぷりに応えてくれた。ジェーン・ベネットの友情と校正スキルにも感謝している。ジェスとポール・センプルは、ウシのペニスから野生動物でいっぱいのトップクラスの農場を経営する秘訣まで、突拍子もない質問の数かずにつき合ってくれた。友人のティマンドラ・ハークネス、ジョー・ブロディ、トレイシー・メイフ、レイチェル・ウォーターズ、クレア・ラッグ、アレックス・クーパー、エイビー・ホーカー、アンドレア・ウォーレナー＝グレイ、ジャスティン・マラードとその家族、ハリントン家、ブライアンとクレア・デイル、それにミリー。ペットシッターや子どもたちの世話をしてくれて、そして友情と笑いと素敵なティータイムをくれてありがとう。みんな愛してる。

わたしが忘れてしまっている方には申し訳ない。今度会ったらビールを1杯おごらせてほしい。

そして最後に、わが夫ジョーへ。あなたの的確な編集、無限の忍耐力、揺るぎない支えに感謝している。わたしが忙しいとき、いつも手助けしてくれてありがとう。必要なとき、あなたはいつもそばにいてくれる。あなたを愛してる。あなたなしではとても完成させられなかったと思う。さあ、パブに行こうか。

ほかの家族のみんな…エイミー、ジェス、サム、母のニヨーレ、それに遺伝子組換えオオカミのヒッグスへ。わたしを愛し支えてくれてありがとう。Aš myliu tave（アシュ・ミーリゥ・タヴェ）［訳注：リトアニア語で「愛してる」］。

訳者あとがき

本書は、Helen Pilcher, "Life Changing: How Humans are Altering Life on Earth" (Bloomsbury, 2020) の全訳です。

著者のヘレン・ピルチャーは、キングス・カレッジ・ロンドン精神医学研究所で幹細胞生物学の博士号を取得後、再生医療研究企業の研究員、*Nature* 記者などを経て、現在はフリーランスとして活動するサイエンスライターです。*Nature*、*New Scientist*、*BBC Wildlife* などに寄稿するかたわら、２０１６年には絶滅動物をバイオテクノロジーによって甦らせる試みを描いた初の著書、"Bring Back the King: The New Science of De-extinction" を上梓。２作品目にして初の邦訳となる本書では、人類がどのようにほかの生物の進化に介入しはじめ、やがて地球上のすべての生命を影響下に置くに至ったのか、そしてこれからどこへ向かうのかという、さらに大きなテーマに挑みました。原書は、20世紀のイギリスのネイチャーライターであるアルフレッド・ウェインライトにちなんだ自然文学賞、Wainwright Prize for Global Conservation の２０２０年の最終候補に選出されています。

すべてのはじまりはイヌでした。ヒトがオオカミを集落に引き入れたのか、はたまたオオカミがヒトに引き寄せられたのかは定かではありませんが、ともかく家畜化のプロセスがはじまり、かつて警戒すべき肉食獣だった動物の外見や行動に、さまざまな変化が連動して起こりだしたのでした。ウシ、ヒツジ、ニワトリなどのその他の家畜、それにコムギなどの栽培作物がこれに続き、人類文明の基礎を築きますが、一方で「歴史の大部分を通じて、家畜化はきわめてルーズな取り決め」でした。しかし数百年前から、さまざまな目的に特化した品種が選択交配で生みだされるようになると、人為淘汰は一気に加速します。農業の生産性が飛躍的に高まる一方で、極端な形質を背負わされた家畜の生涯は短く苦痛に満ちたものになり、また先天性疾患など遺伝的多様性の低下の弊害が生じるようになりました。さらにここ数十年で、分子生物学のめざましい発展により、わたしたちはクローン、遺伝子組換え、そしてCRISPR遺伝子編集といった、生命を操作するためのさまざまな新手法を獲得しました。死亡した個体のコピーを作成し、系統的にかけ離れた生物種の遺伝子を組み合わせ、さらには塩基配列を自在に切り貼りする技術は、薬剤の生産にも、絶滅生物（に似た何か）の復活にも、家畜の健康増進にも利用できます。あるいは、特定の種を地球上から完全に消し去ることも…。すべてはわたしたちの選択次第なのです。

ヒトが計画的に方向づけてきた進化もさることながら、ヒトがさまざまな活動に伴って地球の生命圏を無頓着に大々的に改変してきた結果、あらゆる生物の進化の軌跡に意図せざる影響が及んでいるのも、人新世のもうひとつの特徴です。人為と自然のバランスの崩壊を裏付けるデータは数多あれども、５０００種を超えるすべての哺乳類を合わせたバイオマスのうち、家畜とヒトが96％を占めるという推定は、衝撃的というほかありません。ダーウィンが想定したように、自然淘汰が、本当にわたしたちが認識できないくらいゆっくりとしか進まないとしたら、野生生物に適応し生き延びる見込みはなさそうに思えます。しかし実際には、強い淘汰圧のもとでは数年、数十年といった単位で急速な適応進化が起こることが、数々の証拠から明らかになってきました（このあたりは以前に翻訳した『生命の歴史は繰り返すのか？』（化学同人）でも豊富に実例を取り上げています）。都市化や気候変動への適応はこうした「同時代的進化」のフロンティアのひとつです。また、新たな形質の獲得、ひいては種分化プロセスとして異種間の交雑が重要[†1]かもしれないという、進化生物学の分野で近年議論をよんでいるテーマも、一世を風靡したシーモンキーや愛らしいクマのきょうだいの姿で登場します。

ところで、本書には一部、近年台頭しつつあるという「外来種（の侵略性）否定論[†2]」をナイーブに受け入れているように読めるところがあり、訳していてどうしても引っかかったので、ここで少し補足したいと思います。「外来種1種が新たに生態系に加わっても、代わりに1種の在来種が絶滅するわけではないので、その場所の正味の種多様性は増加する」「外来種はむしろ生物多様性の高まりに貢献している」…これらは、生物多様性を「ある地域内に生息する生物の種数」という、ひとつの尺度に単純化したために起こる誤解です。生物多様性はふつう、遺伝子の多様性、種の多様性、生態系の多様性という三つの階層に分けて理解されますが、先の尺度は種の多様性を測るもののひとつに過ぎません。厳密な比較ではないですが、たとえば日本の生態系にアメリカのアライグマが定着し、逆にアメリカには日本のクズ（植物）が定着した結果、日本とアメリカそれぞれに生息する種の構成の類似性は高まり、そしてコインの裏表のように、独自性は低下したことになります。生態学者でなくても、こうした状態を多様性の増加とよぶのは何かおかしいと、感覚的に理解できるのではないでしょうか。また、定着年代が古い外来種は免罪される一方で「最近入ってきた種には不寛容」である傾向について、ピルチャーは「非合理的で一貫していない」と指摘していますが、これを単なる愛着や主観の問題とみなすのはフェアではありません。実際の種による扱いの違いはたいてい、人的・金銭的資源がかぎられるなかで将来の損失を最小限に食い止めるために、より根絶や封じ込めの実現可能性が高く、まだ被害が地域全体に及んでいない侵略的外来種（必然的に比較的新しい種が中心）に絞って対策がおこなわれている結果であるからです。

本書が最後に踏み込んでいくのは、絶滅危惧種の保護や、生態系サービスの維持のための積極的な進化への介入という、概念的に新しく、賛否の分かれる領域です。コミカルで愛嬌たっぷりのカカポの一挙手一投足に、保護プロジェクトチームがやきもきしつつ、さまざまなテクノロジーを駆使して手を貸す様子は、とても心温まるものです。一方で、進化を「援助」されたサンゴを移植したり、絶滅した野生種の代理として家畜や非在来種を導入したりすることには、斬新さや大胆さに惹かれつつも、理屈はわかるけど本当にうまくいくのかな、という不安がよぎります。ある研究によれば、保全を目的とした移入が生物多様性の損失につながった事例はほとんどなく、[†3]経済的・文化的理由にもとづく移入のような破壊的影響は生じていません。それでも、遺伝子ドライブの提唱者でありながら、規制や手続きを無視した放出は必ず起こり、それにより科学研究への信頼が損なわれかねないとして、現在は外来種抑制への利用の停止を訴えるケビン・エスベルトの警句には、耳を傾ける必要があるでしょう。

国連生物多様性条約は、２０５０年までの中長期目標として「自然と共生する世界」の実現を掲げています。その達成に向けた議論は、新型コロナウイルスのパンデミックにより中国・昆明での締約国会議（ＣＯＰ15）が延期されたことで、停滞を余儀なくされました。けれども、わたしたちがこれからどう行動を変えるとしても、２０５０年の「自然」が必ず過去のどの時点とも別のものになることだけは確かです。人類は万能とはほど遠く、長期的計画も俯瞰的視野もないまま、それでも広範で莫大な影響力という意味で、いつのまにか地球の生命進化の管理者の地位に就いてしまいました。わたしたちは謙虚さと、新たな知見へのオープンな姿勢を保ちつつ、どのように進化に介入し、何を取り戻し、何を新たにつくりだすのかについて、社会全体で議論を続け、そして手遅れになる前に実践していく必要があるのだと思います。

最後になりましたが、本書の翻訳にあたっては、化学同人編集部の栫井文子さん、岩井香容さんにたいへんお世話になりました。この場を借りて心より御礼申し上げます。

２０２１年６月

的場　知之

†1　https://www.quantamagazine.org/new-hybrid-species-remix-old-genes-creatively-20190910/（　）

†2　https://doi.org/10.1016/j.tree.2016.10.012（　）

†3　https://doi.org/10.1111/csp2.394（　）

索　引

【さ】

【た】

【な】

【は】

【ま】

【や】

【ら・わ】

もっと知りたい方へ

ここに記したのは完全な参考文献リストではなく、わたしがとくに面白いと思った、選りすぐりの出典だ。

何よりまず、ピッツバーグにあるポスト自然史センターに行ってみてほしい。ヒトが意図的に改変したありとあらゆる生物を網羅したすばらしい博物館だ。館長のリチャード・ペルが収集した、スパイダーゴートのフレックルズやあわれなジミー・キャット・カーターの睾丸の展示を楽しめる。www.postnatural.org

第1章　おなかを見せたオオカミ

ヒトが家畜化した10の生物がもたらした影響を考察した労作。Roberts, A., "Tamed: Ten Species that Changed Our World," Penguin Random House (2017).〔『飼いならす：世界を変えた10種の動植物』，斉藤隆央訳，明石書店（2020）〕

1959年、ロシアの遺伝学者ドミトリ・ベリャーエフは、シベリアの荒野でギンギツネを家畜化する驚きの実験を開始した。Dugatkin, L. A., Trut, L., "How to Tame a Fox (and Build a Dog): Visionary Scientists and a Siberian Tale of Jump-Started Evolution," The University of Chicago Press (2017).

本当に世界最古のイヌなのか？　ゴイエ洞窟の頭骨に関する、ミチェ・ジェルモンプレの考察。www.sciencedirect.com/science/article/pii/S0305440308002380

これほど多くの家畜動物が巻き尾と垂れ耳をもつ理由に関する、ひとつの仮説。https://www.genetics.org/content/genetics/197/3/795.full.pdf

第2章　戦略的ウシと黄金のヌー

わたしのお気に入りの本のひとつ。アーティストのカトリーナ・ヴァン・グラウは、選択交配の歴史を丹念に調べ上げ、美しいイラストに描きだした。van Grouw, K., "Unnatural Selection," Princeton University Press, Woodstock (2018).

オーロックスはどのように家畜化され、世界に広まったのか。
https://onlinelibrary.wiley.com/doi/pdf/10.1002/evan.20267

南アフリカでは、ハンターは料金を払えば、こうした目的で選択交配された色彩変異の野生動物を撃つことができる。
https://theconversation.com/conservation-versus-profit-south-africas-unique-game-offer-a-sobering-lesson-82029

ウシ、ヒツジ、ヤギは絶滅危惧種なのか？
www.ncbi.nlm.nih.gov/pubmed/17927711

タウルス・プログラムは選択交配によるオーロックスの復活をめざしている。www.rewildingeurope.com/rewilding-in-action/wildlife-comeback/tauros/

第3章　スーパーサーモンとスパイダー・ゴート

自種のほかに2種の魚の遺伝子を含むサケがカナダで販売されている。
https://aquabounty.com/our-salmon/

赤いカナリアは世界初の人工形質転換動物だ。この話題に興味がある人は必読の書。Birkhead, T., "The Red Canary," Bloomsbury (2003).〔『赤いカナリアの探求：史上初の遺伝子操作秘話』、小山幸子 訳、新思索社 (2006)〕

1950年代には原子力ガーデニングが盛んにおこなわれた。
https://pruned.blogspot.com/2011/04/atomic-gardens.html

1982年、研究者たちは巨大マウスのつくり方を発見し、生物のゲノムを意図的に改変するさまざまな方法の礎を築いた。

www.nature.com/articles/300611a0

アメリカ在住で光る形質転換熱帯魚がほしい人は、以下のサイトで購入できる。www.glofish.com

世界初のCRISPR遺伝子編集ヒツジはウルグアイの農場で誕生した。作出にかかわる技術的詳細を知りたい方は、以下を参照のこと。
https://journals.plos.org/plosone/article?id=10.1371/journal.pone.0136690

第4章　ゲーム・オブ・クローンズ

ヒツジのドリーの生涯と当時の社会の反応については以下を参照。

www.ed.ac.uk/roslin/about/dolly

ウマのクローン作成の歴史を簡潔に。

www.publish.csiro.au/RD/RD17374

動物のクローンをつくりたいなら、慎重に検討しよう。以下の企業がクローン作成サービスを提供している。

www.crestviewgenetics.com, www.kheiron-biotech.com, www.transova.com, en.sooam.com, www.boyalifegroup.com.

ドリーの最大の遺産はおそらく、山中伸弥による倫理的問題のない幹細胞の作成だろう。

www.cell.com/cell/fulltext/S0092-8674(06)00976-7

第5章　不妊のハエと自殺するフクロギツネ

イギリス王立協会は遺伝子ドライブに関する便利なブックレットを公開している。https://royalsociety.org/~/media/policy/Publications/2018/08-11-18-gene-drive-statement.pdf

ケビン・エスベルトはCRISPRを利用した遺伝子ドライブを最初に提唱した人物だ。彼のウェブサイトには有益な情報がたくさん掲載されている。www.sculptingevolution.org/kevin-m-esvelt

ケビンが最初に CRISPR 遺伝子ドライブを提唱した論文はこちら。
https://elifesciences.org/articles/03401

ターゲット・マラリアはアフリカ各地で抗マラリア遺伝子ドライブのテストの実施をめざしている。ウェブサイトはこちら。
https://targetmalaria.org/

第 6 章　ニワトリの時代

人新世に進行する地球規模の変化については以下が詳しい。Lewis, S. L., Maslin, M. A., "The Human Planet: How We Created the Anthropocene," Penguin Random House (2018).

大型動物は減り続けていて、原因はわたしたちヒトだ。フェリサ・A・スミスによる 2018 年の研究。
https://science.sciencemag.org/content/360/6386/310

ここ数十年で野生動物の個体群は億単位で消失しており、研究者たちは「生物学的壊滅」に警鐘を鳴らす。ヘラルド・セバリョスらによる 2017 年の痛烈な研究。 www.pnas.org/content/114/30/E6089

2020 年の『生きている地球レポート』によれば、ヒトは 1970 年以降、野生動物個体群の 68% を消し去った。https://f.hubspotusercontent20.net/hubfs/4783129/LPR/PDFs/ENGLISH-FULL.pdf
（日本語版：www.wwf.or.jp/activities/data/lpr20_01.pdf ）

数百万年後、未来の地質学者は現代に形成された地層を観察し、圧倒的な数のニワトリの骨を発見するだろう。わたしたちはニワトリの時代に生きているのだろうか？　https://royalsocietypublishing.org/doi/pdf/10.1098/rsos.180325

工業的畜産と生物多様性の喪失の関係を雄弁に暴きだすこの本は必読だ。Lymbery, P., "Dead Zone: Where the Wild Things Were," Bloomsbury (2017).

第７章　シーモンキーとピズリーベア

『Just Add Water: The Story of the The Amazing Sea-Monkeys™（水を加えるだけ：驚異のシーモンキーの物語）』は、ポスト自然史センターが制作した短編映像作品だ。 https://postnatural.org/Just-Add-Water-The-Story-of-The-Amazing-Sea-Monkeys

生物多様性は大打撃を受けているが、なかには実にうまくやっている種もいる。Thomas, C., "Inheritors of the Earth: How Nature is Thriving in an Age of Extinction," Allen Lane, Penguin Random House (2017).〔『なぜわれわれは外来生物を受け入れる必要があるのか』、上原ゆうこ訳、原書房 (2018)〕

グリズリーとホッキョクグマの間で何が起こっているのだろう？　彼らがそれなりの長期間にわたって交雑してきたのは確かだ。
https:// pgl.soe.ucsc.edu/cahill18.pdf

人新世は意外にも、生物多様性の増大をもたらすかもしれない…　クリス・トマスによる示唆に富む論考。www.nature.com/news/the-anthropocene-could-raise-biological-diversity-1.13863

第８章　ダーウィンのガ

ロンドンの地下鉄の蚊に関するキャサリン・バーンによる論文。
www.nature.com/articles/6884120

オオシモフリエダシャクを黒くした遺伝的変異。
www.nature.com/articles/nature17951

ニューヨークのシロアシマウスはピザやピーナッツを消化する能力を進化させたのか？　www.pubmed.ncbi.nlm.nih.gov/28980357/

都市生活がサンショクツバメの翼の形を変えている。
www.pubmed.ncbi.nlm.nih.gov/23518051/

トロフィーハンティングの活況が原因で、ビッグホーンのオスは小さな角を進化させた。www.ualberta.ca/science/news/2016/january/

the-measure-of-a-ram.html

都市が促進する生物進化。Schilthuizen, M., "Darwin Comes to Town: How the Urban Jungle Drives Evolution," Quercus (2018).〔『都市で進化する生物たち："ダーウィン" が街にやってくる』，岸由二，小宮繁訳，草思社（2020)〕

BBC Radio4 でアダム・ハートがホストを務める『Unnatural Selection (不自然淘汰)』は、ヒトがほかの生物の進化の道筋をどう変えているかを明らかにするすばらしい番組だ。
www.bbc.co.uk/programmes/b06ztq58

第 9 章　サンゴは回復する

サンゴの白化の頻度は増加している。
https://science.sciencemag.org/content/359/6371/80

2015 年、国際サンゴ礁学会（International Society for Reef Studies）は気候変動とサンゴの白化に関する合意声明を発表した。現状は厳しい。
http://coralreefs.org/wp-content/uploads/2019/01/ISRS-Consensus-Statement-on-Coral-Bleaching-Climate-Change-FINAL-14Oct2015-HR.pdf

サンゴに水槽内で放精・放卵させる方法を知りたいなら、ジェイミー・クラッグによる以下のハウ・トゥ・ガイドがおすすめだ。

www.ncbi.nlm.nih.gov/pmc/articles/PMC5743687/

ここは間違いなく世界最高の職場のひとつだ。ハワイ海洋生物研究所では、俊英たちがすばらしい計画を一歩ずつ進め、世界のサンゴ礁を救おうとしている。www.himb.hawaii.edu/

サンゴ礁を救うには新たな手段による介入が必要だ。重要性を解説した 2017 年の論文。www.pubmed.ncbi.nlm.nih.gov/29185526/

ルース・ゲイツとマデリーン・ヴァン・オッペンによる、援助つき進化の概念を詳説した論文。www.pnas.org/content/112/8/2307

第 10 章　愛の島

ニュージーランド環境保全省のカカポ回復チームが推し進める先駆的な取組みの詳細は以下を参照。www.doc.govt.nz/kakapo-recovery

野生動物ドキュメンタリーの歴史に残る、傑出した爆笑映像。マーク・カーワディンとスティーヴン・フライがガイド役を務めた BBC の『これが見納め（Last Chance to See)』の一部は以下で視聴できる。www.youtube.com/watch?v=9T1vfsHYiKY

アリソン・バランスによるポッドキャスト「カカポ・ファイル」。www.radionz.co.nz/programmes/kakapo-files

カカポの全個体と血縁関係の詳細がまとめられたみごとなポスター。https://public.tableau.com/app/profile/jonni.walker/viz/TheKakapo/Dashboard1

第 11 章　ブタと紫の皇帝

心温まると同時に勇気づけられるネップ・エステートの再野生化の物語は、美しく綴られた以下の本ですべて読むことができる。Tree, I., “Wilding: the Return of Nature to a British Farm,” Picador (2018).〔『英国貴族、領地を野生に戻す:野生動物の復活と自然の大遷移』、三木直子 訳、築地書館 (2019)〕

再野生化についてさらに知りたい方には、この本がおすすめだ。Monbiot, G., “Feral: Rewilding the Land, Sea and Human Life,” Penguin Books (2013).

リワイルディング・ヨーロッパとリワイルディング・ブリテンのウェブサイト。https://rewildingeurope.com, www.rewildingbritain.org.uk

脱絶滅について詳しくは、わたしの最初の著書をぜひ。Pilcher, H.,” Bring Back the King: the New Science of De-extinction,” Bloomsbury (2016).

【著者紹介】

ヘレン・ピルチャー (Helen Pilcher)

紅茶とビスケットが好きな、細胞生物学の博士号をもつ、科学とコメディーのライター。元 *Nature* 誌の記者で、現在は生物学、医学、そして一風変わった分野を専門にし、ガーディアン、ニューサイエンティスト、BBC ワイルドライフなどに寄稿している。ヘレンが以前に執筆した“Bring Back the King”〔Bloomsbury Sigma (2016)〕は、ラジオ 2 の「Fact not Fiction」(虚構でない真実) ブック・オブ・ザ・ウィークに選ばれ、コメディアンのサラ・パスコーから「最も面白い科学」と評された。

【訳者紹介】

的場 知之 (まとば　ともゆき)

翻訳家。1985 年大阪府生まれ。東京大学教養学部卒業。同大学院総合文化研究科修士課程修了、同博士課程中退。訳書に『生命の歴史は繰り返すのか？』、『空飛ぶヘビとアメンボロボット』(化学同人)、『生命の〈系統樹〉はからみあう』(作品社)、『オールコック・ルーベンスタイン 動物行動学 原書 11 版』(共訳、丸善出版)、『進化心理学を学びたいあなたへ』(共監訳、東京大学出版会)ほか。

カバー・表紙・本扉オリジナルリトグラフ © Australische Fauna by Gustav Mützel
日本語版装丁　吉田考宏

Life Changing —— ヒトが生命進化を加速する

2021 年 8 月 15 日　第 1 刷　発行
2021 年 11 月 10 日　第 2 刷　発行

訳　者　的　場　知　之
発行者　曽　根　良　介
発行所　(株) 化　学　同　人

検印廃止

〒600-8074　京都市下京区仏光寺通柳馬場西入ル
編集部　TEL 075-352-3711　FAX 075-352-0371
営業部　TEL 075-352-3373　FAX 075-351-8301
振替　01010-7-5702
e-mail　webmaster@kagakudojin.co.jp
URL　https://www.kagakudojin.co.jp

印刷・製本　(株) シナノパブリッシングプレス

ISBN978-4-7598-2073-7